精细化工综合实验

主　编　徐　亮　　李洪玲　　韦　玉
副主编　孙铭洲　　顾承志　　郭　亮
　　　　马晓伟　　蔡志华

华中科技大学出版社
中国·武汉

内 容 提 要

本书由石河子大学教师与莱帕克公司工程师共同编写,是一本关于精细化工综合实验的教材,目的在于指导相关专业的学生进行精细化学品的合成实验及仿真生产实践。

本书分为三部分:第 1 部分重点介绍安全生产以及实验室安全的相关法律、法规、标准,以及应对实验室安全风险的措施,旨在补充学生的安全知识,培养学生的安全意识;第 2 部分具体介绍一系列精细化学品的合成、复配、提取的实验方案,帮助学生理解并熟练掌握精细化工领域的专业知识和实验技术;第 3 部分介绍四类精细化学品的仿真生产过程,以便学生在贴近实际生产环境的实验室设备中,掌握精细化工生产实践中的基本方法和技术。

本书可作为高等学校化学化工类专业学生的实验教材,也可供精细化工从业人员参考。

图书在版编目(CIP)数据

精细化工综合实验/徐亮,李洪玲,韦玉主编.—武汉:华中科技大学出版社,2023.12
ISBN 978-7-5772-0341-6

Ⅰ.①精… Ⅱ.①徐… ②李… ③韦… Ⅲ.①精细化工-化学实验-高等学校-教材 Ⅳ.①TQ062-33

中国国家版本馆 CIP 数据核字(2023)第 246214 号

精细化工综合实验   徐 亮 李洪玲 韦 玉 主编
Jingxi Huagong Zonghe Shiyan

策划编辑:王新华
责任编辑:王新华
封面设计:原色设计
责任校对:李 弋
责任监印:周治超
出版发行:华中科技大学出版社(中国·武汉)   电话:(027)81321913
　　　　　武汉市东湖新技术开发区华工科技园   邮编:430223
录　排:华中科技大学惠友文印中心
印　刷:武汉开心印印刷有限公司
开　本:787mm×1092mm 1/16
印　张:16.5
字　数:430 千字
版　次:2023 年 12 月第 1 版第 1 次印刷
定　价:43.00 元

前　言

　　精细化学品是与我们的日常生活息息相关的化学化工产品：染料让我们生活在一个色彩缤纷的世界，含有表面活性剂的各种洗涤用品让我们保持身体与周围环境的清洁卫生，食品添加剂让我们可以不受时空限制，享受各种美味……

　　虽然我们对各种配方表中的精细化学品已经耳熟能详，在理论课堂上也已经了解这些精细化学品的结构、性质、功能、合成路线与工艺，但是，无论是以实验为基础的化学学科，还是以实践为目标的化工学科，都要求我们在实验室切实开展精细化学品的制备实验，以进一步了解并实践合成、复配、提取这些精细化学品的路线、方案、工艺，理解和掌握精细化工生产方法和技术，实现理论知识与实践技能的相互渗透与相互支撑。

　　基于以上考虑，我们编撰了这本《精细化工综合实验》教材，希望能提供一个了解精细化学品生产路线和工艺的平台，为相关专业的学生开展精细化学品合成实验、仿真生产实践提供指导。

　　保证实验室安全是任何实验开展的总前提，只有遵守实验室安全规章制度，掌握正确的实验操作方法，采取必要的安全防范措施，才能保证实验的安全、顺利进行。因此，本书第 1 部分详细介绍关于安全生产的一些法律、法规、标准，实验室安全准则，以及应对实验室安全风险的紧急措施等。希望通过这些介绍以及后面实验过程中的实践，使学生养成安全实验、安全生产的良好习惯。随后，分类介绍一系列合成、复配、提取精细化学品的实验方案，包括原材料的选择、反应条件的设定、产品的提纯和分析等。每一章都围绕特定的主题展开，希望通过这些实验方案的实践，使学生了解获得精细化学品、精细化工产品的详细过程，从而更好地理解和掌握精细化工领域的专业知识和实验技术。最后，介绍四类精细化学品的仿真生产过程，在模拟实际生产环境的实验室设备中模拟特定精细化学品的制备和分离提纯过程，使学生掌握精细化工生产实践中的基本方法和技术。

　　我们希望通过学习和实践本书内容，读者能够深刻理解安全生产的重要性，始终把实验室的安全和环保放在首位，养成良好的实验习惯；激发读者对精细化学品合成、复配、提取过程的兴趣，理解和掌握精细化工生产方法和技术，真正做到理论与实践相结合。

　　我们在本书编写过程中参考了许多已颁布实施的国家和地方标准，以及已出版的同类教材的实验内容与编写方案；第 2 部分中，本人指导的研究生曹香雪、唐莹如等进行了大量的材料收集、图片设计优化等工作；第 3 部分中，莱帕克公司的工程师撰写了初稿，在此一并表示感谢。

　　欢迎读者对本书中的错误或疏漏之处提出批评和建议。我们非常期待您的反馈，无论是对本书的内容、结构还是其他方面，我们都将热诚接受并尽力改进。

徐　亮

2023 年 10 月

目　录

第2部分　精细化学品合成实验

第 3 部分　精细化工仿真生产实践

第1部分

安全生产与实验室安全

第 1 章

安全生产基本知识

1.1 危险源、安全风险、安全隐患与安全事故

危险源是指潜在的能够导致事故、伤害或损失的物质、能量、设备、设施、环境条件或人的行为等。危险源的存在意味着潜在的危险,它可能对人员、财产和环境造成威胁。危险源的识别和控制是安全管理的基础,通过对危险源进行分析和评估,可以制定相应的防护措施,降低事故发生的可能性。

安全风险是指由于危险源的存在,导致人身伤害、财产损失或环境破坏的可能性。安全风险是从危险源中产生的,它是对危险源可能造成的损害程度和发生概率的评估。通过对安全风险的评估,可以确定风险的优先级,制定相应的控制措施,减少安全事故的发生。

安全隐患是指存在于工作、生产或活动环境中,可能导致事故、伤害或损失的物质、设备、设施、环境条件或人的行为等缺陷或不安全因素。安全隐患是危险源的具体表现,它是导致安全事故的潜在因素。通过对安全隐患的识别和治理,可以消除潜在的危险,提升工作环境的安全性。

安全事故是指在工作、生产或活动过程中,由于危险源的存在与作用,导致人身伤害、财产损失或环境破坏的事件。

危险源、安全风险、安全隐患和安全事故是安全管理领域中的重要概念,它们之间存在着密切的联系,也有含义上的差别,辨析其中的差别将有利于我们理解和掌握这些概念,制定科学、有效的安全管理措施,提高安全管理水平,确保工作环境的安全与稳定。

如表 1-1 所示,安全风险往往是基于以往经验作出的主观判断,具有预期、前瞻、假想的性质,具有不确定性(是否发生、什么时候发生、产生什么后果都具有不确定性),而安全隐患则是违反安全生产法律、法规、规章、制度、标准等规定,危险的、不安全的、有缺陷的状态,包括人的不安全行为、物品与设备的危险状态、管理和环境的安全缺陷等。

表 1-1 安全风险与安全隐患的差别

类别	安全风险	安全隐患
特征	预期、前瞻、假想的性质,具有不确定性	现实存在的不安全的、有缺陷的状态
涵盖面	包含事故因素,如人、机、物、环境和管理的潜在问题	包含事故因素,如人的不安全行为、物品与设备的危险状态、管理和环境的安全缺陷等

续表

类别	安全风险	安全隐患
管控思路	提前分析辨识,制定并落实防护措施	发现后限期整改,直至验收合格、隐患消除
双重防范机制	由安全生产监管部门提出或对照自查提出	安全风险管控与安全隐患治理并重,提高安全管理水平

安全事故是危险源、安全风险和安全隐患的结果,也是安全管理不当或控制措施不力的结果。通过对安全事故的调查和分析,可以识别事故的原因和教训,改进安全管理制度与措施,防止类似安全事故再次发生。

1.2　生产过程危险和有害因素分类

2022年3月,国家市场监督管理总局、国家标准化管理委员会发布了中华人民共和国国家标准 GB/T 13861—2022(代替 GB/T 13861—2009),于2022年10月开始实施。

生产过程,即劳动者在生产领域从事生产活动的全过程。《生产过程危险和有害因素分类与代码》规定了生产过程中各种主要危险和有害因素(影响人的身体健康甚至导致疾病、可对人造成伤亡的因素)的分类和代码,是各行业在规划、设计和组织生产时开展危险和有害因素辨识、分析、预测、预防、管控,从而有效预防安全生产事故发生的基础性标准,也是对安全生产事故原因进行辨识、分析的重要参考标准。

2022年颁布的新标准吸纳了近年来安全生产事故的教训,其推广和应用有助于完善风险辨识、分级管控内容。运用新标准可以帮助各类生产部门更全面、细致地辨识生产过程中的各种风险因素,建立健全风险分级管控体系。利用新标准可以优化安全检查表,使检查工作更系统和规范,实现监管无盲点、治理无盲区。在正确识别、管控安全风险与安全隐患的基础上,预防、遏制安全生产事故的发生。

高校实验工作属于一种特殊的生产活动。对上述标准中危险和有害因素的梳理和自查也将有助于保障实验安全,预防实验过程出现伤害人生命与健康的安全事故。

如表1-2所示,新标准中,将危险和有害因素分为四大类(代码为一位数),即"1.人的因素""2.物的因素""3.环境因素"和"4.管理因素"。每一大类又可以细分为若干中类(代码为两位数),中类再继续分为小类(代码为四位数),最后一层(即第四层)为细类(代码为六位数)。举例如下:大类"1.人的因素"→中类"12.行为性危险和有害因素"→小类"1201.指挥错误"→细类"120102.违章指挥"。

实验人员将表1-2列举的危险和有害因素与自己的身心状况、所使用实验设备、所处实验环境、所在单位管理情况进行对照,将排查出的危险和有害因素逐一解决,这样可有效解除安全风险和安全隐患,预防实验安全事故的发生。

表 1-2 危险和有害因素的分类、定义、示例

大类	定义	中类和小类节选
1.人的因素	在生产活动中，来自人员自身或人为性质的危险和有害因素	11.心理、生理性危险和有害因素 　　1101.负荷超限　1102.健康状况异常　1103.从事禁忌作业 　　1104.心理异常　1105.辨识功能缺陷 12.行为性危险和有害因素 　　1201.指挥错误　1202.操作错误　1203.监护失误
2.物的因素	机械、设备、设施、材料等方面存在的危险和有害因素	21.物理性危险和有害因素 　　2101.设备、设施、工具、附件缺陷 　　2102.防护缺陷　2103.电危害　2104.噪声　2105.振动危害 　　2106.电离辐射　2107.非电离辐射　2108.运动物危害 　　2109.明火　2110.高温物质　2111.低温物质　2112.信号缺陷 　　2113.标志标识缺陷　2114.有害光照　2115.信息系统缺陷 22.化学性危险和有害因素 　　2201.理化危险　2202.健康危险 23.生物性危险和有害因素 　　2301.致病微生物　2302.传染病媒介物　2303.致害动物 　　2304.致害植物
3.环境因素	生产作业环境中的危险和有害因素	31.室内作业场所环境不良 　　3101.室内地面滑　3102.室内作业场所狭窄 　　3103.室内作业场所杂乱　3104.室内地面不平…… 　　3108.室内安全通道缺陷　3109.房屋安全出口缺陷 　　3110.采光照明不良　3111.作业场所空气不良…… 32.室外作业场地环境不良 　　3201.恶劣气候与环境…… 33.地下(含水下)作业环境不良…… 39.其他作业环境不良
4.管理因素	管理和管理责任缺失所导致的危险和有害因素	41.职业安全卫生管理机构设置和人员配备不健全 42.职业安全卫生责任制不完善或未落实 43.职业安全卫生管理制度不完善或未落实 　　4301.建设项目"三同时"制度　4302.安全风险分级管控 　　4303.事故隐患排查治理　4304.培训教育制度 　　4305.操作规程　4306.职业卫生管理制度 44.职业安全卫生投入不足 45.职业健康管理不完善 46.应急管理缺陷 　　4601.应急资源调查不充分　4602.应急能力、风险评估不全面 　　4603.事故应急预案缺陷　4604.应急预案培训不到位 　　4605.应急预案演练不规范　4606.应急演练评估不到位 49.其他管理因素缺陷

第 2 章

高校实验安全工作概述

2.1 高校实验安全的重要性

2.1.1 高校实验安全是安全生产的基本要求

实验是从业者(学生、教师、科学研究人员、企业研发人员等)验证已知理论、开展科学实践、探索未知领域和发现新知识的必由之路。实验活动可以看作一种特殊的生产活动,因此实验活动受到《中华人民共和国安全生产法》《中华人民共和国消防法》《生产安全事故报告和调查处理条例》《危险化学品安全管理条例》等法律法规的约束,所有实验活动的开展必须遵守与安全相关的法律、法规、条例和标准等。

2.1.2 实验室安全有利于校园稳定和谐

高校中,化学化工实验室以及配套场所是开展化学化工实验的主要地点,存放着性质各异的各种化学物质,包括很多有毒、易燃、有腐蚀性的化学品,也有加热器、搅拌器等各类实验设备。如果操作不当,这些化学品、实验设备可能对人体、环境造成伤害,轻则延误实验进展,重则造成生命、财产、环境的重大损失。因此,保证实验安全和实验室安全运行是一切实验工作开展的总前提,是保障校园安全稳定和师生生命安全、营造安全和谐的教学科研环境的必然要求。

具体来说,落实实验室安全规范,学习实验安全知识,做好个人防护和实验室安全工作,有助于实现以下目标:

(1)保护实验人员的人身安全。

实验中常会用到有毒、易燃、有腐蚀性的危险化学品,如果操作不当或防护不足,可能导致事故,危害实验人员的人身安全。

(2)避免实验事故的经济损失。

如果发生实验事故,不仅可能导致人员伤亡,同时也可能造成实验设备损坏、实验材料损失等经济损失。保持实验室安全,可以最大限度地避免这些经济损失。

(3)避免环境污染。

实验过程可能产生挥发性有害气体、液体废弃物、固体污染物等,这些物质如果不经处理直接排放到环境中,会导致环境污染。

（4）保护实验设备仪器。

采取正确的实验操作和防护措施,可以减小实验仪器设备的损坏率。

（5）确保实验结果的准确性。

良好的实验室安全条件,可以让实验者更专注于实验本身,有助于实验的顺利开展,以确保结果的准确性。

（6）建立安全的工作文化。

注重实验室安全管理,可以使安全意识深入人心,从而培养相关人员的安全工作意识,形成单位安全工作的风气和文化。

2.2　高校实验安全工作的现状与挑战

近年来,高校实验室安全事故时有发生,造成人员伤亡和财产损失,严重损害广大师生和社会群众的安全感,暴露出高校实验室存在的安全监管薄弱且不专业、安全责任落实不力、管理制度不健全、危险化学品管理不到位、实验人员培训不充分等诸多问题。

2.2.1　实验室管理和监督的挑战

高校实验安全工作是一个复杂而艰巨的系统工程。宏观上看,需要在各级各类职能部门（如政府的教育、公安、安监等部门）的业务指导下,由学校科研、教务、设备、后勤、保卫等部门与具体开展实验的单位协作;微观上看,需要综合考虑实验室的物理环境、每个实验的不同特点、实验设备的操作规范以及人员的安全意识和操作技能等不同因素。这些复杂的管理和实践链条上任何一个环节的疏忽都有可能酿成安全事故。

2.2.2　实验空间限制

由于本科生、研究生招生人数不断增加,高校承担的教学、科研实验任务也越来越重,许多高校实验室空间紧张,造成了以下问题:一些不符合实验条件的老旧实验室仍然在使用;教学、科研实验室混用,造成实验室设备、危险化学品使用上的混乱;实验开展过程中,空间狭窄,增加了实验操作的难度和风险;实验设备和危险化学品无法得到有效的空间进行合理放置和安全存储;堵塞紧急疏散和逃生通道。

2.2.3　专业技术人才缺乏

正确操作实验设备、处理危险物品、应对紧急情况、开展实验室安全管理需要遵守一系列的安全规范和标准,也需要专业知识和技能。然而,专业技术人才的缺乏,可能导致无法迅速、正确地应对紧急情况,无法及时发现和解决安全隐患,从而增加事故发生的风险。

2.2.4　社会舆论压力

虽然高校实验安全事故频率和严重性在各类生产事故中不算突出，但是由于高校多数处于城市中心，承受社会公众的较高期待，高校安全事故往往掀起更大的社会舆论。因此，确保高校实验安全，一直是教育系统安全工作的重点，也是不可逾越的红线。

2.3　保障实验安全的举措与制度

2.3.1　检查督导与整改提升

近些年来，各级各类主管部门不断对高校实验室进行检查、督导，以评促改，着力提升高校实验安全水平，并出台了一系列新标准、新规范，以引领高校实验安全工作顺利开展。

> 2019 年 1 月，教育部办公厅《关于进一步加强高校教学实验室安全检查工作的通知》（教高厅〔2019〕1 号）；
> 2019 年 5 月，教育部《关于加强高校实验室安全工作的意见》（教技函〔2019〕36 号）；
> 2021 年 12 月，教育部办公厅《关于开展加强高校实验室安全专项行动的通知》（教科信厅函〔2021〕38 号）；
> 2022 年 3 月，教育部办公厅《关于组织开展 2022 年高等学校实验室安全检查工作的通知》（教发厅函〔2022〕11 号）；
> 2023 年 2 月，教育部办公厅发布《高等学校实验室安全规范》（教科信厅函〔2023〕5 号）；
> 2023 年 3 月，教育部办公厅《关于组织开展 2023 年度高等学校实验室安全检查工作的通知》（教科信厅函〔2023〕8 号）；
> 2023 年 6 月，教育部发布《高等学校实验室消防安全管理规范》（教发函〔2023〕68 号）。

2.3.2　安全规范和安全制度建设

> 海因里希法则（Heinrich's Law）：又称海因里希事故法则，是美国著名安全工程师海因里希（Herbert William Heinrich）提出的"300∶29∶1"法则，即在一个组织或系统中，对于每一起重大事故，都存在 29 起轻微事故和 300 起无害事故。大多数重大事故都是由一系列轻微事故累积导致的，而减少轻微事故的发生可以有效预防重大事故的发生。

海因里希法则强调事故预防的重要性，我们开展实验室安全工作时可以借鉴其理念，建立完善的安全规范和安全制度，从源头上规避事故的发生。

《高等学校实验室安全规范》的发布，为规范和加强高校实验室安全工作提供了指引，有利于理清安全风险，防范和消除安全隐患，最大限度减少安全事故，保障师生健康、学校财产安全，维持校园稳定和谐。安全规范中，强调坚持"安全第一、预防为主、综合治理"的方针，实现规范化、常态化管理体制,进一步落实安全责任体系、安全管理制度、安全教育培训与宣传、教学科研活动安全准入制度、安全条件保障,以及危险化学品等危险源的安全管理。

具体来说,在《高等学校实验室安全规范》中,实验室安全管理制度主要包括以下几个方面:

1. 安全检查制度

对实验室开展"全员、全过程、全要素、全覆盖"的定期安全检查,核查安全制度、责任体系、安全教育落实情况和设备设施存在的安全隐患,实行问题排查、登记、报告、整改、复查的"闭环管理"。

2. 安全教育培训与准入制度

对于进入实验室学习或工作的所有人员,应先进行安全知识、安全技能和操作规范培训,使其掌握正确使用设备设施、防护用品的技能,考核合格后方可进入实验室进行实验操作。

3. 项目风险评估与管控制度

凡涉及重要危险源,即有毒有害化学品(剧毒、易制爆、易制毒、爆炸品等)、危险气体(易燃、易爆、有毒、窒息)、动物及病原微生物、辐射源及射线装置、同位素及核材料、危险性机械加工装置、强电强磁与激光设备、特种设备等的教学、科研项目,应经过风险评估后方可开展实验活动。对存在重大安全隐患的项目,在切实落实安全保障措施之前,不得开展实验活动。

4. 危险源全周期管理制度

应对重要危险源进行采购、运输、储存、使用、处置等全流程全周期管理。采购和运输应选择具备相应资质的单位和渠道,储存时要有专门储存场所并严格控制数量,使用时应由专人负责发放、回收和详细记录,实验后产生的废物应统一收储并依法依规科学处置。应对危险源进行风险评估,建立重大危险源安全风险分布档案和数据库,并制定危险源分级分类处置方案。

5. 安全应急制度

学校、二级单位和实验室应建立应急预案和应急演练制度,定期开展应急知识学习、应急处置培训和应急演练,保障应急人员、物资、装备和经费,保证应急功能完备、人员到位、装备齐全、响应及时。应定期检查实验防护用品与装备、应急物资的有效性。

6. 实验室安全事故上报制度

出现实验室安全事故后,学校应立即启动应急预案,采取措施控制事态发展,同时在 1 h 内如实向所在地党委、政府及其相关部门和高校主管部门报告情况,并抄报教育部,不得迟报、谎报、瞒报和漏报,并根据事态发展变化及时续报。

第3章

化学化工实验室安全

3.1 化学化工实验室的特点

化学化工实验室是提供化学、化工实验条件并开展教学、科学研究、技术研发等活动的场所，以及与实验场所配套的附属场所。化学化工实验室包括高等学校化学化工实验室、研究机构化学化工科研实验室、企业实验化验室、公共化学化工实验平台等，一般不包括中试和工业化放大性质的化学化工试验场所。

相对于普通的实验室，化学化工实验室具有以下特点：

（1）危险化学品种类多，性质复杂。

化学化工实验室中常涉及危险化学品的使用和操作，这些化学品可能具有毒性、腐蚀性、易燃性、爆炸性等危险性质，因此实验室的安全风险更高。

（2）实验操作更复杂。

化学化工实验涉及的反应条件、操作步骤和技术要求较高，需要进行精确的配制、反应控制和分析测试等操作，因此实验操作更加复杂和烦琐。

（3）设备、设施复杂。

化学化工实验室通常需要用途不同的多种设备、设施，例如高压反应器、真空干燥箱、气体与溶剂纯化及供应系统等。这些设备、设施的选型、安装和维护都需要专业知识和技能。

（4）实验室设计和布局复杂。

化学化工实验室的设计和布局需要合理安排不同区域的功能和使用要求，需要综合考虑更多的安全因素，例如防爆设计、通风系统、排水系统等。

（5）废弃物处理更复杂。

化学化工实验产生的废弃物通常需要进行特殊处理，例如有害废物的分类、包装、储存和处置等，这对实验室的管理提出了更高的要求。

（6）风险评估和控制复杂。

在化学化工实验室中，需要进行风险评估和控制，包括对实验过程中可能存在的危险源进行识别和评估，并采取相应的控制措施，如使用防护设备、调整实验条件等。

（7）安全措施更严格。

由于化学化工实验室的危险程度较高，对安全措施的要求也更加严格。例如，实验室必须配备紧急洗眼器、紧急淋浴器、防爆器材等安全装备，实验人员必须佩戴个人防护装备，如实验服、手套、护目镜等。

因此,化学化工实验室安全运行,除需要遵守通用的实验室标准和规范外,还要在实验室的设计、管理和使用中,有针对性地执行更高、更严格的规范。

3.2　化学化工实验室安全管理

3.2.1　化学化工实验室安全工作开展的依据

为实现化学化工行业安全生产和化学化工实验室安全运行,各级各类管理部门制定了详尽的法律、法规、规章和标准等文件,从多方面对安全生产和实验室安全工作进行规范和指导,例如:

(1)法律:《中华人民共和国安全生产法》《中华人民共和国消防法》《中华人民共和国危险化学品安全法(征求意见稿)》《中华人民共和国突发事件应对法》等。

(2)规章、条例、办法:

①危险化学品:《危险化学品安全管理条例》《易制毒化学品管理条例》《易制爆危险化学品治安管理办法》《道路危险货物运输管理规定》。

②安全事故:《生产安全事故应急条例》《生产安全事故报告和调查处理条例》。

(3)指南、标准等:

①危险化学品:《危险化学品目录》《易制爆危险化学品名录》《常用危险化学品的分类及标志》《化学品分类和标签规范》《危险化学品登记管理办法》《危险化学品重大危险源辨识》《常用化学危险品贮存通则》《危险化学品安全使用许可证实施办法》《化学品毒性鉴定管理规范》《化学品安全技术说明书编写指南》《气瓶搬运、装卸、储存和使用安全规定》。

②安全事故:《高等学校实验室消防安全管理规范》《消防应急照明和疏散指示系统》《自动喷水灭火系统设计规范》《火灾自动报警系统设计规范》《危险化学品事故应急救援指挥导则》。

③个体防护:《个体防护装备配备规范》《个体防护装备配备基本要求》。

④环境保护:《大气污染物综合排放标准》《危险废物贮存污染控制标准》《实验室废弃化学品收集技术规范》。

针对上述文件,各化学化工实验室直接管理部门也会制定相应文件,以确保实验过程安全,如实验室安全管理办法、实验室废弃物安全管理办法、实验室安全应急预案、危险化学品安全管理办法、实验室安全检查管理办法、实验室安全责任追究办法、实验室安全分级分类管理办法、实验项目安全风险评估管理办法等。

3.2.2　化学化工实验室安全管理规范

为了引导化学化工实验室建立规范、完善的安全管理体系,正确开展安全管理工作,防范实验室安全事故的发生,确保实验安全,中国化学品安全协会于 2019 年发布了团体标准 T/CCSAS 005—2019《化学化工实验室安全管理规范》,该标准已于 2020 年 2 月 1 日起开始执行。

2019 年 12 月,中国化学品安全协会发布团体标准《化学化工实验室安全管理规范》(T/CCSAS 005—2019);

2021 年 6 月,中国化学品安全协会发布团体标准《化学化工实验室安全评估指南》(T/CCSAS 011—2021)。

该标准提供了化学化工实验室安全管理的具体要求,包括化学品管理、人员管理、仪器设备管理、环境管理、安全风险辨识评估与管控、应急管理等,是国内首个关于化学化工实验室安全管理的团体标准,为化学化工实验室建立规范的安全管理体系和安全管理制度提供了依据。

在第 4 章至第 7 章中,将引述各种规章、标准等文件,从不同方面对这一规范的具体内容进行说明。

第 4 章

化学品管理

相对于其他实验室,化学化工实验室最重要的特点就是化学品种类多,性质复杂,其中,很多实验过程中使用的化学品具有易燃、易爆、有毒、致畸、致癌、腐蚀性等危险特性,这些化学品的购买、储存、使用均需要遵循一定的规范,以防止其对身体健康和环境带来危害、造成实验室安全事故或者流入社会面,形成不稳定因素。

据报道,在教育部科技司于 2015—2017 年对 62 所教育部直属的综合或理工类高校的实验室安全督查中,100％的学校都存在化学试剂存放、气体管理不规范等化学品安全管理问题。近年来发生的高校实验安全事故中,50％以上由危险化学品储存和使用不当引起。

如第 3 章所述,目前关于化学化工实验室安全管理的文件中,多数为规范化学品以及危险化学品生产、流通、储存、使用、事故预防的文件。下面将以这些化学品以及危险化学品管理文件为线索,阐述实验室的化学品管理制度。

4.1　CAS 编号

4.1.1　CAS 编号的定义

CAS(chemical abstracts service)为美国化学会的下设组织化学文摘社,由其负责为每一种出现在文献中的物质分配唯一的编号,即 CAS 编号(CAS registry number),又称 CAS 登录号或 CAS 登记号码,是某种物质(单质、化合物、高分子材料、混合物或合金)的唯一的数字识别号码,是化学品的"身份证号码",不同的同分异构体分子有不同的 CAS 编号。

4.1.2　CAS 编号制度的意义

CAS 编号制度提供一个全球统一的化学物质标识系统,便于在科学研究、化学品管理和安全管理等方面对特定化学品(拥有唯一的编号)进行准确检索和识别,促进了化学物质的准确识别、信息共享和安全管理,为化学领域的研究、生产、贸易和监管提供了基础和便利。

4.1.3　CAS 编号的用途

首先,CAS 编号可以帮助监管机构对化学品进行准确的识别、分类、追踪,有利于提高化学品的贸易、监管效率。

其次,无论是在学术研究领域还是在工业应用中,CAS 编号可以用于在科学文献和数据库中快速、准确查找特定化学物质,进而了解该化学物质的相关信息,提高了文献检索和信息整理的效率。

4.1.4　CAS 编号的组成

一个 CAS 编号以连字符"-"分为三部分:第 1 部分有 2～6 位数字;第 2 部分有 2 位数字;第 3 部分有 1 位数字,作为校验码。

CAS 编号没有内在含义。校验码的计算方法如下:CAS 顺序号(第 1、2 部分数字)的最后一位乘以 1,最后第 2 位乘以 2,以此类推,然后把所有的乘积相加,将所得的和除以 10,其余数就是第 3 部分的校验码。举例来说,水(H_2O)的 CAS 编号前两部分是 7732-18,则其校验码为 105($8×1+1×2+2×3+3×4+7×5+7×6=105$)除以 10 的余数,即为 5。所以水($H_2O$)完整的 CAS 编号为 7732-18-5。

4.2　全球化学品统一分类和标签制度

> 2002 年 12 月,联合国危险货物运输和全球化学品统一分类及标签制度专家委员会通过了 GHS 文件,并于 2003 年 7 月出版(第一版)。
>
> 上述专家委员会每年召开两次会议讨论 GHS 的相关内容,每隔两年发布修订的 GHS 文件,2023 年 7 月,联合国欧洲经济委员会网站发布了 GHS 第十版。

《全球化学品统一分类和标签制度》(Globally Harmonized System of Classification and Labelling of Chemicals,简称 GHS),是由联合国出版的指导各国控制化学品危害、保护人类和环境的统一分类制度文件。其封面如图 4-1 所示。因其封面为紫色,故又称为"紫皮书"。

4.2.1　制定 GHS 的目的

化学品性质多样,部分化学品具有易燃、致癌、危害环境等危险特性,将这些化学品的危害进行正确分类,并通过标签和安全技术说明书的方式将这些潜在危害及预防危害的防护措施向化学品使用者进行公示,是预防、控制和减少化学品危害、安全事故和环境事故的有效措施。

GHS 致力于建立一套准确、全球一致、易于理解的化学品分类和标签制度,以替代原来各个国家和组织制定的不同分类标准、标签样式,统一全球范围内对特定化学品危害性的认识,并在生产、储存、运输、经营、使用等全生命周期将该危险性通过标签和安全技术说明书的形式传达给接触该化学品的劳动者、消费者以及社会公众,以帮助这些接触者采取适当的预防和保护措施,保障自身健康、安全。同时,GHS 的实施也可以减少对化学品的测试和评估,降低国际贸易成本,促进化学品的国际贸易。

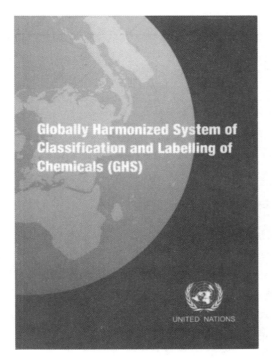

图 4-1　GHS 封面

4.2.2　GHS 的适用范围

　　GHS 适用的化学品范围包括工业化学品、农用化学品以及日用化学品,包括这些化学品的纯净物、稀释溶液和混合物。化学废弃物,食品、药品、化妆品,在正常使用时不会释放有害物质的化学制成品,生产过程中的化学反应的中间产品,分类和标签另有规定的农药、兽药、食品添加剂和饲料添加剂,不适用 GHS。

4.2.3　GHS 的内容

　　GHS 最重要的部分是其统一的分类方法(表 4-1),它提供了评估化学品危险的系统性方法,建立了按照化学品理化危险、健康危害和环境危害对化学品进行分类的统一准则。GHS 还建立了一套统一的危险信息公示要求,包括 GHS 标签(label)和化学品安全技术说明书(safety data sheet,SDS)。

表 4-1　GHS 文件的构成(基于第十版内容)

顺序	章节	内容
1	导言	全球统一制度的目的、范围和应用等 定义与缩写缩略语 危险物质和混合物分类 危险公示:标签 危险公示:安全技术说明书

顺序	章节	内容
2	理化危险	17类理化危险
3	健康危害	10类健康危害
4	环境危害	2类环境危害
5	附录	标签要素的分配 分类和标签汇总表 防范说明、象形图等

4.2.4　GHS的分类

表4-2～表4-4详细罗列了GHS规定的理化危险、健康危害和环境危险分类。

以易燃液体分类为例，介绍GHS分类表的含义。在表4-2中，易燃液体分类右侧有类别1、类别2、类别3、类别4共四个类别，代表存在四种危险类别不同的易燃液体，其具体定义见表4-5。在符合易燃液体定义的基础上（闪点不高于93 ℃），如果一种液体闪点<23 ℃，初始沸点≤35 ℃，则其属于"极端易燃液体和蒸气"，为类别1易燃液体，信号词为"危险"，使用"火焰"象形图表示其极端易燃性。

表4-2　GHS的理化危险分类（基于第十版内容）

危险种类	危险类别						
爆炸物	1	2A	2B	2C			
易燃气体	1A	易燃气体					
		自燃气体					
		化学性质不稳定气体	A类				
			B类				
	1B						
	2						
烟雾剂、气溶胶	1	2	3				
氧化性气体	1						
压力下气体	压缩气体						
	液化气体						
	冷冻液化气体						
	溶解气体						
易燃液体	1	2	3	4			
易燃固体	1	2					
自反应物质和混合物	A	B	C	D	E	F	G
发火液体、自燃液体	1						

续表

危险种类	危险类别						
发火固体、自燃固体	1						
自热物质和混合物	1	2					
遇水放出易燃气体的物质和混合物	1	2	3				
氧化性液体	1	2	3				
氧化性固体	1	2	3				
有机过氧化物	A	B	C	D	E	F	G
金属腐蚀剂	1						
退敏爆炸物	1	2	3	4			

表 4-3　GHS 的健康危害分类（基于第十版内容）

危险种类	危险类别				
急性毒性：经口、经皮、吸入	1		2	3	4	5
皮肤腐蚀或刺激	1 / 1A / 1B / 1C	2	3		
严重眼损伤或眼刺激	1	2 / 2A / 2B			
呼吸过敏、皮肤过敏	1 / 1A / 1B	2			
生殖细胞致突变性	1 / 1A / 1B	2			
致癌性	1 / 1A / 1B	2			
生殖毒性	1 / 1A / 1B	2	哺乳影响		
特异性靶器官毒性：一次接触	1	2	3		
特异性靶器官毒性：反复接触	1	2			
吸入危险	1	2			

表 4-4　GHS 的环境危害分类（基于第十版内容）

危险种类	危险类别			
危害水生环境：急性（短期）	1	2	3	
危害水生环境：慢性（长期）	1	2	3	4
危害臭氧层	1			

表 4-5 易燃液体分类下的不同危险类别

分类	易燃液体			
分类定义	指闪点不高于 93 ℃的液体			
危险类别	类别 1	类别 2	类别 3	类别 4
类别定义	闪点<23 ℃ 初始沸点≤35 ℃	闪点<23 ℃ 初始沸点>35 ℃	60 ℃≥闪点≥23 ℃	93 ℃≥闪点>60 ℃
象形图				无象形图
信号词	危险	危险	警告	警告
危险说明	极端易燃液体和蒸气	高度易燃液体和蒸气	易燃液体和蒸气	可燃液体

4.2.5 GHS 危险公示:标签

化学品标签附于或印刷在其直接容器或外部包装上,用于标识化学品生产、储存、运输、使用等过程中所具有的危险性和安全注意事项,由文字、象形图、编码等信息组合而成。

GHS 关于分类和标签要素的规范性附录中详细列举了分配给每个危险类别的标签要素(用于表示化学品危险性的一类信息,如符号、信号词、危险说明等)。化学品 GHS 标签中需要标识这些标签要素,不过 GHS 没有规定标签的格式,只要以下包含标签要素的核心信息被放在一起展示即可。

1. 产品标识符

产品标识符指化学品的名称或编号,如系统名称、俗名,CAS 编号等,使使用者能够快速、准确识别该化学品。

2. 信号词

信号词(signal words)是用来表明危险的相对严重程度、提醒读者注意潜在危险的词,GHS 使用的信号词是"危险(danger)"和"警告(warning)"。"危险"主要用于较为严重的危险类别,而"警告"主要用于较轻的危险类别。

3. 象形图

象形图是一种图形,用于简明、直观地传达某种安全信息。GHS 规定象形图使用黑色符号加白色背景,也可包括一个符号加上其他图形要素,如边线、背景图样或颜色,用于传达具体信息,加入边框时要足够宽,以便醒目。每个象形图适用于指定的 1 个或多个危险种类,GHS 规定的象形图及其代表的危险种类如表 4-6 所示。

表 4-6 象形图与危险种类

象形图	适用的危险种类
 火焰	易燃气体、烟雾剂、气溶胶、易燃液体、易燃固体、自反应物质和混合物、发火液体、自燃液体、发火固体、自燃固体、自热物质和混合物、遇水放出易燃气体的物质和混合物、有机过氧化物
 圆圈上方火焰	氧化性气体、氧化性液体、氧化性固体
 腐蚀	金属腐蚀剂、皮肤腐蚀、严重眼损伤
 骷髅和交叉骨	急性毒性（经口、经皮、吸入）（类别 1 至类别 3）
 环境危害	危害水生环境 （急性类别 1，慢性类别 1、类别 2）
 健康危害	呼吸过敏、生殖细胞致突变性、致癌性、生殖毒性。特异性靶器官毒性：一次接触（类别 1、类别 2）。特异性靶器官毒性：反复接触。吸入危险

象形图	适用的危险种类
爆炸的炸弹	爆炸物、自反应物质和混合物、有机过氧化物
高压气瓶	高压气体
感叹号	急性毒性(经口、经皮、吸入)(类别4)、皮肤刺激(类别2)、眼刺激(类别2A)。皮肤过敏、特异性靶器官毒性:一次接触(类别3)。危害臭氧层

4. 危险说明

危险说明(hazard statements)是对某个危险种类(class)或类别(category)的说明,用来描述化学品的危险性质,酌情包括危险程度。

(1)为了使标签更加简洁,每一个危险类别均可用对应的危险性说明代码表示。

(2)危险性说明代码由1个英文字母和3个阿拉伯数字组成:

①第1位用字母"H"表示危险性说明;

②第2位用数字2、3、4分别表示理化危险、健康危害、环境危害;

③最后两位用2个数字表示对应于物质或混合物的固有属性危害。

例如:爆炸性(代码H200~H210)、易燃性(代码H220~H230)。

5. 防范说明和象形图

用一条术语(和/或防范象形图)来说明为减少化学品接触、运输、使用过程中可能产生的负面效应而建议采取的措施。

防范说明代码由1个英文字母和3个阿拉伯数字组成:

(1)第1位用字母"P"表示防范说明;

(2)第2位用数字1、2、3、4、5分别表示一般措施防范说明、预防措施防范说明、事故响应防范说明、安全储存防范说明、废弃处置防范说明;

(3)最后两位用2个数字表示对应于防范说明的序列编号。

例如:使用前取得专用说明(代码:P201)。

6. 供应商标识

供应商标识是指化学品生产商或供应商的名称、地址和电话号码等。

在物质或混合物具有一种以上 GHS 所列的危险时,遵循以下规定:

(1)使用理化危险的所有符号。

(2)健康危害的符号标识:①如果有骷髅和交叉骨,则不应出现感叹号;②如果有腐蚀符号,则不应出现用以表示皮肤刺激或眼刺激的感叹号;③如果出现有关呼吸致敏的健康危害符号,则不应出现用以表示皮肤致敏、皮肤刺激或眼刺激的感叹号。

(3)如果使用信号词"危险",则不应出现信号词"警告"。

(4)所有选定的危险说明都应出现在标签上,如果危险说明所传达信息有明显的重复或多余的情况,可省去危险性更低的危险说明。例如:如果选定的说明是 H411"对水生生物有毒并具有长期持续影响",可省去说明 H401"对水生生物有毒"。

4.2.6　安全技术说明书

安全技术说明书(safety data sheet,SDS)为化学品提供有关安全、健康和环境保护方面的各种信息,以及有关化学品的基本知识、防护措施和紧急情况下的应对措施。它与物质安全技术说明书(material safety data sheet,MSDS)同义。

一份安全技术说明书需列出该化学品的以下 16 项信息,便于接触、使用者查阅,从而决定不同情况下的保护措施。

(1)化学品及企业标识:主要标明化学品的名称,化学品的名称是对化学品进行准确识别的基础,该名称应与安全标签上的名称一致,建议同时标注供应商的产品代码,这有助于追踪和管理化学品的供应和使用情况。

(2)危险性概述:对化学品的物理和化学危险性以及对人体健康和环境的影响进行描述。这包括 GHS 危险性类别、标签要素和特殊危险性质等。如果已经根据 GHS 对化学品进行了危险性分类,应标明 GHS 危险性类别,同时应注明 GHS 的标签要素,如象形图或符号、防范说明、危险信息和警示词等。应注明人员接触后的主要症状及应急措施。

(3)成分、组成信息:注明该化学品是纯净物质还是混合物。如果是纯净物质,应提供化学名或通用名、美国化学文摘登记号(CAS 编号)及其他标识符。

(4)急救措施:在接触化学品后应采取的紧急处理措施,包括对施救者的忠告和对医生的特别提示,此处填写的文字应该易于被受害人和(或)施救者理解。根据不同的接触方式将信息细分为吸入、皮肤接触、眼睛接触和食入。该部分应简要描述接触化学品后的急性和迟发反应、主要症状和对健康的伤害,详细资料可在第(11)项列明。

(5)消防措施:在火灾发生时应采取的措施,应说明合适的灭火方法和灭火剂,同时标明特殊灭火方法,以及保护消防人员所需的防护装备等。

(6)泄漏应急处理:在化学品泄漏事故发生时应采取的紧急处理措施。这包括作业人员的防护措施、应急处置程序、环境保护措施,以及泄漏化学品的收容和清除方法等。

(7)操作处置和储存:对化学品的安全使用和储存进行描述的部分。这包括安全处置注意事项,防止人员接触化学品、防止火灾和爆炸的技术措施,通风技术措施,不相容物质或混合物的特殊处置注意事项,安全储存条件,安全技术措施,禁配物隔离储存的措施,以及包装材料信息等。这些说明有助于确保化学品在使用和储存过程中的安全性。

(8)接触控制和个体防护:对化学品接触控制和个人防护的要求进行列明的部分。这包括容许浓度的规定、工程控制方法、推荐使用的个体防护设备等。该信息是对第(7)项内容的进一步补充。

个体防护包括以下几个方面：

①呼吸系统防护；

②手防护；

③眼睛防护；

④皮肤和身体防护。

(9)理化特性：化学品的外观与性状。例如：

①物态、形状和颜色，气味；

②pH 值，并指明浓度；

③熔点(凝固点)，沸点、初沸点和沸程，闪点；

④燃烧上、下极限或爆炸极限；

⑤蒸气压、蒸气密度；

⑥密度(相对密度)、溶解性；

⑦辛醇-水分配系数；

⑧自燃温度；

⑨分解温度等其他信息。

(10)稳定性和反应性：描述化学品的稳定性和在特定条件下可能发生的危险反应。应包括以下信息：

①应避免的条件，如静电、撞击或震动等；

②不相容的物质；

③危险的分解产物，一氧化碳、二氧化碳和水除外。

(11)毒理学信息：应全面、简洁地描述使用者接触化学品后产生的各种毒性作用(健康影响)。应包括以下信息：

①急性毒性、皮肤刺激或腐蚀等 GHS 中的健康危害分类；

②毒代动力学、代谢和分布信息。

(12)生态学信息：提供化学品的环境影响、环境行为和归宿方面的信息。包括以下几个方面：

①在环境中的预期行为，可能对环境造成的影响、生态毒性；

②持久性和降解性；

③潜在的生物累积性；

④土壤中的迁移性。

(13)废弃处置：包括为安全和有利于环境保护而推荐的废弃处置方法信息。

(14)运输信息：国际运输法规规定的编号与分类信息。包括以下几个方面：

①联合国危险货物编号(UN)号；

②联合国运输名称、危险性分类；

③包装组、海洋污染物(是/否)。

(15)法规信息：使用本 SDS 的国家或地区中，管理该化学品的法规名称。提供与法律相关的法规信息和化学品标签信息。提醒下游用户注意当地废弃处置法规。

(16)其他信息：可以提供需要进行的专业培训、建议的用途和限制的用途等。参考文献可在本部分列出。

　　SDS 中,危险性类别与说明,警告声明与防范说明,消防、急救等应急处理说明为其核心内容,下面以 Sigma-Aldrich 网站下载的苯胺的 SDS 说明这些内容(表 4-7):

　　(1)所罗列信息来源于苯胺 SDS 的第 2 部分"危险性概述";

　　(2)所罗列信息包括紧急情况概述、GHS 危险性类别、相应的危险性说明代码、GHS 标签要素(象形图、信号词、危险声明)、警告声明与防范说明(预防措施、事故响应、储存、废弃处置);

　　(3)GHS 危险性类别、相应的危险性说明代码、危险声明一般为一一对应的关系;

　　(4)表格中包括 11 个 GHS 危险性类别、4 个象形图,说明同一象形图可以代表不同的危险性类别;

　　(5)防范说明或警告声明与危险性类别有一定的对应关系;

　　(6)一些防范说明为概括性描述,可以防范多种类别的危险,如 P201(使用前取得专用说明)、P280(戴防护手套/穿防护服/戴防护眼罩/戴防护面具);

　　(7)事故响应型防范说明为多种不同防范说明的组合。

表 4-7　苯胺 SDS 的第 2 部分内容汇总

紧急情况概述				理化性质、急救措施、燃爆风险、禁忌组合				
象形图						信号词	危险	
危险性				警告声明与防范说明				
				预防措施		事故响应	储存与废弃处置	
				代码	描述	代码	描述	代码	描述
第2部分　危险性概述	危险分类	GHS 危险性类别	危险性说明代码	危险声明	P201	使用前取得专用说明	P370 P378	火灾时:使用干沙、干粉或抗溶泡沫灭火	P403 P233	存放在通风良好的地方。保持容器密闭
					P202	在阅读并明了所有安全措施前切勿搬动	P301 P310 P330	如误吞咽:立即呼叫急救中心、医生。漱口	P403 P235	存放在通风良好的地方。保持低温
	理化危险	易燃液体(类别4)	H227	可燃液体	P210	远离热源、火花、明火、热表面。禁止吸烟	P302 P352 P312	如皮肤沾染,用水充分清洗。如感觉不适,呼叫急救中心、医生	P405	存放处须加锁

续表

危险性				警告声明与防范说明				
				预防措施		事故响应		储存与废弃处置
				代码	描述	代码	描述	代码	描述

	危险性			预防措施		事故响应		储存与废弃处置	
				代码	描述	代码	描述	代码	描述
第2部分 危险性概述	健康危害	急性毒性:经口(类别3)	H301	P270	使用本产品时不要进食、饮水或吸烟	P304 P340 P311	如误吸入,将人转移到空气新鲜处,保持呼吸舒适体位。呼叫急救中心、医生	P501	将内装物、容器送到批准的废物处理厂处理
		急性毒性:吸入(类别3)	H331	P260	不要吸入粉尘、烟、气体、烟雾、蒸气、喷雾	P305 P351 P338 P310	如进入眼睛,用水小心冲洗几分钟。如戴隐形眼镜并可方便地取出,取出隐形眼镜。继续冲洗。立即呼叫急救中心、医生		
		急性毒性:经皮(类别3)	H311	P264	作业后彻底清洗皮肤	P333 P313	如发生皮肤刺激或皮疹,求医、就诊		
		严重眼损伤或眼刺激(类别1)	H318	P271	只能在室外或通风良好之处使用	P308 P313	如接触到或有疑虑,求医、就诊		
		皮肤过敏(类别1)	H317	P272	受沾染的工作服不得带出工作场地	P391	收集溢出物		
		生殖细胞致突变性(类别2)	H341	P280	戴防护手套、穿防护服、戴防护眼罩、戴防护面具				
		致癌性(类别2)	H351						
		特异性靶器官毒性:反复接触(类别1),血液	H372						

吞咽、皮肤接触或吸入中毒

造成严重眼损伤

可能造成皮肤过敏反应

怀疑可造成遗传性缺陷

怀疑致癌

长期或反复接触会对血液造成损害

续表

第2部分　危险性概述		危险性			警告声明与防范说明					
					预防措施		事故响应		储存与废弃处置	
					代码	描述	代码	描述	代码	描述
	环境危害	危害水生环境：急性（短期）（类别1)	H400	对水生生物毒性极大	P273	避免释放到环境中				
		危害水生环境：慢性（长期）（类别2)	H411	对水生生物有毒并有长期持续影响						

4.2.7　GHS 文件的应用

各个国家可以根据本国实际情况，采取"积木式"方法，选择性实施符合本国实际情况的 GHS 危险种类（class）和类别（category）。在各个国家的化学品分类中，可以不包括某些 GHS 的分类。但是如果使用了 GHS 分类，则需要和 GHS 分类方法和标签保持一致。

4.2.8　查询化学品 GHS、SDS 数据的方法

对于特定的化学品，可以通过以下途径免费获取化学品的 GHS、SDS 信息。

不同来源的不同版本 SDS 报告，因为化学品的成分不尽相同，数据可能有差异。在获取 SDS 报告时，应尽量选择可靠的来源，并根据自己的产品成分选择最符合的 SDS 报告。

（1）制造商和供应商网站：访问化学品的制造商和供应商的官方网站，如 TCI、Sigma-Aldrich 网站，通常可以获得该公司生产的化学品的 SDS 数据表；如果无法在网上找到所需的 SDS 数据表，可以直接联系化学品的制造商或供应商索取。

（2）在线化学品数据库和搜索引擎：通过化学品名称、CAS 编号等关键字进行搜索，在线浏览或下载 SDS，例如：

①化源网，https://www.chemsrc.com/。

②爱化学，http://www.ichemistry.cn/。

③Chemical Book，https://msds.chemicalbook.com/。

④ChemSpider，http://www.chemspider.com/。

（3）GHS、SDS 服务机构数据库和搜索引擎：通过化学品名称、CAS 编号等关键字进行搜索，在线浏览或下载 GHS、SDS，例如：

①SDS：MSDS 网，https://www.ghs-msds.cn/。

②SDS：安全管理网，http://www.safehoo.com。

③GHS:化规通,https://hgt.cirs-group.com/。

(4)国家、地区监管机构,行业协会和专业组织维护的有关化学品的 GHS、SDS 数据,例如:国家危险化学品安全公共服务互联网平台,http://hxp.nrcc.com.cn/。

4.3 国际化学品安全卡

4.3.1 简介

《国际化学品安全卡》(International Chemical Safety Cards,ICSC)是联合国环境规划署(UNEP)、国际劳工组织(ILO)和世界卫生组织(WHO)的合作机构国际化学品安全规划署(IPCS)与欧洲联盟委员会(EU)合作编辑的一套具有国际权威性和指导性的化学品安全信息卡片。卡片扼要介绍了 2000 多种常用危险化学物质的理化性质、接触可能造成的人体危害和中毒症状、预防中毒和爆炸的方法、急救与消防、泄漏处置措施、储存、包装与标志及环境数据等数据,供在工厂、农业、建筑和其他作业场所工作的各类人员和雇主使用。

ICSC 涵盖的化学品代表性强,具有优先控制的必要性,列入卡片名单的化学品大多是对人体健康和环境具有高毒性或潜在危害的常用化学品。卡片清晰地概述了基本的健康与安全信息,信息量大、实用性强。化学品的安全信息被定期补充更新,以保持信息的实效性。

4.3.2 主要内容

ICSC 共设有化学品标识、危害与接触类型、急性危害与症状、预防、急救与消防、泄漏处置、包装与标志、应急响应、储存、重要数据、物理性质、环境数据、注解和附加资料共 14 个项目。

(1)化学品标识:提供一种化学物质的 CAS 登记号、化学物质毒性作用登记号(RTECS)、UN 编号、欧盟编号(EC)和中英文化学品名称。卡片(中文版)还提供中国危险货物编号等信息,供使用者检索查询 ICSC 数据。

(2)危害与接触类型:指发生火灾、爆炸时,可能造成的危险。

(3)急性危害与症状:介绍火灾和爆炸的危险性和经吸入、皮肤、眼睛和食入四种途径可能造成的急性危害和症状。

(4)预防:概述防止发生火灾和爆炸的措施以及预防化学品接触危害的措施。

(5)急救与消防:急救指对化学物质中毒人员的急救处理办法;消防指发生化学物质火灾和爆炸时应使用的灭火剂和灭火办法。

(6)泄漏处置:介绍处理中、小规模的泄漏的方法及须穿戴的个人防护用品。

(7)包装与标志:列出联合国危险性类别、联合国次要危险性和联合国包装类别;欧盟危险性符号、风险术语(R 术语)、安全术语(S 术语)以及运输要求。中文版还补充了中国危险性类别和中国危险货物包装类别信息。

(8)应急响应:介绍欧洲化学工业联合会(CEFIC)出版的该物质的危险货物运输应急卡的编号以及美国防火协会法规中该化学品的危险性等级。

（9）储存：介绍储存的通则和方法。

（10）重要数据：列出化学品的物理状态外观、物理危险性、化学危险性、职业接触限值、接触途径、吸入危险性、短期接触的影响以及长期或反复接触对人体健康的影响。

（11）物理性质：列出沸点、熔点、相对密度、水中溶解度、蒸气压、蒸气相对密度、蒸气-空气混合物的相对密度、闪点、自燃温度、爆炸极限和辛醇-水分配系数等重要参数。

（12）环境数据：说明化学物质的生态毒性、生物蓄积性及应注意的保护对象。

（13）注解：对有关数据的补充说明。

（14）附加资料：指明本卡片的编制、更新日期，反映卡片内容最近更新情况。该日期为联合国专家同业审查委员会审定卡片内容的日期或更新日期。

4.3.3　《国际化学品安全卡（中文版）》内容

中国石化北京化工研究院环保所自 1994 年以来一直在组织有关专业人员从事英文版 ICSC 的中文翻译工作，ICSC 的中文标准汉化翻译中作出了以下改进：

（1）根据我国危险化学品法规标准，补充了"中国危险货物编号""中国危险性类别"和"中国包装类别"三项数据，使卡片的应用更加适合中国国情；

（2）链接提供了每种化学品的急性毒性和生态毒性数据索引、卡片中标准术语的解释说明；

（3）详尽介绍了安全卡使用方法以及利用 ICSC 数据对照填写 SDS 的方法及编写实例。

4.3.4　《国际化学品安全卡（中文版）》网络查询

中国石化北京化工研究院环保所、计算中心完成了《国际化学品安全卡（中文版）》网络数据库查询系统研究开发工作，并在因特网上设立了专门站点（网址：http://www.brici.ac.cn/icsc）。

《国际化学品安全卡（中文版）》网络查询界面如图 4-2 所示，该网站中"化学品安全卡片检索"部分设有 6 种检索查询方式，可以免费自由查询和打印输出。

国际化学品安全卡（中文版）
INTERNATIONAL CHEMICAL SAFETY CARDS

首 页　化学品安全指南　更新情况　综合信息　中文索引　联系方式

化学品安全卡编号 ▢ 查询

物质名称（中文） ▢ 查询

物质名称（英文） ▢ 查询

CAS登记号 ▢ 查询

中国危险货物编号 ▢ 查询

UN编号 ▢ 查询

图 4-2　《国际化学品安全卡（中文版）》网络查询界面

（1）按中文名称检索：输入一种化学物质的完整或者部分中文名称，即可进行模糊查询。

（2）按英文名称检索：输入一种化学物质的完整或者部分英文名称，即可进行模糊查询。

（3）按安全卡编号检索：输入一种化学物质的化学品安全卡 4 位数字编号，如"0001"，即可查询到该物质（氢）的卡片。

（4）按 CAS 登记号检索：输入一种化学物质的 CAS 登记号，如 75-07-1，即可查询到该物质（乙醛）的卡片。

（5）按中国危险货物编号检索：输入一种化学物质的中国危险货物编号，如"1547"，即可查询到该物质（苯胺）的卡片。

（6）按 UN 编号检索：输入一种化学物质的 UN 编号，如"1114"，即可查询到该物质（苯）的卡片。

4.4　中国的 GHS 相关国家标准

如表 4-8 所示，基于 GHS 的基本理念和分类方法，在 2003 年之后，在我国制定了一系列新的国家标准，以更好地与 GHS 接轨。

表 4-8　中国的 GHS 相关国家标准

应用场景	标准编号	标准名称
分类 标签 SDS	GB/T 32374—2015	化学品危险信息短语与代码
	GB 30000—2013	化学品分类和标签规范（现行）
	GB 13690—2009	化学品分类和危险性公示通则（现行，修订版合并于 GB 30000）
	GB 20576—20599，20601，20602	化学品分类、警示标签和警示性说明安全规范（废止，被 GB 30000 取代）
分类标签	GB/T 24774—2009	化学品分类和危险性象形图标识通则（现行）
标签	GB 15258—2009	化学品安全标签编写规定（现行）
标签	GB/T 22234—2008	基于 GHS 的化学品标签规范（现行）
SDS	GB/T 16483—2008	化学品安全技术说明书 内容和项目顺序（现行）

4.4.1　化学品分类和标签规范

《化学品分类和标签规范》GB 30000 系列国家标准于 2013 年 10 月发布，取代了原有国家标准《化学品分类、警示标签和警示性说明安全规范》，于 2014 年 11 月 1 日起正式实施。

《化学品分类和标签规范》发布时采纳了第四版 GHS 中大部分内容，并随着 GHS 内容的更新进行相应的调整。

《化学品分类和标签规范》规定了以下四部分内容，其各部分的具体内容参见 4.1 节 GHS 的内容：

（1）化学品分类和标签相关的术语和定义；

（2）化学品危险性分类；

（3）化学品危险性公示：标签；

（4）化学品安全技术说明书。

4.4.2　化学品危险信息短语与代码

《化学品危险信息短语与代码》(GB/T 32374—2015)主要规范了象形图与代码、危险性说明短语与代码、防范说明短语与代码，于 2017 年 1 月 1 日正式实施。其中，象形图代码由 3 个英文字母、2 个阿拉伯数字组成。前三位用字母"GHS"表示，后两位依次用数字 01 至 09 表示。危险性说明短语与代码、防范说明短语与代码和 GHS 完全一致。

4.5　危险化学品安全管理条例

4.5.1　基本内容

2002 年 1 月 26 日中华人民共和国国务院令第 344 号公布；

2011 年 2 月 16 日国务院第 144 次常务会议修订通过；

2013 年 12 月 7 日《国务院关于修改部分行政法规的决定》修订。

危险化学品是指具有毒害、腐蚀、爆炸、燃烧、助燃等性质，对人体、设施、环境具有危害的剧毒化学品和其他化学品。

剧毒化学品是指具有剧烈急性毒性危害的化学品，包括人工合成的化学品及其混合物和天然毒素，还包括具有急性毒性易造成公共安全危害的化学品。

《危险化学品安全管理条例》的制定，是为了加强危险化学品的安全管理，预防和减少危险化学品事故，保障人民群众生命财产安全，保护环境。《危险化学品安全管理条例》是危险化学品管理的最重要的规范性文件，其他有关危险化学品的政策法规多基于该条例制定。

危险化学品安全管理，坚持"安全第一、预防为主、综合治理"的方针。条例从生产、储存安全，使用安全，经营安全，运输安全，危险化学品登记与事故应急救援，法律责任这六个方面对危险化学品的安全管理进行了规定。

4.5.2　危险化学品采购规定

危险化学品购买流程如图 4-3 所示。企业购买剧毒化学品、易制爆危险化学品，需要依法取得危险化学品安全生产许可证、危险化学品安全使用许可证、危险化学品经营许可证。

其他单位购买剧毒化学品，应当向所在地县级人民政府公安机关申请取得剧毒化学品购买许可证。申请人应当向所在地县级人民政府公安机关提交下列材料：

（1）营业执照或者法人证书（登记证书）的复印件；

（2）拟购买的剧毒化学品品种、数量的说明；

（3）购买剧毒化学品用途的说明；

（4）经办人的身份证明。

县级人民政府公安机关应当自收到前款规定的材料之日起3日内，作出批准或者不予批准的决定。予以批准的，颁发剧毒化学品购买许可证；不予批准的，书面通知申请人并说明理由。

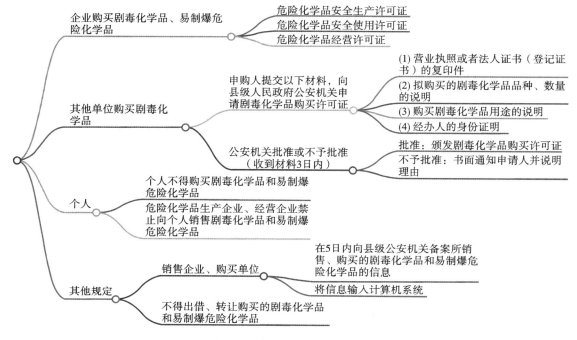

图4-3　危险化学品购买流程

个人不得购买剧毒化学品（属于剧毒化学品的农药除外）和易制爆危险化学品，如有违反，由公安机关没收所购买的剧毒化学品、易制爆危险化学品，可以并处5000元以下的罚款。

危险化学品生产企业、经营企业禁止向个人销售剧毒化学品（属于剧毒化学品的农药除外）和易制爆危险化学品，如有违反，由安全生产监督管理部门责令改正，没收违法所得，并处10万元以上20万元以下的罚款；拒不改正的，责令停产停业整顿直至吊销其危险化学品安全生产许可证、危险化学品经营许可证，并由工商行政管理部门责令其办理经营范围变更登记或者吊销其营业执照。

4.5.3　危险化学品目录

《危险化学品目录》（2015年版）于2015年5月1日起实施，《危险化学品名录》（2002年版）、《剧毒化学品目录》（2002年版）同时予以废止。

2022年，应急管理部会同工业和信息化部、公安部、生态环境部、交通运输部、农业农村部、卫生健康委、市场监管总局、铁路局、民航局决定调整《危险化学品目录》（2015年版），将"1674 柴油［闭杯闪点≤60 ℃]"调整为"1674 柴油"，形成《危险化学品目录》（2022年调整版），于2023年1月1日起实施。

　　《危险化学品目录》是落实《危险化学品安全管理条例》的重要基础性文件,是落实化学品安全管理责任、实施有效监督管理的重要依据。由国务院安全生产监督管理部门会同国务院工业和信息化、公安、环境保护、卫生、质量监督检验检疫、交通运输、铁路、民用航空、农业主管部门,根据化学品危险特性的鉴别和分类标准确定、公布,并适时调整(表 4-9)。

表 4-9　危险化学品目录修订要点

目录名称	危险化学品条目数量	危险化学品的分类体系	问题与解决方案
《危险化学品名录》(2002 年版)	3823 种	8 类	与 GHS、GB 30000 中 28 类危险性分类体系不符
《剧毒化学品目录》(2002 年版)	335 种		列入的品种偏多; 不符合剧毒化学品管理的实际情况
《危险化学品目录》(2015 年版)	2828 种,其中含有剧毒化学品条目 148 种	28 类	充分参考 GHS 和联合国危险货物运输建议书,将危险化学品的分类体系统一到 GHS、GB 30000 上

　　根据联合国《全球化学品统一分类和标签制度》,我国制定了《化学品分类和标签规范》(GB 30000—2013),确立了 28 类危险化学品的分类体系。《危险化学品名录》(2002 年版)主要采用爆炸品、易燃液体等 8 类危险化学品的分类体系,与现行 28 类危险化学品的分类体系有巨大差异,需要进行修订,在与现行管理相衔接、平稳过渡的基础上,逐步与国际接轨。

　　根据 GHS 化学品分类体系和《化学品分类和标签规范》,具有理化危险、健康危害和环境危害的化学品有 28 类,包括 95 个危险类别,《危险化学品目录》(2015 年版)在这一分类体系基础上,选取了其中危险性较大的 81 个类别作为危险化学品的确定原则(即表 4-2、表 4-3、表 4-4 中加灰底的危险类别)。

　　剧毒化学品为特殊的危险化学品,《危险化学品目录》(2015 年版)包含剧毒化学品条目 148 种,确保了剧毒化学品与危险化学品之间管理的协调性,不再发布单独的《剧毒化学品目录》。

4.5.4　特别管控危险化学品目录(第一版)

　　特别管控危险化学品是指固有危险性高、发生事故的安全风险大、事故后果严重、流通量大,需要特别管控的危险化学品。

　　为认真贯彻落实国务院办公厅 2016 年 11 月发布的《危险化学品安全综合治理方案》,深刻吸取 2015 年天津港"8·12"瑞海公司危险品仓库特别重大火灾爆炸事故教训,加强危险化学品全生命周期管理,强化安全风险防控和安全综合治理,有效防范遏制危险化学品重特大事故,确保人民群众生命财产安全,2020 年 5 月,应急管理部、工业和信息化部、公安部、交通运输部联合制定、颁布了《特别管控危险化学品目录》(第一版)。

　　该目录中,将危险化学品分为爆炸性化学品、有毒化学品(包括有毒气体、挥发性有毒液体和固体剧毒化学品)、易燃气体、易燃液体四类,包含特别管控危险化学品 20 个。对这些化学品的具体管控措施包括以下几个方面:

　　(1)建立信息平台,实施全生命周期信息追溯管控。

　　推进全国危险化学品监管信息共享平台建设,利用现代信息技术手段,构建特别管控危险化学品从生产、储存、使用到产品进入物流、运输、进出口环节的全生命周期追溯监管体系,完善信息共享机制,确保相关部门监管信息实时动态更新。

　　(2)研究规范包装管理。

　　(3)严格安全生产准入,对特别管控危险化学品的建设项目从严审批,严格从业人员准入。

　　(4)加强运输管理,建立严格的运单管理和车辆动态监控,实现特别管控危险化学品的流向监控。

　　(5)实施存储定置化管理,特别管控危险化学品须储存在危险化学品专用仓库内的特定区域(港口、学校除外)。

4.5.5　危险化学品登记管理办法

　　根据《危险化学品安全管理条例》,危险化学品生产企业、进口企业应当向危险化学品登记机构(安全生产监督管理部门)办理危险化学品登记,为危险化学品安全管理、事故预防、应急救援提供技术、信息支持。

　　危险化学品登记包括下列内容:

　　(1)分类和标签信息;

　　(2)物理、化学性质;

　　(3)主要用途;

　　(4)危险特性;

　　(5)储存、使用、运输的安全要求;

　　(6)出现危险情况的应急处置措施。

4.6　易制毒化学品管理条例

　　2005 年 8 月 26 日中华人民共和国国务院令第 445 号公布;
　　2014 年 7 月 29 日《国务院关于修改部分行政法规的决定》第一次修订;
　　2016 年 2 月 6 日《国务院关于修改部分行政法规的决定》第二次修订;
　　2018 年 9 月 18 日《国务院关于修改部分行政法规的决定》第三次修订。

　　加强易制毒化学品管理,规范易制毒化学品的生产、经营、购买、运输和进口、出口行为,可以有效防止易制毒化学品被用于制造毒品,维护经济和社会秩序。易制毒化学品分为三类。第一类是可以用于制毒的主要原料,第二类、第三类是可以用于制毒的化学试剂。

　　具体分类和品种目录见表 4-10。

表 4-10　易制毒化学品的分类和品种目录

易制毒化学品分类	易制毒化学品品种目录
第一类	1.1-苯基-2-丙酮 2.3,4-亚甲基二氧苯基-2-丙酮 3.胡椒醛 4.黄樟素 5.黄樟油 6.异黄樟素 7.N-乙酰邻氨基苯酸 8.邻氨基苯甲酸 9.麦角酸* 10.麦角胺* 11.麦角新碱* 12.麻黄素、伪麻黄素、消旋麻黄素、去甲麻黄素、甲基麻黄素、麻黄浸膏、麻黄浸膏粉等麻黄素类物质*
第二类	1.苯乙酸 2.乙酸酐 3.三氯甲烷 4.乙醚 5.哌啶 6.α-苯乙酰乙酸甲酯** 7.α-乙酰乙酰苯胺** 8.3,4-亚甲基二氧苯基-2-丙酮缩水甘油酸** 9.3,4-亚甲基二氧苯基-2-丙酮缩水甘油酯
第三类	1.甲苯 2.丙酮 3.甲基乙基酮 4.高锰酸钾 5.硫酸 6.盐酸 7.苯乙腈** 8.γ-丁内酯**

注:(1)第一类、第二类所列物质可能存在的盐类,也纳入管制;

(2)带有＊标记的品种为第一类中的药品类易制毒化学品,包括原料药及其单方制剂;

(3)带有＊＊标记的品种为根据国办函[2021]58号增列的易制毒化学品。

我国禁止走私或者非法生产、经营、购买、转让、运输易制毒化学品。

申请购买第一类易制毒化学品,须提交以下文件:

(1)经营企业提交企业营业执照和合法使用需要证明;

(2)其他组织提交登记证书(成立批准文件)和合法使用需要证明。

其中,申请购买第一类中的药品类易制毒化学品的,由所在地的省(自治区、直辖市)人民政府药品监督管理部门审批;申请购买第一类中的非药品类易制毒化学品的,由所在地的省(自治区、直辖市)人民政府公安机关审批。行政主管部门应当自收到申请之日起 10 日内,对申请人提交的申请材料和证件进行审查。对符合规定的,发给购买许可证;不予许可的,应当书面说明理由。

购买第二类、第三类易制毒化学品的,应当在购买前将所需购买的品种、数量向所在地的县级人民政府公安机关备案。

个人不得购买第一类、第二类易制毒化学品。个人自用购买少量高锰酸钾的,无须备案。

4.7 易制爆危险化学品治安管理办法

2017 年 5 月 11 日,公安部公布 2017 年版《易制爆危险化学品名录》;

2019 年 5 月 22 日,公安部部务会议通过《易制爆危险化学品治安管理办法》,自 2019 年 8 月 10 日起施行。

易制爆危险化学品是指列入公安部确定、公布的易制爆危险化学品名录,可用于制造爆炸物品的化学品。易制爆化学品分类如图 4-4 所示。《易制爆危险化学品名录》(2017 年版)记录了 9 大类(按照化学结构分类)共 74 种易制爆化学物质,按照燃爆危险性可分为 8 大类。其中,有些物质因为其存在形态的差别,表现出不同的燃爆危险性。例如:铝粉(CAS:7429-90-5)在有涂层时,为"易燃固体",无涂层时,为"遇水放出易燃气体的物质和混合物"。

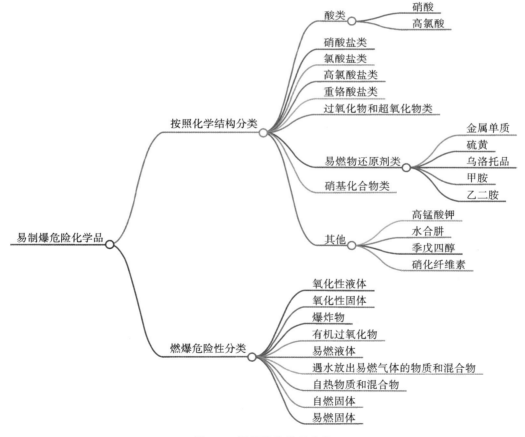

图 4-4 易制爆化学品分类

　　易制爆危险化学品采购流程与剧毒化学品相似,参见图 4-3。此外,《易制爆危险化学品治安管理办法》还规定:

　　(1)易制爆危险化学品从业单位应当建立易制爆危险化学品信息系统,并实现与公安机关的信息系统互联互通;应当对易制爆危险化学品实行电子追踪标识管理,监控记录易制爆危险化学品流向、流量。

　　(2)销售、购买、转让易制爆危险化学品应当通过本企业银行账户或者电子账户进行交易,不得使用现金或者实物进行交易。

　　(3)任何单位和个人不得交寄易制爆危险化学品或者在邮件、快递内夹带易制爆危险化学品,不得将易制爆危险化学品匿报或者谎报为普通物品交寄,不得将易制爆危险化学品交给不具有相应危险货物运输资质的企业托运。

　　(4)禁止个人在互联网上发布易制爆危险化学品生产、买卖、储存、使用信息。

4.8　危险化学品仓库储存通则

　　2022 年 12 月,国家市场监督管理总局发布国家标准《危险化学品仓库储存通则》(GB 15603—2022),2023 年 7 月 1 日开始实施,原标准《常用化学危险品贮存通则》(GB 15603—1995)同时废止。

　　2020 年 9 月,深圳市市场监督管理局发布地方标准《危险化学品储存柜安全技术要求及管理规范》(DB4403/T 79—2020),2020 年 10 月 1 日开始实施。

4.8.1　定义和术语

　　危险化学品仓库:储存危险化学品的专用库房及其附属设施。

　　禁忌物品:容易相互发生化学反应或灭火方法不同的物品。

　　隔离储存:在同一房间或同一区域内,不同的物品之间分开一定的距离,非禁忌物品间用通道保持空间的储存方式。

　　隔开储存:在同一建筑或同一区域内,用隔板或墙将不同禁忌物品分离开的储存方式。

　　分离储存:在不同的建筑物或同一建筑不同房间的储存方式。

4.8.2　基本要求

　　建立危险化学品储存信息管理系统,并接入所在地相关监管部门业务信息系统,实时记录作业基础数据:

　　(1)做好危险化学品出入库、在库记录,包括但不限于时间、品种、品名、数量、库内分布、包装形式等信息;

　　(2)识别化学品安全技术说明书中的危险特性、应急措施、消防要求、灭火介质,以及搬运、储存等注意事项;

　　(3)根据安全相容矩阵表,确定禁忌配存情况(表 4-11),进而进行隔离储存、隔开储存或分离储存。

表 4-11　化学品禁忌配存情况汇总

种类	名称	编号	1	2	3	4	5	6	7	8	9	10	11	12	13	14	15	16	17	18	19	20	21	22	23	24
爆炸品	点火器材	1	1																							
	起爆器材	2	×	2																						
	炸药及爆炸性药品(不同品名不得在同一库内配存)	3	×	×	3																					
	其他爆炸品	4	△	×	×	4																				
氧化剂	有机氧化剂	5	×	×	×	×	5																			
	亚硝酸盐、亚氯酸盐、次氯酸盐	6	△	△	△	△	×	6																		
	其他无机氧化剂	7	△	△	△	△	×	×	7																	
压缩气体和液化气	剧毒(液氯与液氨不能在同一库内配存)	8	×	×	×	×	×	×	×	8																
	易燃	9	△	×	×	×					9															
	助燃(氧气不能与油脂在同一库内配存)	10	△	×	×	△					△	10														
	不燃	11	×	×									11													
自燃物品	一级	12	△	×	×	×	△	△	×	×	×			12												
	二级	13	×	×	△				×	△	△				13											
	遇水燃烧物(不能与含水液体在同一库内配存)	14	△	×	×	△	△							×		14										
	易燃液体	15	△	×	×	×	×	△	△					×	×	△	15									
	易燃固体(H 发孔剂不可与酸性腐蚀物及有毒和易燃酯类危险货物配存)	16	△	×	×	△	△	△	△					×	×			16								
毒害品	氰化物	17		△	△														17							
	其他毒害品	18		△	△															18						
酸性腐蚀物	溴	19	△						△					×	△	△	△		×	△	19					
	过氧化氢	20	△	×	×	△	△							△	△	△			×			20				
	硝酸、硫酸、发烟硫酸、氯磺酸	21	△	×	×	×	×	×		×	△	△	△	△		△	△	△	△		△	△	21			
	其他酸性腐蚀物	22	△	×	×	△	△	△	△					△							△	△		22		
其他腐蚀物品	生石灰、漂白粉	23		△	△	△		△													△	×	△		23	
	其他(无水肼、水合肼、氨水不能与氧化剂配存)	24																△						×		24

注:(1)无配存符号表示可以配存;

(2)△表示可以配存,堆放时至少隔离 2 m;

(3)×表示不可以配存。

4.8.3　储存要求

1. 仓库要求

储存危险化学品的仓库和作业场所应设置明显的安全标志,应根据危险化学品的特性选择符合化学品安全技术说明书中储存要求、防火要求的仓储设施进行储存。

2. 作业要求

从业人员应经过专业防护知识培训,根据化品的危险特性、化学品安全技术说明书中建议,正确穿戴相应的防护装备进行作业。

进入储存爆炸物及其他对静电、火花敏感的危险化学品仓库时,应穿防静电工作服,不应穿钉鞋,应在进入仓库前消除人体静电;应使用具备防爆功能的通信工具,不应使用易产生静电和火花的作业机具。

应做到轻拿轻放,不应拖拉、翻滚、撞击、摩擦、摔扔、挤压等。储存仓库内禁止进行开桶、分装、改装作业。

3. 存放要求

严格控制危险化学品的储存品种、数量,采用隔离储存、隔开储存、分离储存的方式对危险化学品进行储存。

确保入库化学品的包装完好,标志、安全标签规范、清晰,附有中文化学品安全技术说明书和安全标签,且便于查看和索取;操作人员应掌握危险化学品的基本特性和应急处理方法。

危险化学品入库后应定期检查,发现化学品容器未关紧、破损、渗漏、标签不完整等时,应及时处理。

剧毒化学品、易燃气体、氧化性气体、急性毒性气体、遇水放出易燃气体的物质和混合物、氯酸盐、高锰酸盐、亚硝酸盐、过氧化钠、过氧化氢、溴素(Br_2)应分离储存。

危险化学品堆码应整齐、牢固、无倒置;不应遮挡消防设备、安全设施、安全标志和通道。除 200 L 及以上的钢桶、气体钢瓶外,其他包装的危险化学品不应直接与地面接触,垫底高度不小于 10 cm。采用货架存放时,应置于托盘上并采取固定措施。

4. "五双"制度

对于剧毒化学品、监控化学品、易制毒化学品、易制爆危险化学品,应按规定将其储存地点、储存数量、流向及管理人员的情况报相关部门备案,剧毒化学品以及构成重大危险源的危险化学品应在专用仓库内单独存放,并实行"五双"(双人保管、双人领取、双人使用、双锁、双账)制度。

4.8.4　其他要求

应建立检查和维护制度、日常运行制度、风险评估制度、应急响应程序、应急联动机制,编制危险化学品事故应急预案,配备应急救援物资。

应建立完善的个体防护制度,配置安全有效的个体防护装备。建立全员培训体系,考核合格后方可上岗作业;对有资质要求的岗位,应配备依法取得相应资质的人员。

4.8.5　危险化学品储存柜

危险化学品储存柜包括易燃液体储存柜、可燃液体储存柜、腐蚀性液体（通过化学作用使生物组织接触时造成严重损伤，或在渗漏时会严重损害甚至毁坏其他货物或运载工具的液体）储存柜、毒害品（经吞食、吸入或与皮肤接触后可能造成死亡或严重受伤或损害人类健康的物质，即有毒物质）储存柜、压缩气体气瓶储存柜等。

危险化学品储存柜的基本类别、柜体识别色和标签识别色见表 4-12。

表 4-12　危险化学品储存柜柜体和标签的基本识别色

序号	储存柜名称	柜体基本识别色	标签基本识别色
1	易燃液体储存柜	黄色	红色
2	可燃液体储存柜	红色	黄色
3	腐蚀性液体储存柜	蓝色或白色（根据柜体材料选择）	紫色
4	毒害品储存柜	灰白色	黑色
5	压缩气体气瓶储存柜	灰色	红色（易燃气体） 蓝色（无毒不燃气体、毒性气体）

对储存柜的要求还包括以下几点：

（1）柜体可用钢材料制造，其厚度不应低于 1.2 mm；腐蚀性液体储存柜柜体材料应选择相应的耐腐蚀材料，如采用聚丙烯（PP）材质，厚度不应低于 8 mm。

（2）柜体宜采用双层结构，内外层间至少应保留 38 mm 空间；双层柜体间可用不燃材料填充。

（3）易燃液体、可燃液体和易燃气体气瓶储存柜柜体应设有防静电接地装置，并张贴静电接地标志。

（4）柜体两侧上下各设置通风孔，并张贴通风标志；易燃液体和可燃液体储存柜应在柜体两侧分别设置固定式带阻火功能的上下通风孔；毒性气体不应直接排到室外，排风管应与吸收处理装置连接；易燃气体气瓶储存柜应设置排风管，连接到室外的连锁强排风扇。

（5）除压缩气体气瓶储存柜外，其他储存柜柜底应预留防泄漏的盛漏槽（深度至少 51 mm）。

（6）柜门应配备自锁装置，柜门宜安装闭门器及高温熔断装置，温度高于 100 ℃时，门自动关闭。

（7）气瓶柜内应安装防止气瓶倾倒的固定装置；易燃气体气瓶储存柜应设置可燃气体检测报警装置，有毒气体气瓶储存柜应设置有毒气体检测报警装置，报警装置应具有声、光显示功能，方便工作人员收到相应的报警信息；气体浓度检测探头根据气体密度确定位置。

4.9　《化学化工实验室安全管理规范》中的化学品管理

实验室安全管理体系中应有采购、验收、储存、使用和处理化学品（包括压缩气体、易制毒化学品、易制爆危险化学品和剧毒化学品）的管理程序。

实验室应建立化学品(包括气瓶)采购、使用、储存和处理(回收、销毁等)台账,并保留所有相关记录。关于气瓶的采购、使用、储存的相关规定,下一节另行介绍,本节所指化学品均为非气瓶存储的化学品。

4.9.1　分类

参见 4.2.4 小节 GHS 的分类(第十版)、4.4.1 小节《化学品分类与标签规范》(GB 30000)。

4.9.2　采购

实验室采购易制毒、易制爆和剧毒化学品时,参见 4.5.2 小节"危险化学品采购规定"、4.6.1 小节"易制毒化学品采购规定"、4.7.1 小节"易制爆危险化学品采购规定"。另外,实验室采购危险化学品时,应索取安全技术说明书和安全标签(以下称"一书一签"),不得采购无"一书一签"的危险化学品。

4.9.3　储存

储存危险化学品应遵照国家法律、法规和其他有关的规定,危险化学品应参照相关规定进行储存,且不得与禁忌物料混合储存。详情见 4.8 节"危险化学品仓库储存通则"。

此外,《化学化工实验室安全管理规范》还有以下细节规定:实验室验收化学品时,应严格检查化学品名称、数量、包装、"一书一签",确认完好后登记入库储存。

1. 储存空间

实验室应设置符合安全、消防相关技术标准要求的房间储存危险化学品,该房间内用电设备、通排风设施、输配电线路、灯具、应急照明和疏散指示标志等都应满足相关要求。储存易燃、易爆危险化学品的建筑应安装避雷设施。

严禁在化学品储存房间和化学品储存柜内存放其他杂物。危险化学品储存区域的温度、湿度应严格控制,发现变化应及时调整。

2. 储存数量

除储存化学品的房间外,每间实验室内存放的除压缩气体、液化气体、剧毒化学品和爆炸品以外的危险化学品总量不应超过 1 L/m^2 或 1 kg/m^2,其中易燃易爆性化学品的存放总量不应超过 0.5 L/m^2 或 0.5 kg/m^2,且单一包装容器不应大于 25 L 或 25 kg。

除储存化学品的房间外,每间实验室暂时存放在安全柜或试剂柜以外的危险化学品总量液体不得超过 0.2 L/m^2,固体不得超过 0.2 kg/m^2;实验台化学试剂架上应只暂放当天用量的危险化学品,用后应放回安全柜或试剂柜中。

3. 管理制度

剧毒化学品不得与易燃、易爆、腐蚀性物品等一起存放,必须严格遵守"五双管理制度",即双人验收、双人保管、双人发货、双锁、双账,专人管理并做好储存、领取、发放情况登记,登记资料至少保存 1 年。

易制毒化学品应设置专用存储区或者专柜储存并有防盗措施,其中第一类易制毒化学品、药品类易制毒化学品实行双人双锁管理,账册保存期限不少于2年。

4. 其他注意事项

有毒、有害物质应储存在阴凉、通风、干燥的场所,不得露天存放,不得接近酸类物质。

腐蚀性物品,包装应严密,严禁泄漏,严禁与液化气体和其他物品共存。

4.9.4 使用

取用化学品时,应轻拿轻放,防止震动、撞击、倾倒和颠覆;用后应及时盖紧原瓶盖;禁止用手直接取用化学品;禁止化学品入口或直接接近瓶口鉴别。

根据《高等学校实验室安全规范》《化学化工实验室安全管理规范》的规定,领用及使用危险化学品应填写领用及使用记录;易制毒、易制爆与剧毒化学品,应由两人按当日实验的用量领取,如有剩余应在当日退回,并填写相关记录,使用时应有两人以上方可进行,一人操作,一人监护。

4.10 气瓶的安全管理

4.10.1 实验室常用气瓶种类

常温环境温度(−40~60 ℃)下使用的公称容积为0.4~3000 L、公称工作压力为0.2~35 MPa(表压,下同)且压力与容积的乘积大于或等于1.0 MPa·L,盛装压缩气体、高(低)压液化气体、低温液化气体、溶解气体、吸附气体、标准沸点等于或者低于60 ℃的液体的无缝气瓶、焊接气瓶、低温绝热气瓶、纤维缠绕气瓶、内部装有填料的气瓶,属于移动式特种设备,通常有高压、有毒、腐蚀、低温、易燃、易爆等危险性,存在火灾、爆炸等危险因素。

4.10.2 气瓶安全管理的相关法律、规定、标准

气瓶安全管理的相关法律、规定、标准有《中华人民共和国特种设备安全法》《特种设备安全监察条例》《气瓶安全技术规程》《气瓶搬运、装卸、储存和使用安全规定》《气瓶颜色标志》《气瓶术语》《气瓶警示标签》等。

4.10.3 气瓶的购买

任何单位及个人不得私自购买、运输、持有、改装(充装)、处置气瓶。

实验室应从具有危险化学品经营许可证、气瓶充装许可证的单位采购瓶装气体,气瓶应由具有特种设备制造许可证的单位制造。

气瓶的验收项目及要求如下:

(1)出厂合格证;

(2)标签:有符合安全技术规范及国家标准规定的警示标签和充装标签;

　　(3)肩部信息：制造商、制造日期、气瓶型号、气体容量、工作压力等；

　　(4)检验标志：气瓶经过检验,应在规定的检验有效使用期内；

　　(5)漆色：气瓶应按照规定进行漆色、标注气体名称；

　　(6)钢印标记：安全警示标签上印有的瓶装气体的名称及化学分子式应与气瓶钢印标志一致；

　　(7)瓶帽和防震圈；

　　(8)瓶阀出气口的螺纹：与所装气体规定的螺纹形式应相符。

4.10.4　气瓶的搬运

　　搬运气瓶时,应装上防震圈、旋紧安全帽,以保护开关阀,防止其意外转动和减少碰撞。

　　搬运气瓶一般用气瓶推车,严禁手抓开关总阀移动,切勿抛、滑、滚、碰、撞、敲击气瓶。不能带着减压阀移动气瓶。

4.10.5　气瓶的存放

　　根据实际情况配置专用气瓶柜、气瓶间,配备相应的防火、防爆、防雷、防窒息、通风、报警和静电消除等安全设施和防护用品,并张贴安全警示标志。气瓶的存放注意事项如下：

　　(1)摆放气瓶时应直立,并用气瓶柜、气瓶防倒链、防倒栅栏、专用支架或其他防止倾倒的固定装置妥善固定,避免震动,做好安全标识工作,未使用的气瓶应戴好瓶帽。

　　(2)气瓶放置在阴凉、通风、干燥处,避免阳光直射,远离热源和火源,防止意外受热,安放气瓶的地点周围 10 m 内,不应进行有明火或可能产生火花的作业。

　　(3)气瓶周围不得放置其他易燃易爆危险品和易与瓶内气体发生反应的化学品；易燃和助燃气瓶应分开放置并有明显标志,氧气气瓶不能与乙炔、CO、CH_4 等可燃性气体气瓶混放；盛装易发生聚合反应气体的气瓶,不得放置于有放射线的场所内。

　　(4)禁止在楼道、大厅等公共场所存放气瓶。

　　(5)室内气瓶存放处应根据风险评估结果配备相应的气体传感器和报警系统,气体传感器和报警系统的安装位置应合理：

　　①实验室有大量惰性气体或 CO_2 存放在有限空间内时,还需加装氧气含量报警器并与风机连锁；

　　②使用或产生可燃气体的实验室,应设置相应的可燃气体测报仪并与风机连锁,风机应为防爆型；

　　③使用或产生有毒有害气体的实验室,应安装相应的有毒有害气体测报仪并与风机连锁。

　　(6)有毒有害、易燃易爆气体：

　　①一般不放置在实验室内,应加装专用防护柜；

　　②放置气瓶的房间和气瓶柜均应配备通风设施、使用防爆灯具、设置监测和报警装置,并保证正常运转；

　　③HCl、H_2S、Cl_2、CO 等有毒、有害气体(低浓度的标准气体、计量用气体除外)气瓶应单独存放,并在不远处配备正压式空气呼吸器；

　　④使用氢气、甲烷等轻质可燃气体的房间,不应安装吊顶,通风设备的引风口应尽量设置

在墙的顶部；

⑤乙炔等可燃性气体的气瓶不得放于绝缘体上，以利于释放静电；

⑥氧气瓶或氢气瓶严禁与油类接触，操作人员不能穿戴有油脂或油污的工作服和手套等操作，以免引起燃烧或爆炸。

4.10.6 气瓶的使用

应定期开展实验室气瓶安全检查，定期开展气瓶安全使用的教育培训、考核和演练。

气瓶须专瓶专用，禁止用任何热源对气瓶进行加热，不得擅自更改气瓶的钢印和颜色标记（表 4-13）。气瓶压力表应专气专用，不得混用。气瓶不使用时应安装上安全保护帽。

表 4-13 常用气体的性质及相应气瓶使用规范

气体	性质	气瓶存放注意事项	瓶身颜色	字样	标字颜色
氢气	密度小，易泄漏，扩散速度快，易与其他气体混合	单独存放，放置在室外专用屋内	淡绿	氢	红
乙炔	极易燃烧、易爆炸	存放地点要通风，避免与氧、次氯酸盐等化合物接触	白	乙炔	红
氧气	助燃气体，纯氧在高温下活泼	防止与易燃易爆品或其他杂物接触	天蓝	氧	黑
压缩空气			黑	压缩空气	白
一氧化碳	无色、无臭、无刺激性，遇火源易发生爆炸	避免吸入，防止机体组织缺氧	银灰	一氧化碳	红
氨气	与空气混合到一定比例时遇明火能引起爆炸，液氨具有腐蚀性	避免与明火接触，防止液氨引起冻伤	淡黄	液氨	黑
氯气	有刺激性气味，与易燃气体混合时会发生燃烧爆炸	避免与易燃物质接触，避免日光下发生燃烧	深绿	氯	白
二氧化碳	浓度高达 5000 ppm 时会导致呼吸困难，接触液态二氧化碳可引起冻伤	避免暴露于高浓度二氧化碳环境，防止液态二氧化碳接触皮肤	铝白	二氧化碳	黑
氮气	无色、无味、无毒，不燃烧，低氧含量可能引起窒息	避免低氧环境，保持充足的氧气供应	黑	氮	黄
氦气	惰性气体，浓度高于一定限度时有窒息危险，液态下与皮肤接触可引起冻伤	避免暴露于高浓度环境，防止液态下与皮肤接触导致冻伤	银灰	氦	深绿
氩气			银灰	氩	深绿

每间实验室内存放的氧气和可燃气体不宜超过一瓶或一周的用量，实验室内与仪器设备配套使用的气瓶应控制在最小需求量。

使用高压气瓶时，必须加装减压器；调节压力时，要用减压阀来调节，不得直接使用气瓶上的开关。气瓶减压器应专用,安装时要上紧,不得漏气。开闭时,应站在气瓶侧面,动作要慢,以减少气流摩擦产生的静电。

供气管路应整齐有序并做好标识,不得直接放置在地上。供气管路根据介质的性质选用适当的材质(铜、不锈钢等金属管线,或聚四氟乙烯、PEEK 等塑料管线),易燃、有毒气体的连接管路须使用金属管(其中乙炔、氨气、氢气的连接管路不得使用铜管)。存在多条气体管路的房间须张贴详细的管路图,并定期进行泄漏检查。

气瓶上应悬挂状态标识牌,注明气体种类,并标注气瓶处于"满、使用中、空瓶"三种状态之一。气瓶使用台账记录使用前后气体压力值,若持续使用气瓶,每天记录一次。瓶内气体不得用尽,必须保留一定剩余压力。一般气瓶的剩余压力应不小于 0.05 MPa,可燃性气体应剩余 0.2～0.3 MPa,其中氢气应保留 2.0 MPa 余压。不得自行处理气瓶内的残液。

实验室应将已损坏的压力气瓶及时更换,还应根据各类气瓶使用年限和疲劳周期及时更换事故风险较大的压力气瓶。不得使用已报废或超过检验期的气瓶。

第5章

人员管理

5.1　人员责任

实验室应实行全员安全责任制,所有人员均应明确在实验室安全管理体系中的职责并作出相关承诺,确保实验室工作安全顺利进行。根据职责的不同,各类人员在实验室安全责任体系中的具体任务如下:

1. 学校管理人员

学校实验室安全管理工作坚持"党政同责,一岗双责,齐抓共管,失职追责"的原则。党政主要负责人是实验室安全管理工作的第一责任人。

学校层面应设立实验室安全工作领导机构,并明确人员和分工。明确学校实验室安全主管职能部门和二级教学科研单位实验室安全管理的职责,建立健全:①全员实验室安全责任制,配备足额的专职实验室安全管理人员;②项目风险评估与管控机制,构建实验室安全全周期管理工作机制;③实验室安全教育培训与准入体系;④实验室安全分级分类管理体系;⑤实验室安全隐患举报制度。

2. 学院管理人员

学院党政负责人是实验室安全工作的主要领导责任人。学院需与所属各实验室负责人签订安全责任书,并结合自身实际情况和学科专业特点,有针对性地建立实验室安全教育培训与准入制度,定期开展实验室安全督查、检查,提供检查报告和整改意见,整改隐患,建立应急预案,定期进行培训和实施演练。

3. 实验室负责人

实验室负责人是本实验室安全工作的直接责任人。实验室负责人应与相关实验人员签订安全责任书或承诺书,并指定安全员,严格落实安全准入、隐患整改、个人防护等日常安全管理工作,切实保障实验室安全。

4. 项目负责人与任课教师

项目负责人与任课教师是项目安全的第一责任人,须对项目进行危险源辨识和风险评估,并制定具体的安全管理措施、安全教育方案、防范措施及现场处置方案;对实验室设备和防护设施(如通风系统、消防设备等)进行定期检查和维护,确保其正常运行和有效性;依法履行安全告知义务,对参与项目的学生和工作人员等进行全员安全培训,传授安全知识和技能,指导其做好安全防护,提高安全意识和应急处理能力。

5. 使用人

进入实验室学习或工作的所有人员均应遵守实验室安全准入制度和安全管理制度,取得准入资格后,再严格按照实验操作规程或实验指导书开展实验;应对所开展的实验方案涉及的安全风险进行分析,并提出防控和应急处置措施,实验方案通过审查后方可进行实验工作;若发现他人有违反安全规定的行为,应制止并上报实验室管理者。

5.2　人力保障

应配备足够的人员确保实验室的安全工作,包括专职的安全员。

实验室安全管理负责人员应接受相关安全管理培训后上岗,并定期轮训,确保具备从事安全管理工作的能力。对于某些特殊岗位,应由具备相应的资格、资质的人员持证上岗。

根据实验室安全工作的实际情况和需求,配备专职实验室安全管理人员,推进专业安全队伍建设,保障安全管理队伍稳定和可持续发展,例如:

(1)专人管理重点场所;

(2)专人管理重要危险源,如剧毒化学品、易制爆危险化学品等。

设立实验室安全督查队伍,定期对实验室开展"全员、全过程、全要素、全覆盖"的安全检查,核查安全制度执行情况、安全隐患等,实行问题排查、登记、报告、整改、复查的"闭环管理"。

5.3　人员培训

实验室应制定相应的安全培训计划,确保进入实验室的所有人员(包括外部人员)掌握必需的安全知识、安全技能和操作规范,掌握设备设施、防护用品的使用技能,保留培训记录并组织安全培训考试,通过考试后方可进入实验室。

1. 培训内容

实验室安全培训的内容应包括实验室安全规定和操作规程,个体防护装备的使用和维护,实验室仪器设备和防护设施的标准操作规程,常见实验室危险化学品的储存、领取、使用、归还流程,实验室安全风险和安全隐患的分析、识别和排除,以及实验室事故应急处理等。培训内容应根据学生的层次和专业进行分类和分级,以确保培训的针对性和有效性。

2. 培训形式

实验室安全培训可以采用多种形式,如讲座、课堂教学、实地演示等。可以邀请专业的安全管理人员、教师或相关领域的专家来进行讲解和指导,结合实际案例和实验室操作进行示范。涉及重要危险源的高校应设置有学分的实验室安全课程或将安全准入教育培训纳入培养环节。

3. 培训频率

实验室安全培训应定期进行,特别是对新入学的学生做好"三级"(进入单位、部门或课题组、实验室)安全教育及考核并保存相关记录。应定期开展应急知识学习、应急处置培训和应急演练,并对演练内容、参加人数、效果评价等进行有效记录。学期开始时或实验室实验活动开始前可进行集中培训,以提醒学生注意实验室安全事项。此外,还要按照"全员、全面、全程"的要求,创新宣传教育形式,加大安全教育宣传力度,提高师生安全意识。

4. 培训评估

所有培训活动均要进行有效记录,按需存档。进行实验室安全培训后,可以通过安全考试、问卷调查、实际操作考核等方式进行培训效果的评估。根据评估结果,及时调整培训内容和方式,以增强培训效果。

5. 持续教育

实验室安全培训不应只停留在学生入学阶段,还应进行持续教育。可以定期组织安全讲座和研讨会,邀请行业专家进行安全知识的更新和深入讲解。此外,岗位(工位、工种)调整、长时间歇工后上岗前也应做好相应的安全教育和培训。

5.4　个体防护

为落实习近平总书记"把人民群众生命安全和身体健康放在第一位"的重要指示精神,国家标准《个体防护装备配备规范》(GB 39800—2020)于 2020 年 12 月 24 日发布,并于 2022 年 1 月 1 日实施,替代了原来有关个人防护的标准《个体防护装备选用规范》(GB/T 11651—2008)和《个体防护装备配备基本要求》(GB/T 29510—2013)。

个体防护装备(personal protective equipment,PPE),又称劳动保护用品,是从业人员为防御物理、化学、生物等外界因素伤害所穿戴、配备和使用的各种护品的总称,包括在生产作业场所穿戴、配备和使用的劳动防护用品,如安全帽、耳塞、防毒面具、防静电服、手套等。

职业性危险因素是在职业活动中产生的可直接危害劳动者身体健康和安全的因素,又可以分为物理性危害因素、化学性危害因素和生物性危险因素。

个体防护装备管理和配备是安全生产工作的一个重要组成部分,是安全生产的基础。当管理手段和技术措施不能完全消除生产中的危险和有害因素时,佩戴个体防护装备成为劳动者抵御事故、减轻伤害、保证个人生命安全和健康的最后一道防线。按照我国《安全生产法》《劳动法》及《职业病防治法》等法律法规的规定,用人单位为劳动者配备合格的个体防护装备属于强制性要求。

5.4.1　PPE 配备原则

PPE 配备原则如下:

(1)作业场所存在职业性危险因素和危险风险时,应配备符合国家标准、行业标准的个人防护装备(PPE);

(2)PPE 选用应与作业环境、危害因素、危害程度、作业人员相适应,且 PPE 使用不应导致额外风险,即 PPE 应具有无害性;

(3)在有效性基础上,兼顾舒适性;

(4)需使用多种 PPE 时,考虑兼容性和功能替代性。

5.4.2　PPE 配备程序

PPE 配备应按照图 5-1 所示的流程执行,其中,危害因素辨识和评估、PPE 选择是整个流程的关键环节。

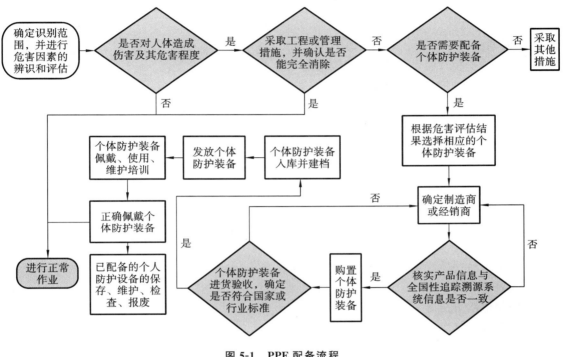

图 5-1　PPE 配备流程

1. 危害因素辨识和评估

(1)辨识原则:

①依据国家法律法规、标准和专业知识,针对不同作业场所、生产工艺、作业环境的特点,识别可能的危险因素;

②应对生产活动中的各因素,包括人员、设备、物料、工艺、环境、管理制度等进行系统分析,总结正常生产中的危害因素,同时分析工艺变化、设备故障、人员失误等情况下可能产生的危害因素。

(2)辨识依据:

①《生产过程危险和有害因素分类与代码》(GB/T 13861—2022);

②《常见的作业类别及可能造成的事故类型》。

2. 危害评估

判断是否超过职业接触限值和实际危害水平,结合危害方式、危害时间、途径和后果等因素,确定需要防护的人群范围,以及各类人员需要防护的部位和需要的防护水平。实验室应确保工作人员清楚所从事的工作可能遇到的危险,包括:

(1)危险源的种类和性质;

(2)使用的化学品、仪器与设备、环境等的危险特性;

（3）可能导致的危害及后果；

（4）应采取的防护措施；

（5）紧急情况下的应急处置措施。

3. PPE 的选择

PPE 种类繁多，适用于不同作业场景，与化学化工实验室相关的一些种类简介如下。

（1）头部防护：安全帽 TB-01。防护坠物伤害，还可包括防静电、阻燃、电绝缘、耐低温等特殊功能。

（2）眼面防护：

①激光防护镜 YM-02，吸收激光辐射能量；

②强光源防护镜 YM-03，用于强光源（非激光）防护；

③职业眼面部防护具 YM-04，防护冲击、光辐射、热、火焰、液滴、飞溅物等眼面部伤害风险。

（3）听力防护：

①耳塞；

②耳罩。

（4）呼吸防护：

①自吸过滤式防毒面具 HX-06，防御有毒、有害气体，蒸气、颗粒物等对呼吸系统和眼面部的伤害；

②自吸过滤式防颗粒物呼吸器，即防尘口罩 HX-08。

（5）防护服装：

①防静电服 FZ-02；

②高可视警示服 FZ-04；

③隔热服 FZ-05；

④化学防护服 FZ-07；

⑤阻燃服 FZ-12。

（6）手部防护：

①带电作业绝缘手套 SF-01；

②防寒手套 SF-02，避免低温伤害；

③防化学品手套 SF-03，能够对各类化学品和不包括病毒在内的其他微生物形成有效屏障，从而避免对手部或手臂的伤害；

④防热伤害手套 SF-05；

⑤机械危害防护手套 SF-08，保护手部、手臂免受摩擦、切割、穿刺或能量冲击伤害。

（7）足部防护：

①安全鞋 ZB-01；

②防化学品鞋 ZB-02。

（8）坠落防护：

①安全网；

②安全绳；

③缓降装置；

④自锁器。

4. PPE 管理

工作内容及注意事项如下：

（1）建立健全 PPE 管理制度和管理档案，包括采购、验收、选择、发放、使用、报废、培训等；

（2）验收时，确认产品符合国家、行业标准；

（3）PPE 防护能力不足以保证安全作业时，应立即停止相关作业；

（4）应采购在有效期内、具有追踪溯源标识的 PPE 产品。

5. PPE 培训和使用

工作内容及注意事项如下：

（1）制定培训计划和考核办法，并建立和保留培训、考核记录；

（2）培训内容至少包括工作中存在的危险种类、法律法规的防护要求、本单位的控制措施，以及 PPE 的选择、防护效果、使用方法、维护、保养、检查方法等；

（3）及时进行培训，对新加入、转岗人员进行有效培训；

（4）未按照规定使用 PPE 的人员不得上岗作业；

（5）使用 PPE 之前，先检查确保其可以正常使用。

5.4.3　个体防护装备配备

如表 5-1 所示，《个体防护装备配备规范》详细分析了各个行业的各个不同工种，并对其进行了唯一编号，列举了该工种在生产过程中可能遇到的危险因素，推荐了应该使用的个人防护装备，说明了该个人防护装备的功能和特点，以及维护注意事项（主要是建议更换最长期限）。

以与化学化工实验室工作环境比较相近的基础化学原料制造行业（SY-17）为例，国家标准推荐基础化学原料制造生产工（SY-17-001）配备以下装备：

（1）安全帽，其中冬季应配备防寒型安全帽；

（2）职业眼面部防护具，以防冲击，防液体雾滴；

（3）防毒面具（按需使用）；

（4）自给开路式压缩空气呼吸器，以隔绝有害气体和缺氧环境；

（5）具有防静电功能的阻燃工作服；

（6）化学防护服；

（7）防护手套，防机械危害、防化学品、防滑、防寒（冬季）；

（8）安全鞋，防静电、防滑、防寒（冬季）；

（9）防化学品鞋。

表 5-1　特定行业工种分类、可能的危害因素以及推荐的个人防护装备

	行业类别	基础化学原料制造
	行业类别编号	SY-17
行业工种信息	工种	基础化学原料制造生产工
	工种编号	SY-17-001
	相近工种	烧碱生产工、无机化学反应生产工、有机合成工、脂肪烃生产工、芳香烃生产工

可能的危险因素	坠落物、易燃气、液体、作业场所湿滑、飞溅物、有毒品、腐蚀品、空气不良			
	装备		编号	功能	更换期限/月

	装备		编号	功能	更换期限/月
个人防护装备推荐	安全帽	春、夏、秋	SY-17-001TB	普通型	30
		冬		防寒	30
	职业眼面部防护具		SY-17-001YM	防冲击,防液体雾滴	36
	防毒面具		SY-17-001HX	视具体情况而定	
	自给开路式压缩空气呼吸器			隔绝有害气体和缺氧环境	年检
	工作服	春、秋	SY-17-001FZ	具有防静电功能的阻燃服	24
		夏			12
		冬			36
	化学防护服			防化学品	12
	防护手套	春、夏、秋	SY-17-001SF	防机械危害、防化学品、防滑	3
		冬		防机械危害、防化学品、防滑、防寒	3
	安全鞋	春、夏、秋	SY-17-001ZB	防静电、防滑	12
		冬		防静电、防滑、防寒	24
	防化学品鞋			防化学品	24

5.4.4 防化学品手套的选择

在化学化工实验室中,手部防护是至关重要的,用裸手直接取用各种化学品是绝对禁止的,选择合适的防化学品手套是实验室安全的重要一环。

防化学品手套的选择需要考虑以下几个因素:

首先,要考虑手套的材质。不同的手套材质对不同的化学品有不同的阻隔性能。例如,乳胶手套对大部分水溶液和酸有良好的阻隔性,但对一些有机溶剂则阻隔性能较差;丁腈手套则对大部分有机溶剂有良好的阻隔性。

其次,要考虑手套的厚度和长度。手套越厚,其阻隔性能越好,但灵活性可能降低;手套越长,可以提供更多的保护范围,但可能影响操作的便捷性。

然后,要考虑手套的尺寸和舒适性。手套的尺寸应该适合使用者,过大或过小的手套都会影响操作的精确性和舒适性。

最后,要考虑手套的耐用性和成本。耐用的手套可以减小更换的频率,降低长期的成本,但初始费用可能较高。

在选择防化学品手套时,需要根据实验室的具体情况和实验内容进行综合考虑,选择最适合的手套。同时,所有使用防化学品手套的人员都应接受正确使用和维护手套的培训,以确保手套的防护效果。

第6章

仪器、设备、设施管理

6.1 安装与标识

6.1.1 安装要求

1.仪器设备的选择

根据实验室的需求和实验项目的要求,选择适当的仪器和设备,并确保其质量和性能符合标准。

2.安装位置

根据仪器设备的特点和安全要求,确定其安装位置。要确保仪器设备之间有足够的空间,便于操作和维护,同时避免与其他设备或物品发生碰撞,且不能阻挡消防通道。

3.安装固定

对于较大或较重的仪器设备,需要进行固定安装,以确保其稳定性和安全性。可以使用螺栓、支架或其他固定装置将仪器设备牢固地固定在实验室台面或墙壁上。应避免仪器放置在桌子或周转车的边缘,以防仪器摔坏。

4.电源和电气设备

电源和电气设备安装注意以下几点:

(1)设备本身要求安全接地的,必须接地;

(2)仪器设备的电源接线必须符合电气安全标准,大功率实验设备用电必须使用专线,严禁与照明线共用,谨防因超负荷用电着火;

(3)避免电线暴露在外或交叉布置,不准乱拉乱接电线,禁止电线横穿地板,不准套接接线板;

(4)应根据需要安装过载保护装置、漏电保护装置等电气安全设备,熔断装置所用的熔丝必须与线路允许的容量相匹配,严禁用其他导线替代;

(5)实验室内的用电线路和配电盘、板、箱、柜等装置及线路系统中的各种开关、插座、插头等均应保持完好可用状态;

(6)按相关规定使用防爆电气线路和装置;

(7)手上有水或潮湿时勿接触电器用品或电器设备;

(8)对实验室内可能产生静电的装置和位置,要有明确标记和警示,对其可能造成的危害要有妥善的预防措施,使用相应防爆等级的防爆设备,操作人员应避免穿易产生静电的内外服装,应穿着防静电服等。

5. 排气和通风

对于产生有害气体或挥发性物质的仪器设备,需要安装相应的排气设备和通风系统,以确保实验室空气质量和操作人员的安全。

6. 安全防护装置

根据实验室的安全要求,为仪器设备安装相应的安全防护装置,如紧急停止按钮、防护罩、防护屏等,以减少事故和伤害的发生。

7. 废液处理设施

对于产生废液的仪器设备,需要安装相应的废液处理设施,如排水系统、废液收集容器等,以确保废液的安全处理,保护环境。

6.1.2 标识和警示

对于特殊的仪器设备或存在安全风险的设施,如涉及高温、低温、用电、易燃物、危险化学品等的仪器、设备、设施,需要进行明确的标识和警示,以提醒操作人员注意安全事项和操作规范。

同时,仪器应该有负责人、授权使用人、有效日期或检测日期等信息,并具有运行、故障、停用等状态标志。

实验室应配备必要的安全报警系统,并定期核查报警系统功能有效性并保存记录,例如:①火灾报警器;②可燃气体报警器;③有毒、有害气体报警器;④氧气浓度报警器。

6.2 仪器、设备、设施操作规程

6.2.1 仪器设备的操作前准备

(1)要经过培训和考核,经管理人员允许,才可使用指定的仪器设备。最好让使用过该仪器的人员确认电线等线路无破损且连接正确后再开机运行。

(2)熟悉仪器设备,尤其是高温、高速、强磁、低温等仪器设备的使用说明书、作业指导书、安全操作手册与规程。

(3)检查仪器设备的状态和完整性,确保仪器设备的电源和电气接线符合安全要求,确保其正常工作。

(4)了解仪器设备的使用条件(如电源电压、额定输出功率等)、调节方法和参数范围、连接方法等。

(5)可能产生危险的仪器、设备、设施应有"高温""防烫""触电危险"等安全标志或者警示牌。

6.2.2　仪器设备的正确操作

(1)严格按照操作手册和实验要求进行操作,运行过程中参数的调节应按照相关说明书进行。

(2)注意仪器设备的操作步骤和操作顺序,避免操作失误。

(3)遵循仪器设备的操作限制和安全注意事项,仪器运行中如发生报警或异常情况应及时切断仪器电源。

(4)当确需仪器设备在无人值守状态下运行时,应征得管理人员同意,并在仪器设备的周围放置明显的"运行中"等标志,且放置安全风险评估卡。

(5)实验完成后或需离开实验室而无人值守时,应切断仪器电源,以免造成仪器设备损坏或者其他安全风险。

6.2.3　仪器设备的维护和保养

(1)定期清洁仪器设备,确保其表面和内部的清洁度。应避免水或其他液体泼溅到仪器上。

(2)注意仪器设备的保养和维修,及时更换损坏或老化的部件。未经主管人员批准,不得擅自拆卸和改装仪器设备。

(3)遵守仪器设备的维护规程,定期进行校准和检验。

(4)如仪器设备损坏,实验人员应及时通知管理人员进行登记、标识、维修。管理人员应在该设备上贴上明显标志,实验人员不得使用带有损坏、维修等标志的仪器。

6.2.4　实验室设施的使用规范

(1)合理使用实验室的通风设施和排气系统,确保室内空气质量。

(2)遵守实验室的安全防护要求,如穿戴手套、实验服等个人防护装备。

(3)注意实验室设施的清洁和整理,保持实验室的整洁和有序。

6.2.5　玻璃仪器

(1)不能使用有缺口、裂缝、裂纹的玻璃仪器,使用前要检查玻璃仪器是否存在上述破损情况。

(2)进行以下操作时,应采取必要的保护措施,防止玻璃器皿发生爆炸或破裂:①减压蒸馏时;②高温加热时;③急剧低温时。

(3)加热的玻璃器皿不能直接放在实验台面上,防止温度急剧变化而引起玻璃破裂。

(4)连接玻璃管或将玻璃管插在橡胶塞中时,要戴防割伤的防护手套,可用少量的水或润滑剂,轻轻旋转使之连接;对粘连在一起的玻璃仪器不能用蛮力拉、拧、拽,防止仪器破裂伤手。

(5)对于不能修复的玻璃仪器,应当按照废物处理。

(6)破碎的玻璃器皿要小心地彻底清除,戴防割伤的防护手套,冲洗干净后,丢在专用利器盒中。利器盒装 80% 后,应关闭、封严,贴上标签标志,由有资质的单位统一回收处理。

6.2.6　加热设备

实验室常用加热设备包括烘箱、培养箱、电阻炉、管式炉、明火电炉、电磁炉、电吹风、热风枪、加热盘,以及油浴、盐浴、金属浴、水浴等浴锅。使用时,应注意以下事项:

(1)实验室不能使用明火加热设备;如因特殊情况确需使用,须先向管理人员申请、报备,寻找安全的房间、区域开展实验,并做好警示标识,提供必要的安全防范与应急处置措施。

(2)加热仪器设备应放置在阻燃的、稳固的实验台或地面上,在加热仪器设备旁张贴明显、醒目的警示标志。

(3)不得在加热仪器设备周围堆放易燃易爆化学品、气瓶,以及纸板、泡沫、塑料等易燃杂物。

(4)使用加热设备时,必须采取必要的防护措施。

(5)严格按照操作规程和仪器使用说明书使用加热设备。

①不要触摸加热设备的灶面,防止烫伤。

②使用时人员不得离岗,如因特殊情况确需开机过夜,须先向管理人员申请、报备,并做好警示标识,提供必要的安全防范与应急处置措施。

③使用完毕,应切断电源、拔出电源插头,在确认加热仪器设备冷却至安全温度后才能离开。不得将带有余温的加热设备直接收纳或随意放置。

④使用浴锅加热时,要根据实验需求加入适量的导热介质,不可加太满,以免液体外溢造成事故。使用挥发性导热介质时,实验过程中要注意观察,避免干烧造成危险或者损坏。

6.2.7　通风橱

(1)进行易挥发、有毒害作用的化学试剂操作时,必须在通风橱内操作,切勿在通风橱外进行,以防止有毒气体散发到实验室其他工作区域,造成工作人员的健康伤害。

(2)使用通风橱时,先开启排风,通风橱稳定运行后才能在通风橱内进行操作。

(3)使用通风橱时,须拉下通风橱玻璃活动挡板至最低处,提高对污染物的捕集率,在实验操作时,应该将玻璃活动挡板降至手肘处,使胸部及头部受玻璃挡板屏护。

(4)进行实验操作时,不可将头部伸进通风橱内。

(5)通风橱内不得摆放易燃易爆物品,不可过多、长期存放实验器材或化学试剂。

(6)严禁在通风橱内进行爆炸性实验操作。

(7)实验完成后,不要立即关闭排风,应继续排风 1~2 min,确保通风橱内有害气体和残留废气全部排出。随后关闭所有电源,清除通风橱内的杂物和残留的溶液。切勿在带电或电机运转时清理。

(8)通风橱在使用时,每 2 h 进行 10 min 的补风(开窗通风);如使用时间超过 5 h,要敞开窗户,避免室内出现负压。

(9)定期对通风橱进行清洁、维护、保养。

6.2.8　冰箱

（1）冰箱应放置在通风良好处，保证有效散热，冰箱不得放置于易燃易爆品、气瓶、易燃杂物附近。

（2）实验室工作区内的冰箱禁止存放食物。

（3）储存危险化学品的冰箱必须具有防爆功能，必要时配备锁具，并在冰箱上粘贴相应的警示标志。

（4）存放强酸、强碱、腐蚀性的物品时，必须选择耐腐蚀的容器，并存放于托盘中；存放易挥发试剂时，需使用加盖密封的容器，避免试剂挥发，在冰箱内积聚。

（5）实验室存放化学试剂的冰箱要符合国家标准，不得超过使用年限。

（6）若突然断电或冰箱发生故障无法工作，需要根据化学试剂的性质及时转移并妥善存放化学试剂。

6.2.9　机械设备

（1）操作者必须在管理人员、指导教师的指导下学习正确操作，严格遵守操作规程，以防止切割、被夹、被卷等意外事故。

（2）戴好安全帽，辫子应放入帽内，不得穿裙子、拖鞋等进行操作；严禁在开动的机床旁穿、脱衣服。

（3）对于机械的传动部分（如旋转轴、齿轮、皮带轮等）要安装保护装置。

（4）切断电源后，要等转动部件完全停止转动后才能接触。

（5）定期对设备进行清洁、检查、维修等，进行这些操作时，要挂上醒目的警示标志牌。

（6）停电时，要切断电源开关并拉开离合器等装置，以防再送电时发生事故。

（7）离心机：

①离心机必须安放在平稳、坚固的地面、台面上；

②在离心机运行前要确保其盖子扣紧；

③离心管内的液体要体积适当，质量配平，确认离心管对称放置，确保平衡；

④操作离心机时，按下开始按钮后不要马上离开，要仔细听离心机的声音是否正常，如有异常声响要立即按下停止按钮；

⑤停止时，要等转速降为零后方可打开离心机盖子。

6.2.10　安全冲洗设施

使用危险化学品的实验室应配置紧急喷淋装置和洗眼器，并配有使用说明、使用图示（图6-1），且满足以下条件：

（1）紧急喷淋和洗眼器装置安装地点与工作地点距离不超过 15 m，中间畅通无阻，安装高度恰当，拉杆位置合适、方向正确；

（2）紧急喷淋和洗眼器装置出水量、水压符合标准，水流畅通平稳，洗眼器打开后，喷出高度应在 10～30 cm；

（3）紧急喷淋装置水管总阀处于常开状态,喷淋头下方无障碍物,不能以普通淋浴代替紧急喷淋;

（4）紧急喷淋装置和洗眼器应至少每周冲洗一次,每半年至少进行一次功能有效性核查并保存核查记录。

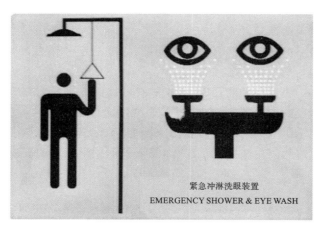

图 6-1　急喷淋装置和洗眼器示意图

6.2.11　消防设施

实验室需通过消防安全评估,合格后方可使用。应定期组织实验室使用人员进行消防演练或培训(图 6-2),并保存消防演练或培训记录。应配备符合国家标准的以下设施:

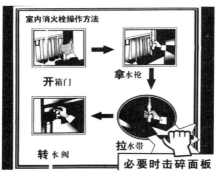

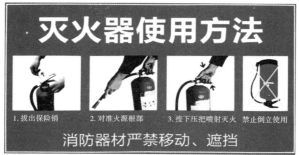

图 6-2　消火栓、灭火器的使用方法

(1)保证消防给水,配备符合国家标准的消火栓系统(GB 50974—2014)、防烟排烟系统(GB 51251—2017)、消防应急照明和疏散指示系统,按需配备自动喷水灭火系统。

(2)配备充足有效的消防设施,并进行明显标识,标示使用说明,定期检查有效期并及时更换。按可能出现的火灾类型和危险等级配备灭火器,且灭火器的配置类型、规格、数量及其设置位置应符合国家标准(GB 50140—2005)要求。

6.3　仪器、设备管理的其他内容

(1)实验室应建立仪器、设备管理台账,记录其使用、定期维护、维修的时间、内容等信息。

(2)所有仪器、设备均应由通过培训考核的受权使用人进行使用,且应定期对受权使用人的能力进行评估。

对仪器、设备进行维护维修时,应设立明显标志,维修后或者长期未开机的仪器、设备重新投用前应进行技术检验、性能评估。

第7章

其他安全管理事项

7.1 安全风险辨识

1. 安全风险辨识的基本内容和原则

应建立、实施和维持实验室风险评估制度,以持续对所有实验室、所有实验内容进行危害辨识和风险评估。

生产过程中的危险和有害因素的辨识有相应的国家标准(见第1章相应内容),实验室的安全风险辨识和评估也可以参照其中的定义和标准开展(表1-2),以系统识别实验室所有活动在所有阶段下可预见的危险源,包括与实验内容、实验任务直接相关的危险源,如毒害、高温、低温、机械、电气、火灾、爆炸等危险,以及与实验内容、实验任务不直接相关的可预见的危险,如实验室突然停电、停水、自然灾害等特殊状态下的危险因素。

参照《化学化工实验室安全管理规范》,化学化工实验室开展风险评估应考虑的内容举例如下(不限于这些):

(1)常规和非常规活动,包括新引入的化学品危害及安全措施、新开放或引入的化学反应或工艺等;

(2)正常工作时间和正常工作时间之外所进行的活动;

(3)所有进入实验室的人员的活动;

(4)人员因素,包括行为、能力、身体状况、可能影响工作的压力等;

(5)源自工作场所外的活动对实验室内人员的健康产生的不利影响;

(6)工作场所相邻区域的实验室相关活动对其产生的风险;

(7)工作场所的设施、设备和材料,无论是本实验室还是外界提供的;

(8)实验室功能、活动、材料、设备、环境、人员、相关要求等发生变化;

(9)安全管理体系的更改,涉及对运行、过程和活动的影响;

(10)任何与风险评估和必要的控制措施实施相关的法定要求;

(11)实验室结构和布局、区域功能、设备安装、运行程序和组织结果,以及人员的适应性;

(12)本实验室或相关实验室已发生的安全事故。

2. 实验室常见的安全事故类型与原因

实验室常见的安全事故类型与原因如下:

(1)火灾:

①电气原因:线路老化,长时间、超负荷使用;

②违规操作:吸烟、明火等引燃易燃物质;

③防护不当:静电火花等引燃易燃物质;

④反应控制:化学反应剧烈放热,无法有效释放;

⑤化学品管理:易燃物品泄漏、富集;

⑥其他原因。

(2)爆炸:

①与火灾成因相似,燃烧进而导致爆炸;

②压力容器、压力设备违规操作;

③压力容器、压力设备存在故障或缺陷。

(3)生物安全事故:

①微生物实验室管理疏漏;

②违规操作。

(4)毒害事故:

①违规操作:实验区域饮食、食品污染或者误食化学试剂;

②防护不当;

③设备故障或缺陷:造成有毒物质聚集,不能及时排除;

④管理不善:造成有毒物质遗失、被盗、泄漏。

(5)仪器、设备、设施损坏事故。

(6)触电事故。

(7)机械伤人事故。

(8)仪器、自来水管、供暖水管漏水事故。

(9)其他事故,如实验室财物被盗,危险化学品、剧毒化学品被盗等。

7.2　安全风险管控

7.2.1　安全风险管控的原则

实验室应根据危害辨识和风险评估结果制定相应的风险控制措施。

在控制风险时,宜采用风险分级管控策略,控制顺序如下,如果以下措施仍无法将风险降低到可接受的水平,应再次进行危害辨识和风险评估,直至停止工作:

(1)消除:移除实验室的危险源;

(2)替代:采用替代物、替代方法、替代设备来减少危险源;

(3)隔离:隔离危险源来控制风险;

(4)工程方案:采用工程方案控制、抑制或减少接触,如排风通风;

(5)人员:改变工作方法,开展安全行为以使接触最小化;

(6)个体防护:采用其他控制危险源的方法不可行时,使用合适的个体防护装备。

7.2.2 安全风险管控的具体措施

1. 一般性风险管控

(1)实验室内严禁饮食,严禁吸烟;特定位置禁止烟火。

(2)实验室应配备足够、有效、适用于实验内容的个体防护装备,如实验服、护目镜、防护手套、防护口罩、防毒面具、安全帽;实验室或者临近的公共区域应配备必需的防护设施和设备,如洗眼器、喷淋装置等。

(3)实验室门应保持关闭状态,以隔绝火与烟;危险物品和设备不得放于走廊上;楼道等公共区域不得堆放仪器、物品等。

(4)实验室的固定办公区域应与实验操作区域隔离,且办公区域应设置在靠近安全出口的位置,危险材料、化学品储存柜、气瓶禁止放于实验室主要出口附近。

(5)楼道紧急出口不得上锁,保证所有出口通道畅通无阻。

2. 人员风险管控

在化学化工实验室的安全管理工作中,人为因素被认为是导致实验室安全事故发生的最主要原因之一。因此,为了最大限度地减少安全隐患,需要从"人"的角度入手,通过各种手段提高实验人员的安全意识和素养,以下列举了基本的人员安全管理措施(详见第5章):

(1)开展定期的安全教育培训,提高实验人员的安全意识;

(2)制定并执行严格的实验室安全规章制度,确保实验人员遵守安全操作规程,规范实验行为;

(3)建立安全检查和巡视制度,定期对实验室进行安全检查,及时发现和排除安全隐患;

(4)提供必要的个体防护装备,并确保实验人员正确佩戴和使用;

(5)确保实验人员掌握实验室安全操作技能,包括正确使用实验仪器设备、处理化学品等,以降低实验操作过程中的风险。

3. 废弃物风险管控

实验室产生的废弃物应参照国家标准(GB/T 31190—2014)分类统一收集、储存、管理,并由有处置资质的单位进行处理。

(1)废弃物应按照物理和化学性质,用无破损且不会被废液腐蚀、溶解、溶胀的容器进行收集。容器上应有标签,标明废弃物成分、组成、质量或体积、酸碱性、危害性、日期等信息。泄漏、渗漏危险化学品的容器应放置在合适的托盘或容器内迅速移至安全区域进行处理。

(2)废气:产生有毒气体的实验应在通风橱内进行,少量有毒气可通过排风设备排到室外;大量有毒气体不能直接排放,必须连接吸收或处理装置,检测合格后方可排放到室外。

(3)废液:实验室内大量使用冷凝用水,无污染可直接排放;废酸液可先用耐酸塑料网纱或玻璃纤维过滤,然后加碱中和,或者倒入废酸桶,进行有效标识封存后,由具有废液处置资质的单位进行统一处理;有机溶剂分类(一般分为含卤废液和不含卤废液)回收于废液桶内,条件允许时可采用蒸馏、精馏等分离办法回收,无法回收的,在进行有效标识封存后,由具有废液处置资质的单位进行统一处理。

(4)固体废物:实验室固体废物一般包括废弃注射器针头、废弃损坏的玻璃器皿、化学试剂污染的称量纸等纸张,空溶剂瓶、空试剂瓶。一般废弃针头等尖锐利器应放入指定的塑料废弃物收纳盒,其余废弃物也应存放至指定位置或者收纳盒、收纳桶中,等待统一处理,严禁将上述固体废物直接放入普通垃圾桶。

（5）处理危险化学品之前应对处理的方法进行安全评估，并编制处置方案和应急预案，确保处理过程安全可控。

化学品风险管控见第 4 章，仪器、设备、设施风险管控见第 6 章。

7.3　安全标志

安全标志在化学化工实验室的安全管理中起着至关重要的作用，它们用于提醒和警示实验人员实验室存在的安全风险、实验室中应采取的安全防护措施以及其他安全注意事项。安全标志一般包括禁止标志、警告标志、指示标志等。

7.3.1　应急疏散标志

（1）所在楼、楼层应设置符合安全疏散要求的安全出口。

（2）实验室房门应向安全出口方向开启，且距房门 1.5 m 以内不应有任何阻碍疏散的障碍物。

（3）实验室、楼层楼道应在显著位置配置应急疏散图（图 7-1），标记当前位置、安全出口位置以及疏散逃离路线。

（4）楼道等公共区域应有安全方位标志。

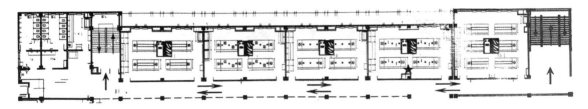

综合实验大楼紧急疏散示意图

★　**你所在的位置**　　　　　　　⟶　**逃生方向**

火警电话：119　　　　　　　　　**急救电话：120**

图 7-1　紧急疏散示意图

7.3.2　安全信息牌

实验室门口应有安全信息牌，至少包括本实验室开展的实验内容、实验室危害类型、个体防护要求、气瓶种类与数量、安全责任人及联系方式、报警信息等（图 7-2）。

7.3.3　禁止标志

禁止标志用于提醒实验人员不得进行某些危险行为或接触特定危险物质，以防止潜在的安全风险和事故发生,保障实验人员的安全和实验室的正常运行。如禁止吸烟、禁止饮食(图7-3)、禁止接触有毒物质等。禁止标志的存在是为了提示实验人员必须严格遵守禁止标志所述的安全规定,不得有违反此规定的行为。

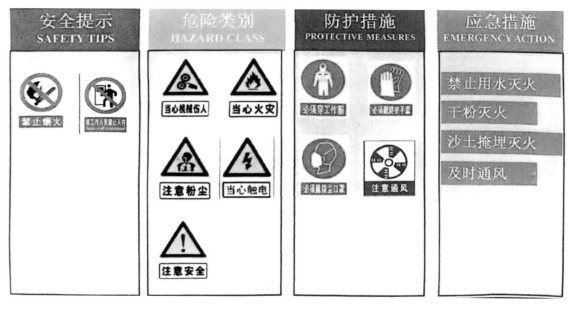

图 7-2　安全信息牌中的部分信息

图 7-3　实验室常见的禁止标志

7.3.4　危险警示标志

危险警示标志用于提醒和警示实验人员注意实验室中存在的危险源和潜在的危险情况(图 7-4),包括化学品危险标志(危险性质、警示词句和安全措施等信息)、设备危险标志(危险性和操作规范等信息)、电气危险标志(危险性和操作规范等信息)等。

7.3.5　个体安全防护标志

个体防护安全标志(图 7-5)用于提醒和指导实验人员在实验过程中正确使用个体防护装备,通常包括眼睛保护、呼吸防护、手部防护、身体防护等方面的标志。

眼睛保护标志通常用图形表示戴上护目镜,以保护眼睛免受化学物质的侵害。呼吸防护标志用图形表示戴上适当的呼吸防护装备,如口罩或呼吸器,以防止吸入有害气体或颗粒物。

当心腐蚀	当心化学反应	注意高温	当心触电	小心滑倒
Warning corrosion	Beware of chemical reactions	Warning hot surface	Danger! Electric shock	Caution!Slippery!

图 7-4 常见危险源警示标志

图 7-5 个体安全防护标志举例

7.3.6 特定实验区域标志

特定实验区域标志可以帮助实验人员更好地识别和了解实验室中不同工作区域,如化学品存放区、高温区、易燃区、废液收集区(图 7-6)等,以及其安全要求和风险等级。这些标志可以提醒实验人员注意该区域的安全要求、风险等级以及存在的特殊风险,以便他们采取相应的防护措施。例如,在易燃区域,实验人员应注意避免明火、静电等可能引发火灾的因素。

图 7-6 废液收集区标志

7.3.7　实验室安全守则

基于上述安全管理考量,实验室管理人员一般会根据本实验室开展的实验内容制定相应的实验室安全守则,并在醒目处悬挂或者粘贴,以提醒使用本实验的相关人员,尤其是学生,关注可能的安全风险,采取相应的安全措施,注意安全操作和个人防护(图 7-7)。

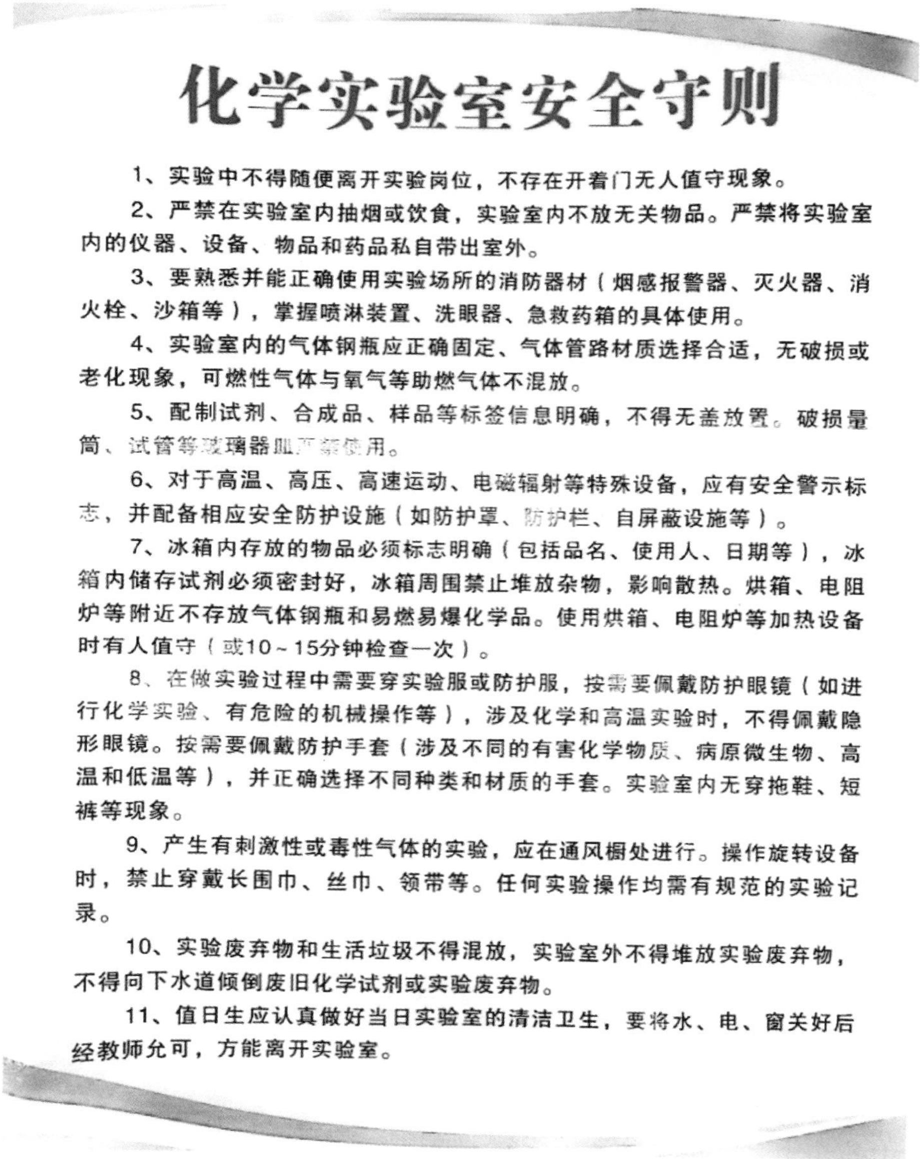

化学实验室安全守则

1、实验中不得随便离开实验岗位,不存在开着门无人值守现象。

2、严禁在实验室内抽烟或饮食,实验室内不放无关物品。严禁将实验室内的仪器、设备、物品和药品私自带出室外。

3、要熟悉并能正确使用实验场所的消防器材(烟感报警器、灭火器、消火栓、沙箱等),掌握喷淋装置、洗眼器、急救药箱的具体使用。

4、实验室内的气体钢瓶应正确固定、气体管路材质选择合适,无破损或老化现象,可燃性气体与氧气等助燃气体不混放。

5、配制试剂、合成品、样品等标签信息明确,不得无盖放置。破损量筒、试管等玻璃器皿严禁使用。

6、对于高温、高压、高速运动、电磁辐射等特殊设备,应有安全警示标志,并配备相应安全防护设施(如防护罩、防护栏、自屏蔽设施等)。

7、冰箱内存放的物品必须标志明确(包括品名、使用人、日期等),冰箱内储存试剂必须密封好,冰箱周围禁止堆放杂物,影响散热。烘箱、电阻炉等附近不存放气体钢瓶和易燃易爆化学品。使用烘箱、电阻炉等加热设备时有人值守(或10~15分钟检查一次)。

8、在做实验过程中需要穿实验服或防护服,按需要佩戴防护眼镜(如进行化学实验、有危险的机械操作等),涉及化学和高温实验时,不得佩戴隐形眼镜。按需要佩戴防护手套(涉及不同的有害化学物质、病原微生物、高温和低温等),并正确选择不同种类和材质的手套。实验室内无穿拖鞋、短裤等现象。

9、产生有刺激性或毒性气体的实验,应在通风橱处进行。操作旋转设备时,禁止穿戴长围巾、丝巾、领带等。任何实验操作均需有规范的实验记录。

10、实验废弃物和生活垃圾不得混放,实验室外不得堆放实验废弃物,不得向下水道倾倒废旧化学试剂或实验废弃物。

11、值日生应认真做好当日实验室的清洁卫生,要将水、电、窗关好后经教师允可,方能离开实验室。

图 7-7　化学实验室安全守则举例

第2部分

精细化学品合成实验

第8章

表面活性剂的制备和使用

实验1　阴离子表面活性剂十二烷基硫酸钠的合成

一、实验目的

(1)掌握高级脂肪醇硫酸盐型阴离子表面活性剂的合成方法。

(2)熟悉表面活性剂分类及洗涤剂的基本知识。

二、实验原理

1. 表面活性剂的化学性质及分类

表面活性剂(surfactant)是一类重要的精细化学品,广泛应用于纺织、制药、化妆品、食品、洗涤等领域,与日常生活息息相关。

表面活性剂一般是分子结构特殊的两亲性化合物,其分子中同时具有亲水基和疏水基。在水溶液中,由于疏水基与水相互排斥,表面活性剂的分子可以形成单分子膜或胶束结构,从而降低溶剂的表面(界面)张力,改变物质的界面状态和溶液的性质,从而产生润湿、乳化、起泡、增溶和分散等作用。

按照水溶液中的状态和离子类型可以将表面活性剂分为离子型表面活性剂和非离子型表面活性剂。离子型表面活性剂包括阴离子表面活性剂(如十二烷基苯磺酸钠)、阳离子表面活性剂(如苄基三甲基氯化铵)和两性离子表面活性剂(如十二烷基甜菜碱),而非离子型表面活性剂在水中不能离解产生任何形式的离子(如脂肪醇聚氧乙烯醚)。

$$C_{12}H_{25}\!-\!\!\!\bigcirc\!\!\!-SO_3Na$$

十二烷基苯磺酸钠

$$\bigcirc\!\!\!-H_2C\!-\!\overset{CH_3}{\underset{CH_3}{\overset{|}{N^+}}}\!-\!CH_3 \cdot Cl^-$$

苄基三甲基氯化铵

$$C_{12}H_{25}\!-\!\overset{CH_3}{\underset{CH_3}{\overset{|}{N^+}}}\!-\!CH_2COO^-$$

十二烷基甜菜碱

$$RO(CH_2CH_2O)_nH$$

脂肪醇聚氧乙烯醚

2. 十二烷基硫酸钠的性质和用途

长链脂肪醇硫酸盐通式为 ROSO$_3$M,其中 R 为 C$_8$～C$_{20}$,属于阴离子表面活性剂。十二醇即月桂醇,十二烷基硫酸钠也称十二醇硫酸钠、月桂醇硫酸钠,其能溶于水,对碱和弱酸较稳定。十二烷基硫酸镁盐和钙盐有相当高的水溶性,因此,十二烷基硫酸钠可在硬水中应用,它还较易被生物降解,无毒,因而具有对环境污染较小的优点,常被用作洗涤剂中的表面活性剂。

3. 合成路线

脂肪醇硫酸钠可用脂肪醇与发烟硫酸、浓硫酸或氯磺酸反应制备。

反应过程中,首先发生脂肪醇的硫酸酯化反应,生成酸式硫酸酯;随后,用碱与磺酸基进行中和反应,从而得到脂肪醇硫酸盐。

硫酸化反应是一个剧烈的放热反应,为防止局部过热而引起的氧化、成醚、脂肪醇硫酸钠遇热分解等副反应,硫酸化反应需在冷却、充分搅拌、缓慢滴加物料的条件下进行。

本实验中所要制备的十二烷基硫酸钠是由月桂醇与浓硫酸反应后再加碱中和而得,合成路线如下:

$$CH_3(CH_2)_{11}OH \xrightarrow{H_2SO_4} CH_3(CH_2)_{11}OSO_3H \xrightarrow{NaOH} CH_3(CH_2)_{11}OSO_3Na$$

三、主要仪器和试剂

(1)仪器:可调温电热套、电动搅拌器、温度计、恒压滴液漏斗、三口烧瓶、烧杯、冰水浴装置、蒸发皿、分析天平、鼓风干燥箱。

(2)试剂:十二醇(月桂醇)、浓硫酸(98%)、氢氧化钠(30%水溶液)、双氧水(30% H$_2$O$_2$)、pH 试纸。

实验过程用到的化学试剂详细信息如表 8-1 所示,表中化学试剂中文名称下为其 CAS 编号。

表 8-1　十二烷基硫酸钠合成过程所用化学试剂的 GHS 分类与标志

名称	分子式或结构式	GHS危险性类别	象形图
十二醇、月桂醇 112-53-8	CH$_3$(CH$_2$)$_{11}$OH	H319:造成严重眼刺激 H410:对水生生物毒性极大并具有长期持续影响	
硫酸 7664-93-9	H$_2$SO$_4$	H290:可能腐蚀金属 H303:吞咽可能有害 H314:造成严重皮肤灼伤和眼损伤	

名称	分子式或结构式	GHS 危险性类别	象形图
氢氧化钠 1310-73-2	NaOH	H290:可能腐蚀金属 H314:造成严重皮肤灼伤和眼损伤 H402:对水生生物有害	
过氧化氢、双氧水 7722-84-1	H_2O_2	H272:可能加剧燃烧;氧化剂 H303+H333:吞咽或吸入可能有害 H318:造成严重眼损伤 H401:对水生生物有毒 H412:对水生生物有害并具有长期持续影响	

四、实验内容

(1)在装有电动搅拌器、温度计、恒压滴液漏斗和尾气导出吸收装置的三口烧瓶内加入 19.0 g 月桂醇。

(2)将三口烧瓶浸没于冰水浴中,开动搅拌器。

(3)通过恒压滴液漏斗缓慢滴加 11.0 g 浓硫酸(H_2SO_4 质量分数 98%),控制滴加速度,使反应保持在 30~35 ℃ 的温度下进行。浓硫酸滴加完成后,继续在 30~35 ℃ 下搅拌 60 min。

(4)在装有磁子的烧杯内加入 18 mL 30%氢氧化钠水溶液,杯外用冷水浴冷却,搅拌下将步骤(3)制得的酸式硫酸酯缓慢加入其中。中和反应过程中,需控制反应混合物温度使其处于 50 ℃ 以下,且反应液保持碱性。

(5)加料完毕,检测、调节 pH 值(可用 30%氢氧化钠水溶液调节),使 pH 值控制在 8~9 范围内。

(6)加入 0.5 g 30%双氧水,搅拌漂白 30 min,可得十二烷基硫酸钠浆液。

(7)将上述浆液移入蒸发皿,在蒸气浴上或鼓风干燥箱内烘干,压碎后即得到白色颗粒状或粉状的十二烷基硫酸钠。

(8)称重,计算收率,观察、测定其在水中溶解性、表面张力及泡沫性能。

实验操作流程如图 8-1 所示。

五、注意事项

(1)浓硫酸具有强腐蚀性,使用时需穿戴必要的个人防护装备。

(2)控制反应温度,防止酸式硫酸酯与产品高温时分解。

(3)氢氧化钠初始用量不宜过多,以防产物 pH 值过高。如果 pH 值达不到指定数值,可

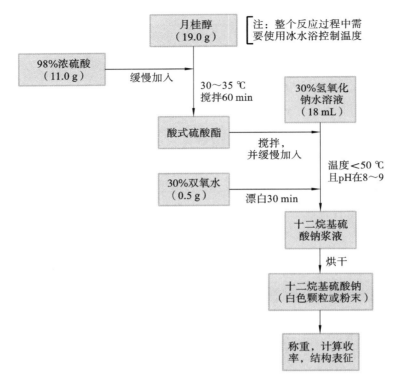

图 8-1 十二烷基硫酸钠合成的实验操作流程

以添加碱液进行调节。

六、思考题

(1)简述表面活性剂的活性来源。为什么表面活性剂可以改变溶液表面(界面)性质?

(2)十二烷基硫酸钠属于哪一种类型的表面活性剂?

实验 2　十二烷基二甲基甜菜碱的合成

一、实验目的

(1)了解甜菜碱型两性离子表面活性剂的性质、用途及合成方法。

(2)掌握表面张力、临界胶束浓度的测定方法。

二、实验原理

1. 十二烷基二甲基甜菜碱的合成

以 N,N-二甲基十二烷胺和氯乙酸钠为原料,在 60~80 ℃下发生亲核取代反应而合成。

反应式为

$$C_{12}H_{25}-\overset{\overset{CH_3}{|}}{\underset{\underset{CH_3}{|}}{N}}+ClCH_2COONa \longrightarrow C_{12}H_{25}-\overset{\overset{CH_3}{|}}{\underset{\underset{CH_3}{|}}{N^+}}-CH_2COO^- +NaCl$$

2.临界胶束浓度的测定方法

配制不同浓度的溶液,用最大气泡法测定溶液表面张力 σ,然后以浓度的常用对数 $\lg C$ 为横坐标,表面张力为纵坐标,绘制曲线,如图 8-2 所示,曲线最低点即为临界胶束浓度(CMC)。

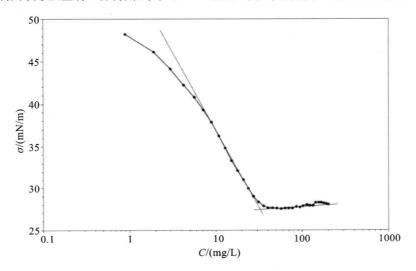

图 8-2 临界胶束浓度(CMC)的测定方法

三、主要仪器和试剂

(1)仪器:三口烧瓶、电动搅拌器、温度计、球形冷凝管、烧杯、表面皿、恒温水浴锅、布氏漏斗、抽滤瓶、循环水式多用真空泵、鼓风干燥箱、最大气泡法表面张力仪、熔点仪、分析天平。

(2)试剂:N,N-二甲基十二烷胺、氯乙酸钠、乙醇、盐酸、蒸馏水、乙醚。

实验过程用到的化学试剂详细信息如表 8-2 所示。

表 8-2 十二烷基二甲基甜菜碱合成过程所用化学试剂的 GHS 分类与标志

名称	分子式或结构式	GHS 危险性类别	象形图
N,N-二甲基十二烷胺 112-18-5		H302:吞咽有害 H314:造成严重皮肤灼伤和眼损伤 H410:对水生生物毒性极大并具有长期持续影响	

名称	分子式或结构式	GHS危险性类别	象形图
氯乙酸钠 3926-62-3		H301:吞咽会中毒 H315:造成皮肤刺激 H319:造成严重眼刺激 H400:对水生生物毒性极大	
乙醇 64-17-5	CH₃CH₂OH	H225:高度易燃液体和蒸气 H319:造成严重眼刺激	
盐酸 7647-01-0	HCl	H290:可能腐蚀金属 H314:造成严重皮肤灼伤和眼损伤	
乙醚 60-29-7		H224:极易燃液体和蒸气 H302:吞咽有害 H336:可能造成昏昏欲睡或眩晕	

四、实验内容

（1）在装有电动搅拌器、温度计和球形冷凝管的 250 mL 三口烧瓶中加入 10.7 g N,N-二甲基十二烷胺、5.8 g 氯乙酸钠和 30 mL 50％（体积分数）乙醇水溶液。

（2）将上述混合物放入水浴中加热回流，至反应液变成透明状为止。

（3）反应液冷却后，在搅拌下滴加 36.5％（质量分数）浓盐酸，直至出现乳状液且不再消失为止，放置过夜。

（4）十二烷基二甲基甜菜碱盐酸盐结晶析出，过滤。

（5）用 20 mL 乙醇-水（体积比为 1∶1）溶液分两次洗涤，将滤饼烘干。

（6）用乙醚-乙醇（体积比为 2∶1）溶液重结晶，得精制的十二烷基二甲基甜菜碱，用熔点仪测量熔点，计算产物收率。

实验操作流程如图 8-3 所示。

（7）配制表面活性剂溶液：用上述制备的十二烷基二甲基甜菜碱配制 10 个不同浓度的溶液，其中包括预期的临界胶束浓度。

（8）测定表面张力：将盛有待测液体的烧杯各用一块表面皿盖上，将烧杯置于控温的水浴中，静置 3 h 以上，用最大气泡法表面张力仪测定各溶液的表面张力（σ）。

（9）求解临界胶束浓度。

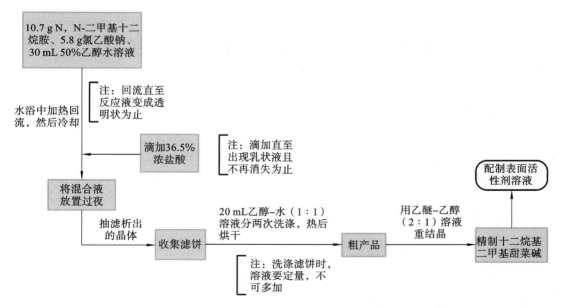

图 8-3　十二烷基二甲基甜菜碱合成实验操作流程

五、实验记录与数据处理

将实验测定的数据填入表 8-3。

表 8-3　测定 CMC 数据记录表

序号	C/(mg/L)	lgC	表面张力 σ/(mN/m)
1			
2			
3			
4			
5			
6			
7			
8			
9			
10			

六、思考题

(1)简述两性离子表面活性剂的分类,以及各自的使用范围。

(2)设计简单的实验流程证明表面活性剂的作用。

实验 3　通用液体洗涤剂的配制

一、实验目的

(1)掌握配制通用液体洗涤剂的工艺。

(2)了解各组分的作用和配方原理。

二、实验原理

1. 通用液体洗涤剂的主要性质和用途

通用液体洗涤剂是一种无色或淡蓝色的黏稠液体,可以溶于水。它是洗涤剂中仅次于粉状洗涤剂的类别。液体洗涤剂具有便于溶解等优点,洗涤剂从固态向液态发展是必然趋势。最早出现的液体洗涤剂是中性洗涤剂,配方简单,适用于轻度污渍。表面活性剂含量较高的液体洗涤剂配方相对比较复杂,适用于重度污渍的洗涤。此外,液体洗涤剂还包括一些特殊的种类,如织物干洗剂、消毒洗涤剂等。

根据适用衣物的不同,液体洗涤剂配方中还可以加入杀菌消毒类化学物质、防腐剂、增白剂等添加剂。

2. 通用液体洗涤剂的配制原则

设计这种洗涤剂时首先考虑的是洗涤性能,既要有强的去垢力,还不得损伤衣物;其次要考虑经济性,即要工艺简单、配方合理;再次要考虑的是产品的适用性,即要适合目标消费人群的洗涤习惯;最后,还要考虑配方的先进性、环保性等。总之,要通过合理的配方设计,使得到的产品性能优良且成本低廉,从而适应消费市场。

3.通用液体洗涤剂的配方

(1)表面活性剂:液体洗涤剂中使用最多的表面活性剂是烷基苯磺酸钠,目前,越来越多的液体洗涤剂转为使用更加环保的脂肪醇系表面活性剂,如脂肪醇聚氧乙烯醚、脂肪醇硫酸盐等。高级脂肪酸盐、烷基醇酰胺类表面活性剂也可作为液体洗涤剂的成分。

(2)洗涤助剂:

①螯合剂,如三聚磷酸钠、乙二胺四乙酸二钠;

②增稠剂,常用的有机增稠剂为天然树脂和合成树脂、聚乙二醇酯等,无机增稠剂用氯化钠或氯化铵;

③助溶剂,常用的增溶剂或助溶剂除烷基苯磺酸钠外,还有低分子醇或尿素;

④溶剂,常用软化水或去离子水;

⑤柔软剂;

⑥消毒剂;

⑦漂白剂,常用的漂白剂为过氧化物,如过硼酸钠、过碳酸钠、过碳酸钾、过硫酸钠等(一般洗衣剂中不用);

⑧酶制剂,常用的有淀粉酶、蛋白酶、脂肪酶等,加入酶制剂可提高产品的去污力;

⑨抗污垢及沉降剂,常用的有羧甲基纤维素钠、硅酸钠等;

⑩碱,常用的有纯碱、小苏打、乙醇胺等。

三、主要仪器和试剂

(1)仪器:恒温水浴锅、温度计(0~100 ℃)、电动搅拌器、量筒(10 mL、100 mL)、烧杯(100 mL、250 mL)、分析天平。

(2)试剂(根据具体配方选用):十二烷基苯磺酸钠(ABS-Na)、壬基酚聚氧乙烯醚(OP-10)、椰油酸二乙醇酰胺(尼诺尔)、水玻璃($NaO \cdot nSiO_2$)、二苯乙烯联苯二磺酸钠(荧光增白剂,CBS-X)、氯化钠、纯碱、二甲基苯磺酸钾、香精、色素、pH 试纸、聚氧乙烯醚硫酸钠(AES)、磷酸。

实验过程用到的化学试剂详细信息如表 8-4 所示。

表 8-4　液体洗涤剂配制过程所用化学试剂的 GHS 分类与标志

名称	分子式或结构式	GHS 危险性类别	象形图
十二烷基苯磺酸钠 ABS-Na 25155-30-0	$H_3C(H_2C)_{10}H_2C$—苯环—SO_2ONa	H302 吞咽有害 H315 造成皮肤刺激 H319 造成严重眼刺激 H401 对水生生物有毒	⚠

名称	分子式或结构式	GHS 危险性类别	象形图
椰油酸二乙醇酰胺 120-40-1	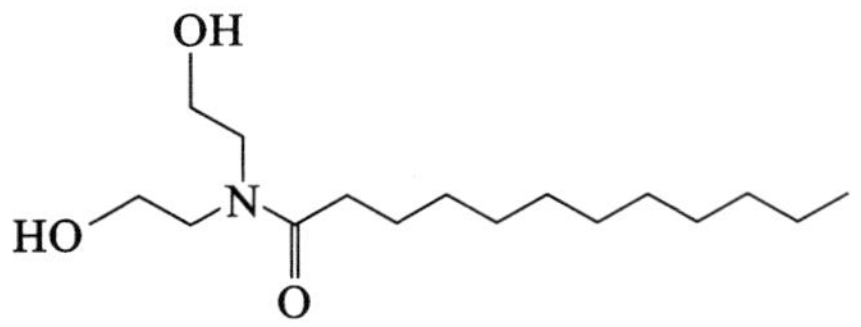	H303 吞咽可能有害 H315 造成皮肤刺激 H318 造成严重眼损伤 H411 对水生生物有毒并具有长期持续影响	 
壬基酚聚氧乙烯醚 9016-45-9	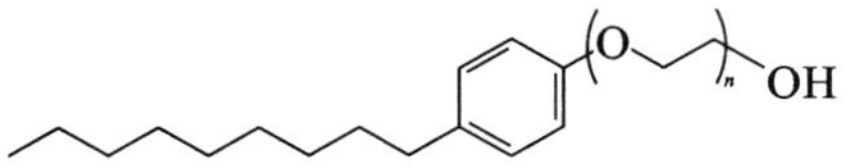	H315 造成皮肤刺激 H319 造成严重眼刺激 H361 怀疑对生育能力或胎儿造成伤害 H373 长期或反复接触可能损害器官	  
纯碱 497-19-8	Na_2CO_3	H303 吞咽可能有害 H319 造成严重眼刺激	
水玻璃 1344-09-8	$Na_2O \cdot nSiO_2$	H290 可能腐蚀金属 H314 造成严重皮肤灼伤和眼损伤 H335 可能造成呼吸道刺激	 
聚氧乙烯醚硫酸钠 9004-82-4	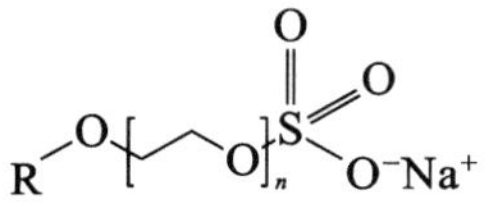		

四、实验内容

（1）按表 8-5 中配方 3 将蒸馏水加入 250 mL 烧杯中，再将烧杯放入水浴锅中，加热使水温升到 60 ℃，慢慢加入 AES，并不断搅拌，至全部溶解为止。搅拌时间约为 20 min，在溶解过程中，水温控制在 60～65 ℃。

（2）在连续搅拌下依次加入 ABS-Na、OP-10、尼诺尔等表面活性剂，一直搅拌至全部溶解为止，搅拌时间约为 20 min，保持温度在 60～65 ℃。

（3）在不断搅拌下将纯碱、二甲基苯磺酸钾、荧光增白剂等依次加入，并使其溶解，保持温度在 60～65 ℃。

（4）停止加热，待温度降至 40 ℃以下时，加入色素、香精等，搅拌均匀。

（5）测溶液的 pH 值，并用磷酸调节至反应液的 pH≤10.5。

（6）降至室温，加入氯化钠调节黏度，使其达到规定黏度。本实验不控制黏度指标。

实验操作流程如图 8-4 所示。

表 8-5　液体洗涤剂配方　　　　　　　　　　　（单位：%）

成分	配方 1	配方 2	配方 3	配方 4
ABS-Na	20.0	30.0	30.0	10.0
OP-10	8.0	5.0	3.0	3.0
尼诺尔	5.0	5.0	4.0	4.0
AES			3.0	3.0
二甲基苯磺酸钾			2.0	
BS-12				2.0
荧光增白剂			0.1	0.1
Na_2CO_3	1.0		1.0	
Na_2SiO_3	2.0	2.0	1.5	
STPP		2.0		
NaCl	1.5	1.5	1.0	2.0
色素	适量	适量	适量	适量
香精	适量	适量	适量	适量
CMC				5.0
去离子水	加至 100	加至 100	加至 100	加至 100

五、注意事项

（1）按次序加料，待前一种物料溶解后再加后一种。

（2）将温度控制在实验操作步骤中规定的温度范围内。

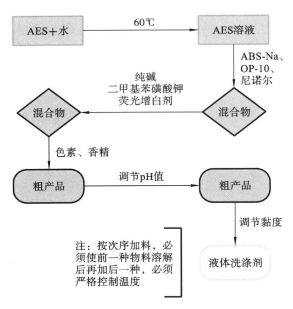

图 8-4 液体洗涤剂配制流程

六、思考题

(1)通用液体洗涤剂配方设计的原则有哪些?
(2)通用液体洗涤剂成品中,pH 值是怎样控制的?

实验 4 肥皂的制备

一、实验目的

(1)了解肥皂的用途与合成配方。
(2)熟悉制造肥皂的基本操作。

二、实验原理

肥皂是高级脂肪酸金属盐(碱金属为主)类的总称,包括软皂、硬皂、香皂和透明皂等。肥皂是最常用的洗涤用品之一,具有便于携带、使用方便、去污力强、泡沫适中和洗后容易去除等优点。

以各种天然的动、植物油脂(油脂指植物油或动物脂肪)为原料,以强碱皂化而制得肥皂,是目前仍在使用的生产肥皂的传统方法。

$$\begin{array}{ccc}
CH_2OCOR_1 & & CH_2OH \qquad R_1COONa \\
| & & | \\
CHOCOR_2 + 3NaOH \xrightarrow{H_2O} & CHOH & + R_2COONa \\
| & & | \\
CH_2OCOR_3 & & CH_2OH \qquad R_3COONa
\end{array}$$

油脂指植物油或动物脂肪,化学结构为长链脂肪酸的甘油酯,皂化过程中,酯键发生水解,生成表面活性剂长链脂肪酸盐。

由于组成有别,不同种类的油脂,皂化时需要的碱量不同。碱的用量与各种油脂的皂化值(完全皂化 1 g 油脂所需的氢氧化钾的质量(mg)数值)和酸值有关。表 8-6 列出了一些油脂的皂化值。

表 8-6　常见油脂的皂化值

油脂	椰子油	花生油	棕榈油	牛油	猪油
皂化值	188～195	188～197	196～210	190～200	193～200

因为链长 $C_{12}\sim C_{18}$ 的脂肪酸所构成的肥皂洗涤效果最好,所以制造肥皂的常用油脂原料为椰子油(C_{12} 为主)、棕榈油($C_{16}\sim C_{18}$ 为主)、猪油或牛油($C_{16}\sim C_{18}$ 为主)。脂肪酸的不饱和度会对肥皂品质产生影响。不饱和度高的脂肪酸制成的肥皂质软、难成块,抗硬水性能也较差,因此,通常将油脂催化加氢得到的氢化油(或称硬化油)与天然油脂搭配使用。

另外,为了改善肥皂产品的外观和实现特定用途,可在制皂配方中加入色素、香料、抑菌剂、酒精、白糖等,以制成香皂、药皂或透明皂等特定产品。

三、主要仪器和试剂

(1)仪器:恒温水浴锅、电动搅拌器、烧杯。

(2)试剂:牛油、棕榈油(或蓖麻油、椰子油等)、氢氧化钠、95％乙醇、甘油、蔗糖、苯酚、甲苯酚、硼酸、香料。

实验过程用到的部分化学试剂详细信息如表 8-7 所示,氢氧化钠的相应信息见表 8-1。

表 8-7　制皂过程使用的化学试剂的 GHS 分类与标志

名称	结构式	GHS危险性类别	象形图
乙醇 64-17-5	CH_3CH_2OH	H225:高度易燃液体和蒸气 H319:造成严重眼刺激	
甘油 56-81-5		非危险物质或混合物	

四、实验内容

（1）在 250 mL 烧杯中加入 30 mL 水和 4 g 氢氧化钠，搅拌使其溶解，备用。

（2）称取 17 g 牛油和 7 g 棕榈油（或椰子油），置于 200 mL 烧杯中，用热水浴加热使油脂熔化。

（3）搅拌下将碱液慢慢加入油脂中，然后置于沸水浴中加热进行皂化。

（4）皂化过程中要经常搅拌，直至反应混合物从搅拌棒上流下时呈线状并在棒上很快凝固为止。反应需时 2～3 h。

（5）反应完毕，将产物倾入模具中（或留在烧杯内）成型，冷却即为肥皂，约 50 g。此处制得的产品是含有甘油的粗肥皂，实际生产中要分离甘油，再进行挤压、切块、打印、干燥等加工操作，才能成为市售的商品肥皂。

实验操作流程如图 8-5 所示。

改变上述配方及相应的实验流程可以得到一些特定外观或功能的皂类产品，例如：

（1）透明皂：

①将 10 g 牛油、10 g 椰子油和 8 g 蓖麻油加入烧杯中，加热至 80 ℃ 使油脂混合物熔化。

②搅拌下快速加入 17 g 30% 氢氧化钠和 5 g 95% 乙醇的混合液。

③在 75 ℃ 的水浴上加热皂化，到达终点后停止加热。

④在搅拌下加入 2.5 g 甘油和由 5 g 蔗糖与 5 g 水配成的预热至 80 ℃ 的溶液，搅匀后静置降温。

⑤当温度下降至 60 ℃ 时可以加入适量的填料，搅匀后出料，冷却成型，即可得到透明皂。

（2）药皂：制皂流程后期，加入适量的苯酚、甲苯酚、硼酸或其他有杀菌效力的药物，可制得具有杀菌消毒作用的药皂。

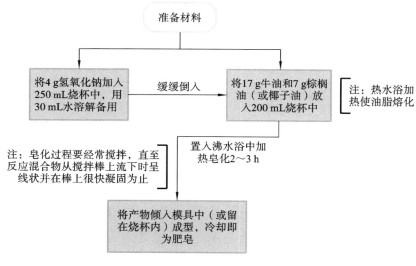

图 8-5　制皂流程

五、思考题

（1）如果选用的是不饱和度高的油脂,对产品性状和性能有何影响?

（2）制皂过程中,能不能用碱土金属氢氧化物代替碱金属氢氧化物?

实验 5　洗洁精的配制

一、实验目的

（1）了解洗洁精各组分的性质及配制原理。

（2）掌握洗洁精的配制方法。

二、实验原理

1. 洗洁精的主要性质和用途

洗洁精(cleaning mixture)又叫餐具洗涤剂或果蔬洗涤剂,是无色或淡黄色透明液体,主要用于洗涤碗碟和水果蔬菜。其特点是去油腻性好、简易卫生、使用方便。洗洁精是最早出现的液体洗涤剂,产量在液体洗涤剂中居第二位,世界总产量为 2×10^6 kt/a。

2. 洗洁精的配制原理

设计洗洁精的配方时,应根据洗涤方式、污垢特点、被洗物特点,以及其他功能要求综合确定,具体可归纳为以下几条:

（1）基本原则:

①对人体安全无害。

②能较好地洗净并除去动植物油垢,即使是黏附牢固的油垢也能迅速除去。

③清洗剂和清洗方式不损伤餐具、灶具及其他器具。

④用于洗涤蔬菜和水果时,应无残留物,也不影响其外观和原有风味。

⑤手洗产品发泡性良好。

⑥消毒洗涤剂应能有效地杀灭有害菌,而不危害人的安全。

⑦产品长期储存稳定性好,不发霉变质。

（2）配方结构特点:

①洗洁精应制成透明状液体,要设法调配成适当的浓度和黏度。

②设计配方时,一定要充分考虑表面活性剂的配伍效应,以及各种助剂的作用。如阴离子表面活性剂烷基聚氧乙烯醚硫酸盐与非离子型表面活性剂烷基聚氧乙烯醚复配后,产品的泡沫性和去污力均好。配方中加入乙二醇单丁醚,则有助于去除油污。加入月桂酸二乙醇酰胺可以增泡和稳泡,减轻对皮肤的刺激,并可增加黏度。羊毛脂类衍生物可滋润皮肤。调整产品黏度主要使用无机电解质。

③洗洁精一般呈高碱性,主要为提高去污力和节省活性物,并降低成本。但 pH 值不能大

于 10.5。

④高档的餐具洗涤剂要加入釉面保护剂,如乙酸铝、甲酸铝、磷酸铝酸盐、硼酸酐及其混合物。

⑤加入少量香精和防腐剂。

(3)主要原料:洗洁精都是以表面活性剂为主要活性物配制而成的。手工洗涤用的洗洁精主要使用烷基苯磺酸钠和烷基聚氧乙烯醚硫酸盐,其活性物含量为 $10\%\sim15\%$。

三、主要仪器和试剂

(1)仪器:恒温水浴锅、电动搅拌器、温度计(0~100 ℃)、烧杯(100 mL、150 mL)、量筒(10 mL、100 mL)、玻璃棒。

(2)试剂(根据具体配方选用):十二烷基苯磺酸钠(ABS-Na)、脂肪醇聚氧乙烯醚硫酸钠(AES)、椰油酸二乙醇酰胺(尼诺尔)、壬基酚聚氧乙烯醚(OP-10)、乙醇、甲醛、乙二胺四乙酸(EDTA)、三乙醇胺、二甲基月桂基氧化胺、二甲基苯磺酸钠、香精、pH 试纸、苯甲酸钠、氯化钠、硫酸。

实验过程用到的化学试剂详细信息如表 8-8 所示。

表 8-8　洗洁精配制过程所用化学试剂的 GHS 分类与标志

名称	分子式或结构式	GHS 危险性类别	象形图
甲醛 50-00-0	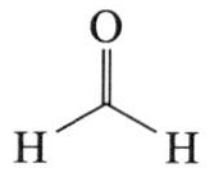	H226:易燃液体和蒸气 H301＋H311:吞咽或皮肤接触可致中毒 H314:造成严重皮肤灼伤和眼损伤 H317:可能造成皮肤过敏反应 H330:吸入致命 H335:可能造成呼吸道刺激 H341:怀疑可造成遗传性缺陷 H350:可能致癌 H370:会损害眼睛、中枢神经系统 H401:对水生生物有毒	
乙二胺四乙酸 60-00-4	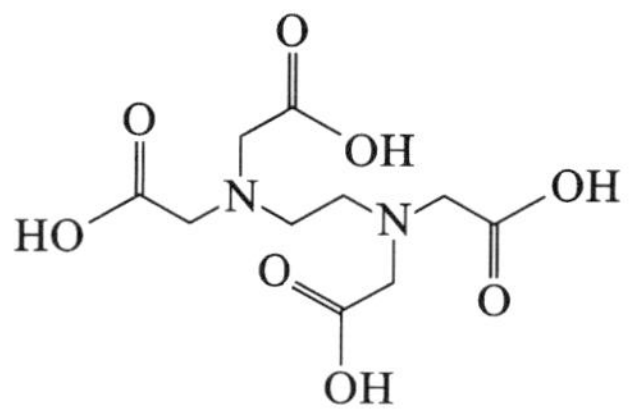	H303:吞咽可能有害 H319:造成严重眼刺激 H402:对水生生物有害	

续表

名称	分子式或结构式	GHS危险性类别	象形图
三乙醇胺 102-71-6		非危险物质或混合物	
苯甲酸钠 532-32-1		H319:造成严重眼刺激	

四、实验内容

1. 配方

洗洁精配方如表 8-9 所示。

表 8-9　洗洁精配方　　　　　　　　　　　　　　　　　（单位:%）

成分	配方 1	配方 2	配方 3	配方 4
ABS-Na		16.0	12.0	16.0
AES	16.0		5.0	14.0
尼诺尔	3.0	7.0	6.0	
OP-10		8.0	8.0	2.0
EDTA	0.1	0.1	0.1	0.1
乙醇		6.0	0.2	
甲醛			0.2	
三乙醇胺				4.0
二甲基月桂基氧化胺	3.0			
二甲基苯磺酸钠	5.0			
苯甲酸钠	0.5	0.5		0.5
氯化钠	1.0			1.5
香精、硫酸	适量	适量	适量	适量
去离子水	加至 100	加至 100	加至 100	加至 100

2. 操作步骤

（1）按表 8-9 中配方 1 往水浴锅中加入水并加热,往烧杯中加入去离子水并加热至 60 ℃左右。

（2）加入 AES 并不断搅拌至全部溶解,此时水温要控制在 60～65 ℃。

（3）保持温度 60～65 ℃,在连续不断搅拌下加入尼诺尔、二甲基月桂基氧化胺,搅拌至全部溶解为止。

（4）降温至 40 ℃以下，加入香精、防腐剂苯甲酸钠、螯合剂 EDTA、增溶剂二甲基苯磺酸钠，搅拌均匀。

（5）测溶液的 pH 值，用硫酸调节 pH 值至 9～10.5。

（6）加入氯化钠调节到所需黏度。调节之前应把产品冷却到室温或测黏度时的标准温度。调节后即为成品。

实验操作流程如图 8-6 所示。

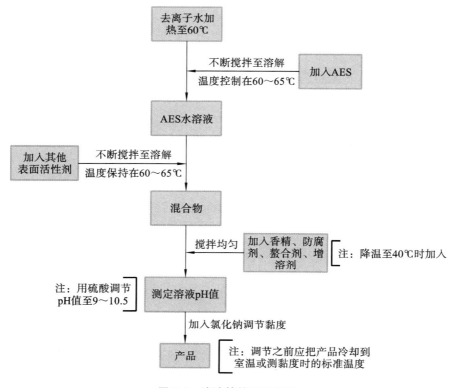

图 8-6　洗洁精的配制流程

五、注意事项

（1）AES 应慢慢加入水中。
（2）AES 在高温下极易水解，因此溶解温度不可超过 65 ℃。

六、思考题

（1）配制洗洁精有哪些原则？
（2）洗洁精的 pH 值应控制在什么范围内？为什么？

第9章

化妆品原料与化妆品的制备

实验1　化学卷发剂原料巯基乙酸铵的制备

一、实验目的

(1)掌握巯基乙酸铵的制备原理和方法。
(2)学习巯基乙酸铵的定性鉴别方法。

二、实验原理

许多动物的毛发,包括人类的头发,是以角蛋白为基本单元构成的,因为其 α-螺旋属于热力学稳定态,在毛发中,角蛋白多以 α-螺旋的形式存在。

角蛋白通过弱相互作用力和强化学键相互连接并与周围物质连接:弱相互作用力为氢键;多条角蛋白可以通过强化学键二硫键(—S—S—)交联,互相卷绕、绑定,进而依次形成原丝、微丝等层级结构,最终形成毛发。

利用头发中这两种相互作用的变化,可以实现卷发过程:

(1)润湿头发可以打断脆弱的氢键连接,使头发结构变得松散,吸收大量水分并具有弹性。如果将潮湿的头发加热,原有的氢键连接被打断,但头发晾干后氢键会重新形成,使头发呈现弯曲的形状。当然,这种新的连接也对水敏感,头发再次暴露于水或高湿度环境中会恢复原状。

(2)使用含硫软化剂(还原剂)可以打断原有的二硫键交联,并在新的位置利用定型剂(氧化剂)重新生成二硫键交联,从而使头发呈现弯曲形状,这种作用更加持久。当然,这种过程会永久改变头发的原有理化特性,使其变得脆弱。

本实验合成的巯基乙酸铵即为一种常用的软化剂(还原剂),用于在化学卷法中打断角蛋白的二硫键交联。

在《化妆品安全技术规范》(2015 年版)所列的化妆品限用原料目录中,巯基乙酸盐类化合物主要用于毛发用化妆品(表 9-1),如烫发产品、脱毛产品、淋洗类发用产品。

巯基乙酸铵的实验室化学合成包括以下化学转化过程:

(1)氯乙酸的中和反应:氯乙酸同碳酸钠发生中和反应,生成氯乙酸钠;
(2)硫脲和氯乙酸钠反应(取代反应),生成沉淀 A;
(3)沉淀 A 同氢氧化钡反应,生成钡盐沉淀;
(4)钡盐沉淀同碳酸氢铵反应,生成巯基乙酸铵和碳酸钡(复分解反应)。

表 9-1 巯基乙酸铵在化妆品中的应用

使用范围		化妆品使用时的最大允许浓度	标签上必须标印的使用条件和注意事项
烫发产品	一般用	总量 8%（以巯基乙酸计），pH 7～9.5	按用法说明使用。防止儿童抓拿。仅供专业使用。需作如下说明：避免接触眼睛；如果产品不慎入眼，应立即用大量水冲洗，并找医生处治
	专业用	总量 11%（以巯基乙酸计），pH 7～9.5	
脱毛产品		总量 5%（以巯基乙酸计），pH 7～12.7	
其他淋洗类发用产品		总量 2%（以巯基乙酸计），pH 7～9.5	

$$2\,ClCH_2COOH + Na_2CO_3 \longrightarrow 2\,ClCH_2COONa + H_2O + CO_2\uparrow$$

$$ClCH_2COONa + \underset{H_2N}{\overset{S}{\underset{}{\diagup}}}\!\!C\!\!\diagdown NH_2 \longrightarrow \underset{H_2N}{\overset{HN}{\underset{}{\diagup}}}\!\!C\!-\!SCH_2COOH\downarrow + NaCl$$
沉淀A

$$2\ \underset{H_2N}{\overset{HN}{\underset{}{\diagup}}}\!\!C\!-\!SCH_2COOH + 2\,Ba(OH)_2 \longrightarrow Ba\!\!\diagup\!\!\overset{SCH_2COO}{\underset{SCH_2COO}{\diagdown}}\!\!Ba + \underset{H_2N}{\overset{O}{\underset{}{\diagup}}}\!\!C\!\!\diagdown NH_2 + H_2O$$

$$Ba\!\!\diagup\!\!\overset{SCH_2COO}{\underset{SCH_2COO}{\diagdown}}\!\!Ba + 2\,NH_4HCO_3 \longrightarrow 2\,HSCH_2COONH_4 + 2\,BaCO_3\downarrow$$

三、主要仪器和试剂

（1）仪器：烧杯、电动搅拌器、电热套、温度计、量筒、分析天平、布氏漏斗、抽滤瓶、循环水式多用真空泵。

（2）试剂：氯乙酸、硫脲、氢氧化钡、碳酸钠、碳酸氢铵、氨水、乙酸、乙酸镉。

实验过程用到的化学试剂详细信息如表 9-2 所示。

表 9-2 巯基乙酸铵合成过程所用化学试剂的 GHS 分类与标志

名称	分子式或结构式	GHS 危险性类别	象形图
氯乙酸 79-11-8		H301：吞咽会中毒 H330：吸入致命 H311：皮肤接触会中毒 H314：造成严重皮肤灼伤和眼损伤 H318：造成严重眼损伤 H335：可能造成呼吸道刺激	

续表

名称	分子式或结构式	GHS 危险性类别	象形图
硫脲 62-56-6	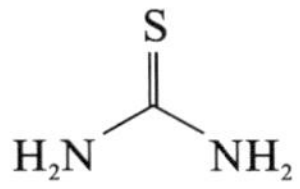 S ‖ H₂N　NH₂	H302:吞咽有害 H351:怀疑致癌 H361:怀疑对生育能力或胎儿造成伤害 H411:对水生生物有毒并具有长期持续影响	  
氢氧化钡 17194-00-2	$Ba(OH)_2$	H302＋H332:吞咽或吸入有害 H314:造成严重皮肤灼伤和眼损伤 H335:可能造成呼吸道刺激 H371:可能损害器官	  
碳酸钠 497-19-8	Na_2CO_3	H303:吞咽可能有害 H319:造成严重眼刺激	
碳酸氢铵 1066-33-7	NH_4HCO_3	H302:吞咽有害 H402:对水生生物有害	

续表

名称	分子式或结构式	GHS危险性类别	象形图
氨水 1336-21-6	NH₄OH	H302:吞咽有害 H314:造成严重皮肤灼伤和眼损伤 H400:对水生生物毒性极大	  
乙酸 64-19-7	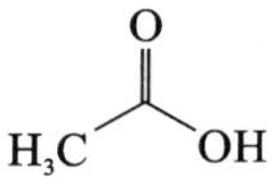 H₃C—COOH	H226:易燃液体和蒸气 H303:吞咽可能有害 H314:造成严重皮肤灼伤和眼损伤	 
乙酸镉 543-90-8	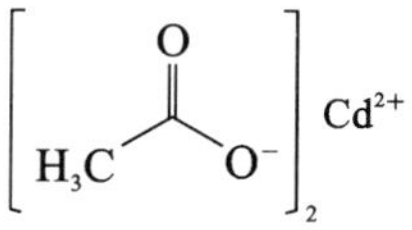 [H₃C—COO⁻]₂ Cd²⁺	H301:吞咽会中毒 H312:皮肤接触有害 H330:吸入致命 H340:可能造成遗传性缺陷 H350:可能致癌 H372:长期或反复接触会对骨骼、肾造成损害 H410:对水生生物毒性极大并具有长期持续影响	  

四、实验内容

（1）称取 5 g 氯乙酸，置于 100 mL 烧杯中，加入 10 mL 蒸馏水，搅拌使氯乙酸全部溶解，缓慢加入碳酸钠中和，待产生的泡沫减少时，测试溶液 pH 值，将其控制在 7～8，静置、澄清。

（2）称取 6 g 硫脲，置于 200 mL 烧杯中，加入 25 mL 蒸馏水，加热到 50 ℃ 左右，搅拌，待硫脲全部溶解后,将澄清的氯乙酸钠溶液加入,在 60 ℃ 左右边加热边保温 30 min。抽滤,滤液弃去,沉淀用少量蒸馏水洗涤后抽滤。

(3)称取 17.5 g 氢氧化钡,置于 250 mL 烧杯中,加入 43 mL 蒸馏水,加热,搅拌使其溶解,将上述粉状沉淀物慢慢加入,使物料在 80 ℃ 下保温 2 h,间歇搅拌,防止沉淀下沉,趁热过滤,滤液弃去,用蒸馏水洗涤沉淀物 3～5 次,抽滤吸干,得到白色二硫代二乙酸钡白色粉状物。

(4)称取 10 g 碳酸氢铵,置于 200 mL 烧杯中,加入 25 mL 蒸馏水,边搅拌边加入二硫代二乙酸钡。搅拌 10 min,静置 20 min,过滤,得到玫瑰红色滤液,即为巯基乙酸铵溶液。

实验操作步骤的流程如图 9-1 所示。

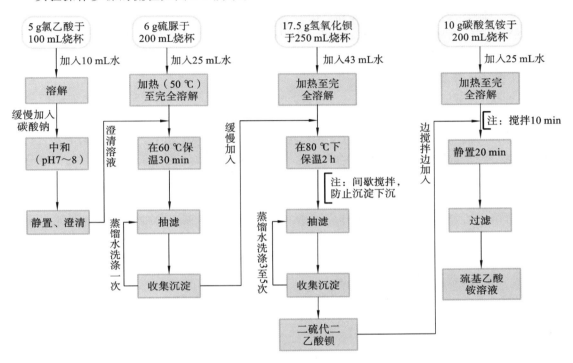

图 9-1　巯基乙酸铵合成的实验操作流程

五、分析检测方法

将 2 mL 样品加水稀释至 10 mL,加入 5 mL 10%(质量分数)乙酸溶液,摇匀,加入 2 mL 10%乙酸镉溶液,摇匀。此时如有巯基乙酸铵,则生成白色胶状物。加入 10%(质量分数)氨水,摇匀,则生成的白色胶状物溶解。

六、思考题

(1)如何查询一个化合物的 CAS 编号及 SDS 说明书?

(2)本实验所用的原料是否有毒性?毒性强弱如何?实验中如何对待?

实验 2　醚类香料 β-萘乙醚的合成

一、实验目的

(1)了解香料的基本知识。

(2)熟悉制备芳香醚的反应原理和方法。

(3)掌握回流装置的安装与操作方法以及固体精制的重结晶技术。

二、实验原理

β-萘乙醚又称新橙花醚,为白色片状晶体,非常稀的 β-萘乙醚溶液有类似于橙花和洋槐花的气味,并伴有甜味和草莓、菠萝样的香气,若将其加入一些易挥发的香料中,便会减慢这些香料的挥发速度(具有这种性质的化合物称为定香剂),因而它被广泛用于调配肥皂或大众化的花露水和古龙香水,是一些香料(如玫瑰香、薰衣草香、柠檬香等)的定香剂,也是调制樱桃、草莓、石榴、李子以及咖啡、红茶等香型的香精成分。β-萘乙醚的熔点为 37 ℃,沸点为 282 ℃,不溶于水,可溶于乙醇、氯仿、乙醚、甲苯、石油醚等有机溶剂。β-萘乙醚的合成一般采用以下两种方法:

(1)威廉森(A. W. Williamson)合成法:烷基化剂溴乙烷与 β-萘酚在碱性条件下发生亲核取代反应而制得。反应式如下:

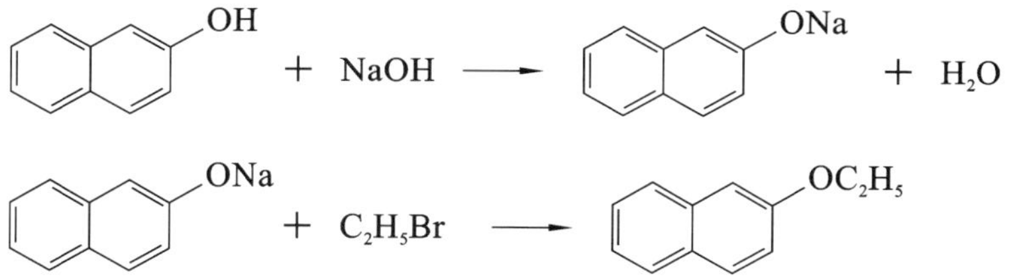

(2)醇分子间脱水法:在浓硫酸催化作用下,将 β-萘酚、乙醇加热失去一分子水而制取。反应式如下:

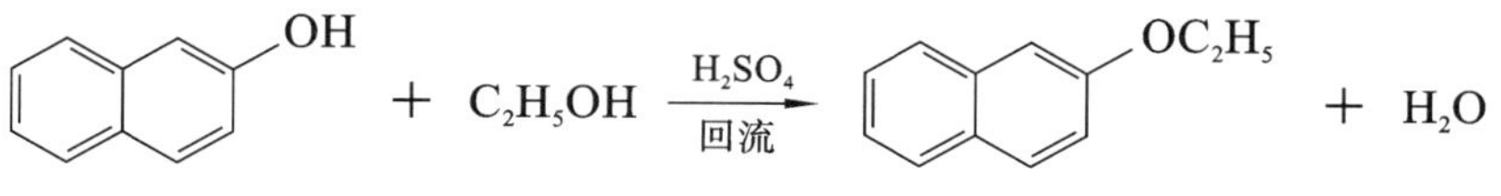

本实验采用后一种方法。

三、主要仪器和试剂

(1)仪器:可调温油浴锅、圆底烧瓶(50 mL)、恒压滴液漏斗、回流冷凝管、循环水式多用真空泵、抽滤瓶、布氏漏斗、熔点仪、分析天平。

(2)试剂:β-萘酚、无水乙醇、浓硫酸、氢氧化钠溶液(5%)。

实验过程用到的化学试剂详细信息如表 9-3 所示。

表 9-3　醚类香料 β-萘乙醚合成过程所用化学试剂的 GHS 分类与标志

名称	分子式或结构式	GHS 危险性类别	象形图
β-萘酚 135-19-3	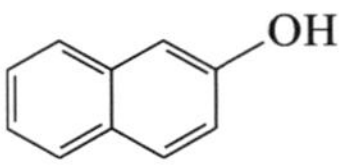	H302＋H332:吞咽或吸入有害 H317:可能造成皮肤过敏反应 H318:造成严重眼损伤 H400:对水生生物毒性极大	  
无水乙醇 64-17-5	CH₃CH₂OH	H225:高度易燃液体和蒸气 H319:造成严重眼刺激	 
浓硫酸 7664-93-9	H₂SO₄	H290:可能腐蚀金属 H303:吞咽可能有害 H314:造成严重皮肤灼伤和眼损伤	
氢氧化钠 1310-73-2	NaOH	H290:可能腐蚀金属 H314:造成严重皮肤灼伤和眼损伤 H402:对水生生物有害	

四、实验内容

1. 实验准备

在安装有回流冷凝管并置于油浴上的 50 mL 圆底烧瓶中,加入 5 g（0.035 mol）β-萘酚和 6 g（0.13 mol）乙醇,加热溶解。小心滴加 2 g 浓硫酸,摇匀。在 120 ℃ 的油浴上加热 6 h。

2. 析晶

将热溶液小心地倾入盛有 50 mL 水的烧杯中,搅拌,使其析出结晶,倾去水层,剩余物用 18 mL 5‰氢氧化钠溶液充分洗涤,再用热水(每次 20 mL)洗涤 2 次,洗涤时用玻璃棒激烈搅拌浮起的产物,每次皆用倾析法分出洗涤的水溶液,得 β-萘乙醚粗品;收集 2 次碱性洗涤液以回收 β-萘酚。

3. 重结晶

用乙醇重结晶,抽滤,得到白色片状晶体的产物。称重,测熔点,计算收率。

实验操作流程如图 9-2 所示。

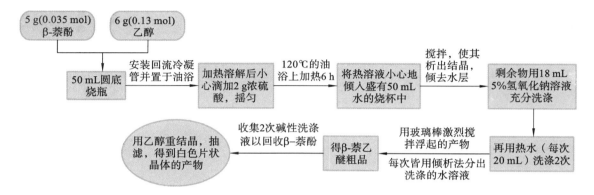

图 9-2 醚类香料 β-萘乙醚的合成实验操作流程

五、思考题

(1)还有几种方法可以合成萘乙醚?写出反应方程式。

(2)如何回收 β-萘酚?

实验 3 雪花膏的配制

一、实验目的

(1)了解雪花膏的配制原理和各组分的作用。

(2)掌握雪花膏的配制方法。

二、实验原理

1. 雪花膏的主要性质和护肤机理

雪花膏(vanishing cream)是一种含有硬脂酸的润肤膏霜,为乳剂类化妆品,涂抹在皮肤上后会因受热熔解并消失,因此得名"雪花膏",至今已有上百年的制造和使用历史。

乳化体系指一种液体以微小液滴的形式分散在另一种互不相溶的液体中的多相分散体

系,乳化剂是一种能让两种或两种以上互不相溶的物质混合在一起的化合物。雪花膏通常是以硬脂酸盐为乳化剂的水包油型(oil-in-water,又以 O/W 表示)乳化体系。它能在皮肤表面形成一层薄膜,隔离皮肤与干燥空气的接触,有效防止皮肤水分的蒸发,保护皮肤使其不干燥、开裂或粗糙。

2. 雪花膏的配制原理

雪花膏的基础配方多年来变化不大,一般包括硬脂酸盐(3.0%～7.5%)、硬脂酸(10%～20%)、多元醇(5%～20%)、水(60%～80%)。配方中,一般通过控制碱的加入量,使硬脂酸盐的比例占全部脂肪酸和脂肪酸盐总量的 15%～25%。

根据轻工行业标准《润肤膏霜》(QB/T 1857—2013),不论是水包油型还是油包水型润肤膏霜,均需要符合以下指标:

(1)卫生指标,包括微生物指标和有毒物质限量;

(2)感官、理化指标,包括外观、香气、耐寒耐热性质、pH 值等。

为满足以上需求,除满足形成乳化体系必需的化学试剂外,雪花膏的制造中,有时也会加入与产品类型对应的香精、防腐剂、营养物质等。

三、主要仪器和试剂

(1)仪器:烧杯(250 mL)、电动搅拌器、温度计、分析天平、电热套、恒温水浴锅。

(2)试剂:硬脂酸、单硬脂酸甘油酯、十六醇、白油、丙二醇、氢氧化钾、氢氧化钠、香精、防腐剂、精密 pH 试纸。

实验过程用到的化学试剂详细信息如表 9-4 所示。可以看到,除了体系中使用的强碱外,雪花膏制备中没有使用有毒害的化学试剂。

表 9-4　雪花膏制备过程所用化学试剂的 GHS 分类与标识

名称	分子式或结构式	GHS 危险性类别	象形图
硬脂酸 57-11-4	$CH_3(CH_2)_{15}CH_2$—COOH	非危险物质或混合物	
单硬脂酸甘油酯 31566-31-1	$CH_3(CH_2)_{15}CH_2$—COO—CH₂CH(OH)CH₂OH	非危险物质或混合物	
十六醇 36653-82-4	$CH_3(CH_2)_{14}CH_2OH$	非危险物质或混合物	
白油 8042-47-5	$C_{16} \sim C_{31}$ 正异构烷烃的混合物	非危险物质或混合物	
丙二醇 57-55-6	H_3C—CH(OH)—CH₂OH	非危险物质或混合物	

续表

名称	分子式或结构式	GHS危险性类别	象形图
氢氧化钾 1310-58-3	KOH	H290:可能腐蚀金属 H302:吞咽有害 H314:造成严重皮肤灼伤和眼损伤 H402:对水生生物有害	 
氢氧化钠 1310-73-2	NaOH	H290:可能腐蚀金属 H314:造成严重皮肤灼伤和眼损伤 H402:对水生生物有害	

四、实验内容

(1)按配方中的量(表9-5)分别称量硬脂酸、单硬脂酸甘油酯、十六醇、白油、丙二醇,将称量好的原料加入 250 mL 烧杯中。

(2)将氢氧化钠和氢氧化钾称量后加入另一只 250 mL 烧杯中,然后加水至 100 mL。

(3)将两只烧杯分别加热至 90 ℃,使物料熔化,均匀溶解。装水的烧杯在 90 ℃下保持 15 min,灭菌。

(4)在搅拌下将水相慢慢加入油相中,继续搅拌。

(5)当温度降至 50 ℃时,加入防腐剂、香精,搅拌下使物料温度缓缓降至室温,即可出料。

(6)测定、调节所得雪花膏的 pH 值,使其在国家标准规定的范围内。

实验操作流程如图 9-3 所示。

表 9-5 雪花膏制备配方

成分	质量分数/(%)
硬脂酸	15.0
单硬脂酸甘油酯	1.0
十六醇	1.0
白油	1.0
丙二醇	10.0
氢氧化钠	0.05
氢氧化钾	0.6
防腐剂	适量
香精	适量
用蒸馏水加至	100

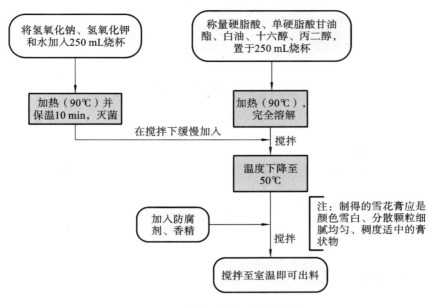

图 9-3　雪花膏制备实验操作流程

五、注意事项

（1）加入少量氢氧化钠有助于增大膏体黏度，也可以不加。

（2）降温至 55 ℃以下，继续搅拌使油相分散更细，使硬脂酸盐与硬脂酸加速结合形成结晶，出现珠光现象。

（3）降温过程中，黏度逐渐增大，搅拌带入膏体的气泡不易逸出，因此，黏度较大时，不宜过分搅拌。

（4）使用工业一级硬脂酸，产品的色泽及储存稳定性较好。

六、思考题

（1）配方中各成分的作用是什么？

（2）配方中硬脂酸的皂化百分率是多少？

第10章

食品添加剂与染料的制备

实验1　香兰素的合成

一、实验目的

(1)认识香兰素的用途。

(2)学习多步反应的实验设计方法。

(3)巩固回流、蒸馏、结晶等基本操作。

(4)培养相互讨论、团队合作的能力。

二、实验原理

本实验采用 2-硝基氯苯为原料,经过多步反应合成香兰素,实验路线如下:

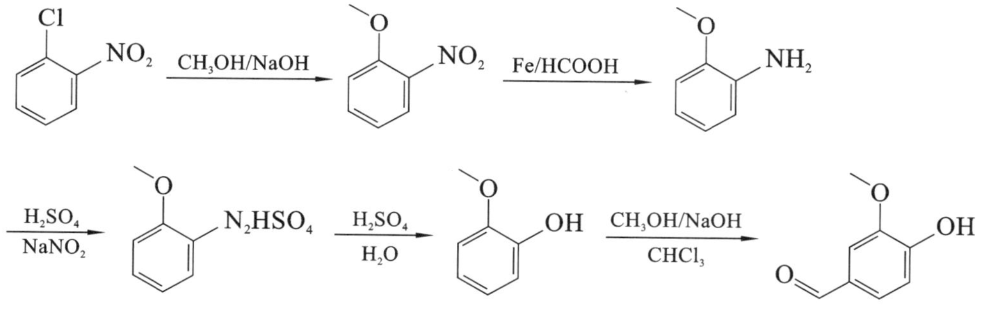

三、主要仪器和试剂

(1)仪器:三口烧瓶、单口圆底烧瓶、分液漏斗、锥形瓶、球形冷凝管、直形冷凝管、加热套、布氏漏斗、抽滤瓶、循环水式多用真空泵。

(2)试剂:甲醇、2-硝基氯苯(邻硝基氯苯)、甲酸、铁粉、稀硫酸、亚硝酸钠、氢氧化钠、95% 乙醇、氯仿、淀粉-碘化钾试纸、pH 试纸。

实验过程用到的化学试剂详细信息如表 10-1 所示。

表 10-1　香兰素合成过程所用化学试剂的 GHS 分类与标志

名称	分子式或结构式	GHS 危险性类别	象形图
甲醇 67-56-1	CH₃OH	H225:高度易燃液体和蒸气 H301＋H311＋H331:吞咽、皮肤接触或吸入中毒 H370:会损害眼睛、中枢神经系统	  
2-硝基氯苯 （邻硝基氯苯） 88-73-3	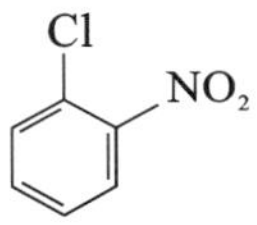	H301＋H311:吞咽或皮肤接触可致中毒 H401:对水生生物有毒	
甲酸 64-18-6	HCOOH	H227:可燃液体 H302:吞咽有害 H314:造成严重皮肤灼伤和眼损伤 H331:吸入会中毒	 
稀硫酸 7664-93-9	H₂SO₄	H290:可能腐蚀金属 H303:吞咽可能有害 H314:造成严重皮肤灼伤和眼损伤	

名称	分子式或结构式	GHS 危险性类别	象形图
亚硝酸钠 7632-00-0	$NaNO_2$	H272:可能加剧燃烧;氧化剂 H301:吞咽会中毒 H319:造成严重眼刺激 H400:对水生生物毒性极大	
氢氧化钠 64-19-7	$NaOH$	H290:可能腐蚀金属 H314:造成严重皮肤灼伤和眼损伤 H402:对水生生物有害	
乙醇 64-17-5	CH_3CH_2OH	H225:高度易燃液体和蒸气 H319:造成严重眼刺激	
氯仿 67-66-3	$CHCl_3$	H302:吞咽有害 H315:造成皮肤刺激 H319:造成严重眼刺激 H331:吸入会中毒 H336:可能造成昏昏欲睡或眩晕 H351:怀疑致癌 H361:怀疑对生育能力或胎儿造成伤害 H372:长期或反复接触会对器官造成损害 H402:对水生生物有害	

四、实验内容

1. 邻硝基苯甲醚的合成

(1)加热回流：在三口烧瓶中加入 30 mL 甲醇、20 g 氢氧化钠,再加 3 mL 水,进行搅拌,加热至 80 ℃时开始滴加 61.5 mL（80 g）邻硝基氯苯,继续加热至 100 ℃,搅拌回流 3 h 左右（溶液出现微红色油状物）。

(2)分液：用分液漏斗进行分液,取微红色液体层（邻硝基苯甲醚外观与性状：无色结晶或微红色液体）。

2. 邻氨基苯甲醚的合成

(1)在三口烧瓶中加入 56 g 铁粉、50 mL 甲酸,然后加入分液后得到的微红色液体,保持 110 ℃左右搅拌回流 2 h 左右。

(2)蒸馏：待反应完全后,根据沸点不同使用蒸馏法进行分离（邻硝基苯甲醚沸点 273 ℃,邻氨基苯甲醚沸点 224 ℃）。

(3)用适量热水将邻氨基苯甲醚溶解形成饱和溶液,然后冷却至室温,则大部分邻氨基苯甲醚会结晶析出,而杂质大部分残留在溶液中,从而使得邻氨基苯甲醚的纯度大大提高。

3. 重氮化

将重结晶得到的邻氨基苯甲醚和 60 mL 稀硫酸在 250 mL 锥形瓶中混合,进行冰水浴降温至 5～10 ℃,时间约 10 min。向锥形瓶内滴加亚硝酸钠溶液。用淀粉-碘化钾试纸检验过量的亚硝酸钠,液体呈现淡黄色为反应终点。

4. 水解

将得到的母液用硫酸酸化、水解,回流 30 min 左右,再用适量氢氧化钠溶液进行中和,使用 pH 试纸检验、过滤。

5. 合成香兰素

(1)在三口烧瓶中加上一步得到的产物、15 mL 甲醇、60 g 氢氧化钠,慢慢滴加 90 mL 氯仿,65～85 ℃加热回流 1 h 左右,得到粗产品。

(2)使用温热 95％乙醇溶解香兰素,使溶液冷却至香兰素析出,抽滤出香兰素并干燥。

实验操作流程如图 10-1 所示。

五、注意事项

(1)若邻硝基氯苯凝结,可用热水浴加热几分钟。

(2)重氮化时,要严格控制温度在 5～10 ℃。

(3)香兰素粗品不够稳定,不宜久置,需精制干燥后置于密闭容器中保存。

六、思考题

(1)使用铁粉还原硝基,铁粉变成什么？是否可以回收？

(2)重氮化过程中需要的注意事项有哪些？

(3)试写出合成香兰素最后一步的反应方程式与反应历程。

1. 邻硝基苯甲醚的合成

2. 邻氨基苯甲醚的合成

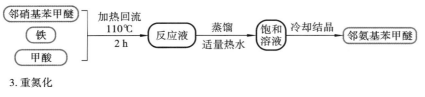

3. 重氮化

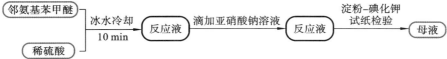

4. 水解

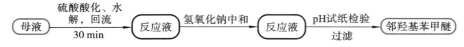

5. 合成香兰素

图 10-1 香兰素合成的实验操作流程

实验 2　食品防腐剂尼泊金乙酯的合成

一、实验目的

(1)熟悉尼泊金酯类防腐剂的制备方法。
(2)练习分水器的操作。
(3)掌握经典的酯化反应操作。

二、实验原理

本实验以对羟基苯甲酸和乙醇为原料,用浓硫酸作催化剂,进行经典的酯化反应来制备尼泊金乙酯。酯化时,按酰氧键断裂方式进行,即对羟基苯甲酸中羧基上的羟基和乙醇中的氢结

合成水分子,剩余部分结合成酯,反应式如下:

$$HO\text{—}\langle\text{苯环}\rangle\text{—COOH} + ROH \longrightarrow HO\text{—}\langle\text{苯环}\rangle\text{—COOR} + H_2O$$

$$R=CH_3,C_2H_5,n\text{-}C_3H_7,n\text{-}C_4H_9$$

酯化反应是可逆反应。为了提高酯的收率,本实验采用价廉易得、易回收的乙醇过量的策略,同时使用分水器除去反应中不断生成的水,使可逆反应平衡右移。

提高酯化反应收率常用的方法是除去反应中形成的水,实验采用分水器带出酯化反应生成的水。可以在反应体系中加入苯、环己烷等带水剂,其能与水形成低沸点的恒沸物且在室温下两者不互溶,冷凝后,溶剂与水在分水器中分层,水积在分水器下部,带水剂返流到反应体系中。

本实验使用环己烷作带水剂。借助于环己烷-水共沸或环己烷-水-乙醇共沸,通过蒸馏从反应体系中把酯化反应生成的水带出来,而溶有部分乙醇的环己烷又回到反应体系中,通过环己烷-水-乙醇共沸继续带出反应生成的水。

三、主要仪器和试剂

(1)仪器:电热套、电动搅拌器、三口烧瓶(250 mL)、机械搅拌器、恒压滴液漏斗、回流冷凝管、分水器、布氏漏斗、抽滤瓶、循环水式多用真空泵、鼓风干燥箱、分析天平。

(2)试剂:对羟基苯甲酸、乙醇、浓硫酸、50%氢氧化钠溶液、环己烷、10%碳酸氢钠溶液、活性炭。

实验过程用到的化学试剂详细信息如表 10-2 所示。

表 10-2　尼泊金乙酯合成过程所用化学试剂的 GHS 分类与标志

名称	分子式或结构式	GHS危险性类别	象形图
对羟基苯甲酸 99-96-7		H318:造成严重眼损伤 H335:可能造成呼吸道刺激	
环己烷 110-82-7		H227:可燃液体 H316:造成轻微皮肤刺激 H412:对水生生物有害并具有长期持续影响	

名称	分子式或结构式	GHS危险性类别	象形图
碳酸氢钠 144-55-8	NaHCO₃	非危险物质或混合物	

四、实验内容

1. 实验准备

在装有搅拌器、回流冷凝管和恒压滴液漏斗的 250 mL 三口烧瓶中,加入 13.8 g(0.1 mol)对羟基苯甲酸、29.2 mL(23 g,0.5 mol)乙醇和 21.5 mL(16.8 g,0.2 mol)环己烷(带水剂),搅拌下由恒压滴液漏斗缓慢滴入 1 mL 浓硫酸,加入沸石,安装分水器,用量筒向分水器中加入水,水的液面低于支管约 1 cm,分水器上端装上回流冷凝管。

2. 酯化反应

加热使固体全溶,升温至保持轻微回流分水。分水器中液面升高时,打开分水器活塞,把水分去。如不再有水生成,即分水器中液面不再升高,表明分水结束,停止加热。

3. 析晶

待烧瓶中物料冷却后,关闭冷却水,取下回流冷凝管,拆卸分水器,把分水器下层水分出后合并,记录总水量,把分水器上层液体从上口倒入三口烧瓶,然后把烧瓶中的反应混合物倒入洁净的烧杯中,冷却至室温,用 50% 氢氧化钠溶液调节 pH 值至 6,蒸馏回收过量的乙醇和带水剂,放冷,析出结晶,用 10% 碳酸氢钠溶液调节 pH 值至 7~8。抽滤,水洗结晶至洗涤液的 pH 值为 6~7,得到尼泊金乙酯粗品。

4. 精制

将尼泊金乙酯粗品放入带有回流冷凝管的圆底烧瓶中,加入适量的乙醇,加热溶解,放冷后加入适量的活性炭微沸片刻,趁热过滤。将滤液放冷结晶,抽滤,水洗,晾置,烘干,得到的尼泊金乙酯为白色结晶。称重,测熔点,计算收率。

实验操作流程如图 10-2 所示。

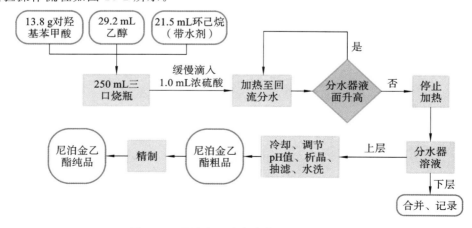

图 10-2　尼泊金乙酯合成的实验操作流程

五、思考题

(1)本实验采取什么措施来提高该平衡反应的收率?
(2)如何判断反应结束?
(3)分水器的作用是什么?

实验 3　活性艳红 X-3B 的制备

一、实验目的

(1)了解活性染料的反应原理。
(2)学习 X 型活性染料的合成方法。

二、实验原理

1. 活性艳红 X-3B 的主要性质和用途

活性染料又称反应性染料,其分子中含有能和纤维发生反应的基团。在染色时和纤维以共价键结合,生成染料-纤维化合物,因此这类染料的水洗牢度较高。活性染料分子的结构包括母体染料和活性基团两个部分。活性基团往往通过某些联结基与母体染料相连。根据母体染料的结构,活性染料可分为偶氮型、蒽醌型和酞菁型等;按活性基团,可分为 X 型、K 型、KD 型、KN 型、M 型、P 型、E 型和 T 型等。活性艳红 X-3B 是枣红色粉末,溶于水时呈蓝光红色。遇铁对色光无影响,遇铜色光稍暗。活性艳红 X-3B 可用于棉、麻、黏胶纤维及其他纺织品的染色,也可用于蚕丝、羊毛、锦纶的染色,还可用于丝绸印花,并可与直接、酸性染料同印;可与活性金黄 X-G、活性蓝 X-R 组成三原色,拼染各种中、深色泽,如橄榄绿、草绿、墨绿等,色泽丰满。活性艳红 X-3B 的结构式如下:

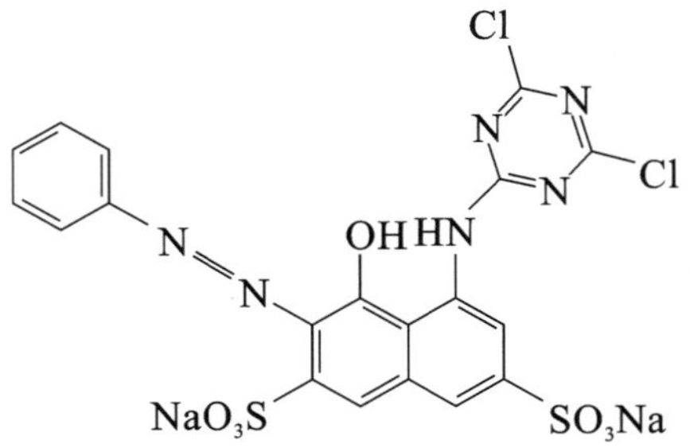

2. 活性艳红 X-3B 的配制原理

活性艳红 X-3B 为二氯三氮苯型(即 X 型)活性染料,母体染料的合成按一般酸性染料的合成方法进行,活性基团的引进一般是先合成母体染料,然后和三聚氯氰缩合。若氨基萘酚磺酸作为偶合组分,为了避免发生副反应,一般先将氨基萘酚磺酸和三聚氯氰缩合,这样偶合反

应可完全发生在羟基邻位。其反应式如下:

(1)缩合:

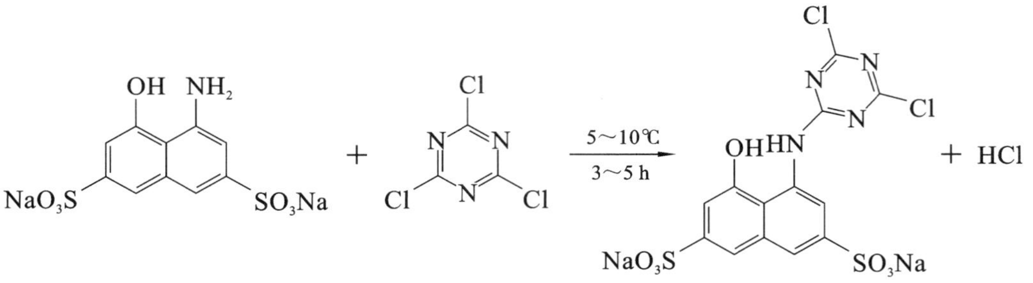

(2)重氮化:

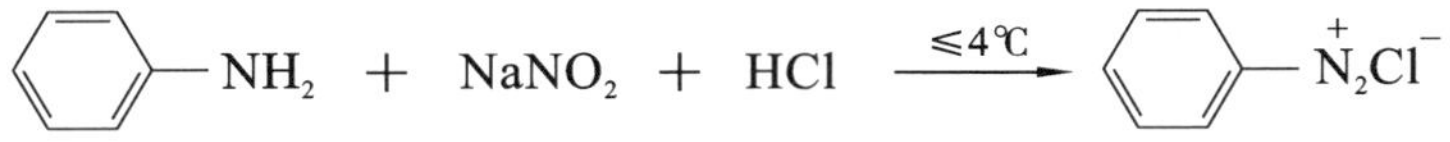

(3)偶合:

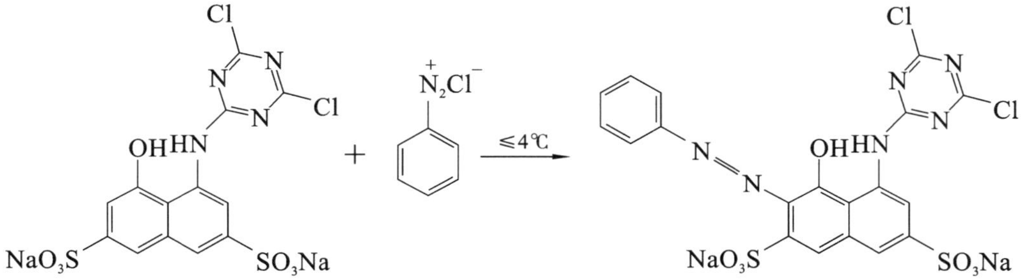

三、主要仪器和试剂

(1)仪器:三口烧瓶(250 mL)、电动搅拌器、温度计(0~100 ℃)、恒压滴液漏斗(60 mL)、烧杯(150 mL、600 mL)。

(2)试剂:H 酸(1-氨基-8-萘酚-3,6-二磺酸)、苯胺、三聚氯氰、盐酸、亚硝酸钠、氯化钠、磷酸三钠、磷酸二氢钠、磷酸氢二钠、尿素。

实验过程用到的化学试剂详细信息如表 10-3 所示。

表 10-3　活性艳红 X-3B 合成过程所用化学试剂的 GHS 分类与标志

名称	分子式或结构式	GHS 危险性类别	象形图
H 酸 90-20-0	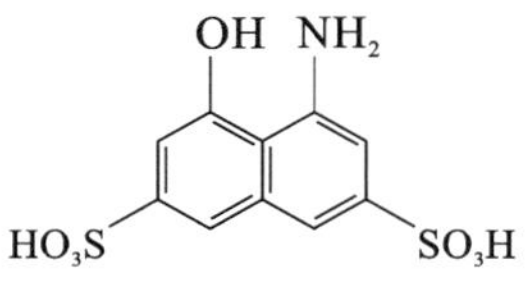	非危险物质或混合物	

续表

名称	分子式或结构式	GHS危险性类别	象形图
苯胺 62-53-3	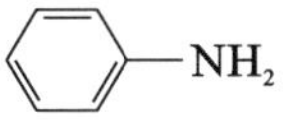	H227:可燃液体 H301＋H311＋H331：吞咽、皮肤接触或吸入中毒 H317:可能造成皮肤过敏反应 H318:造成严重眼损伤 H341:怀疑可造成遗传性缺陷 H351:怀疑致癌 H372:长期或反复接触会对血液造成损害 H400:对水生生物毒性极大 H411:对水生生物有毒并具有长期持续影响	   
三聚氯氰 108-77-0	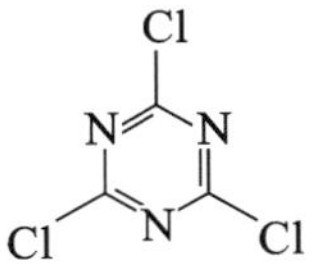	H302:吞咽有害 H314:造成严重皮肤灼伤和眼损伤 H317:可能造成皮肤过敏反应 H330:吸入致命 H335:可能造成呼吸道刺激	 
盐酸 9467-01-0	HCl	H290:可能腐蚀金属 H314:造成严重皮肤灼伤和眼损伤	 

续表

名称	分子式或结构式	GHS危险性类别	象形图
亚硝酸钠 7632-00-0	$NaNO_2$	H272:可能加剧燃烧;氧化剂 H301:吞咽会中毒 H319:造成严重眼刺激 H400:对水生生物毒性极大	
磷酸三钠 7601-54-9	Na_3PO_4	H315:造成皮肤刺激 H319:造成严重眼刺激 H335:可能造成呼吸道刺激	
磷酸二氢钠 7558-80-7	NaH_2PO_4	非危险物质或混合物	
磷酸氢二钠 7558-79-4	Na_2HPO_4	非危险物质或混合物	
尿素 57-13-6	$H_2N{-}CO{-}NH_2$	非危险物质或混合物	

四、实验内容

在装有电动搅拌器、恒压滴液漏斗和温度计的 250 mL 三口烧瓶中加入 30 g 碎冰、25 mL 冰水和 5.6 g 三聚氯氰,在 0 ℃下搅拌 20 min,然后在 1 h 内中加入 H 酸溶液(10.2 g H 酸、16 g 碳酸钠溶解在 68 mL 水中),加完后在 8～10 ℃搅拌 1 h,过滤,得到黄棕色澄清缩合液。

在 150 mL 烧杯中加入 10 mL 水、36 g 碎冰、7.4 mL 30%盐酸、2.8 g 苯胺,不断搅拌,在 0～5 ℃下于 15 min 内加入 21 g 亚硝酸钠(配成 30%溶液),加完后在 0～5 ℃下搅拌 10 min,得到淡黄色澄清重氮液。

在 600 mL 烧杯中加入上述缩合液和 20 g 碎冰,在 0 ℃下一次性加入重氮液,再用 20% 磷酸三钠溶液调节 pH 值至 4.8～5.1,反应温度控制在 4～6 ℃,继续搅拌 1 h。加入 1.8 g 尿素,随即用 20%碳酸钠溶液调节 pH 值至 6.8～7.0。加完后搅拌 3 h。此时溶液总体积约 310 mL,然后按体积的 25%加入氯化钠盐析,搅拌 1 h,过滤。滤饼中加入滤饼质量 2%的磷酸氢二钠和 1%的磷酸二氢钠,搅匀,过滤,在 80 ℃以下干燥,产品称重,计算产率。

实验操作流程如图 10-3 所示。

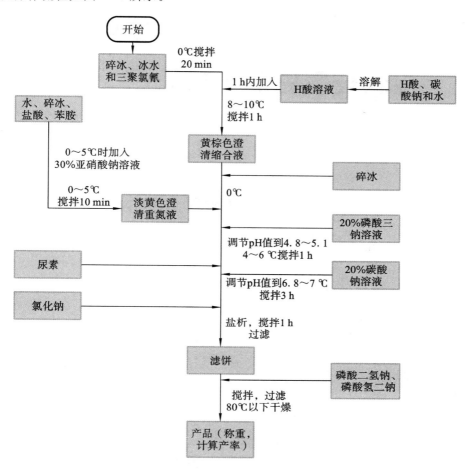

图 10-3 活性艳红 X-3B 合成的实验操作流程

五、注意事项

(1)严格控制重氮化温度和偶合时的 pH 值。

(2)三聚氯氰遇空气中水分会逐渐水解并放出氯化氢,用后必须盖好瓶盖。

六、思考题

(1)缩合反应为什么不发生在羟基官能团?

(2)滤饼中加入磷酸氢二钠,其作用是什么?

(3)简述取代基的定位效应。

第11章

涂料与胶黏剂的制备

实验1　水溶性酚醛树脂胶的制备

一、实验目的

(1)学习酚醛树脂胶黏剂的合成原理。
(2)掌握水溶性酚醛树脂胶的制备方法。

二、实验原理

1. 水溶性酚醛树脂胶的性质和用途

水溶性酚醛树脂胶(water-soluble phenol formaldehyde resin glue)为棕色黏稠状透明液体,碱度小于 3.5%,游离酚质量分数小于 2.5%,树脂质量分数为 $43\%\sim47\%$。用水溶性酚醛树脂可节约大量有机溶剂,成本低、污染小,且游离酚含量低,对人体危害小。水溶性酚醛树脂主要用于制造高档胶合板,黏合泡沫塑料和其他多孔性材料,还可用作铸造胶黏剂。

2. 水溶性酚醛树脂胶的合成原理

酚醛树脂胶是最早用于胶黏剂工业的合成树脂之一。它是由苯酚(或甲酚、二甲酚、间苯甲酚)与甲醛在酸性或碱性催化剂存在下缩聚而成的。随着苯酚、甲醛用量配比和催化剂的不同,可生成热固性酚醛树脂和热塑性酚醛树脂。热固性酚醛树脂是在醛酚摩尔比大于1,碱性催化剂(氢氧化钠等)存在的条件下加热制成的,热固性酚醛树脂经加热可进一步交联固化成不熔不溶物。热塑性酚醛树脂是一种分子结构为直链状的线型酚醛树脂,主要是采用过量的酚与醛在酸性条件下反应制得的。通常热塑性酚醛树脂醛酚摩尔比控制在 $0.6\sim0.9$ 范围内,可溶于乙醇和丙酮中。它为线型结构,加热也不固化,使用时必须加入六次甲基四胺等固化剂,才能使之发生交联,变为不熔不溶物。

三、主要仪器和试剂

(1)仪器:四口烧瓶(250 mL)、温度计(0~100 ℃)、量筒(100 mL)、恒温水浴锅或电热套、电动搅拌器、恒压滴液漏斗、球形冷凝管、分析天平、烘箱。

（2）试剂：氢氧化钠、甲醛（质量分数 37%）、苯酚。

实验过程用到的化学试剂详细信息如表 11-1 所示。

表 11-1　水溶性酚醛树脂胶制备过程所用化学试剂的 GHS 分类与标志

名称	分子式或结构式	GHS 危险性类别	象形图
氢氧化钠 64-19-7	NaOH	H290：可能腐蚀金属 H314：造成严重皮肤灼伤和眼损伤 H402：对水生生物有害	
甲醛 50-00-0		H226：易燃液体和蒸气 H301＋H311：吞咽或皮肤接触可致中毒 H314：造成严重皮肤灼伤和眼损伤 H317：可能造成皮肤过敏反应 H330：吸入致命 H335：可能造成呼吸道刺激 H341：怀疑可造成遗传性缺陷 H350：可能致癌 H370：会损害眼睛、中枢神经系统 H401：对水生生物有毒	
苯酚 108-95-2		H301＋H311＋H331：吞咽、皮肤接触或吸入中毒 H314：造成严重皮肤灼伤和眼损伤 H341：怀疑可造成遗传性缺陷 H373：长期或反复接触可能损害神经系统、肾、肝、皮肤 H411：对水生生物有毒并具有长期持续影响	

四、实验内容

将 50 g 苯酚及 25 mL 40％氢氧化钠溶液加入四口烧瓶中,搅拌并升温至 40～45 ℃,保温 20～30 min,控温在 42～45 ℃,并在 30 min 内滴加 50 mL 37％甲醛,此时温度逐渐升高,至 1.5 h 时将升至 87 ℃,继续在 25 min 内将反应物温度由 87 ℃升至 94 ℃,保温 20 min 后,降温至 82 ℃,恒温 15 min,再加入 10 mL 37％甲醛和 10 mL 水,升温至 90～92 ℃,反应 20 min 后取样测黏度,至符合要求止,冷却至 40 ℃,出料,即得产品。将制得产品涂于两片胶合板上,将两片胶合板黏合在一起压紧,放置在烘箱中热固。胶水热固后观察黏结效果。

实验操作流程如图 11-1 所示。

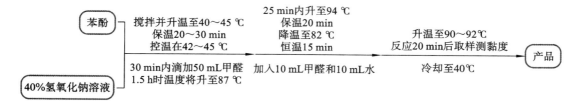

图 11-1　水溶性酚醛树脂胶制备实验操作流程

五、注意事项

(1)注意控制温度和反应时间。
(2)实际加水量应包括甲醛和氢氧化钠溶液中的含水量。
(3)黏度控制在 0.2～0.3 Pa·s(20 ℃)。

六、思考题

(1)整个实验中,为何要精确控制温度?
(2)热固性酚醛树脂和热塑性酚醛树脂在甲醛和苯酚的配比上有何不同?

实验 2　聚乙酸乙烯酯乳胶涂料的制备

一、实验目的

(1)熟悉自由基聚合反应的特点。
(2)了解乳胶涂料的特点,掌握其配制方法。

二、实验原理

1. 聚乙酸乙烯酯乳液的主要性质和用途

聚乙酸乙烯酯乳液(PVAc),又称聚醋酸乙烯乳液,俗称白胶或白乳胶。它是一种白色黏稠液体,具有配制简单、使用方便、固化速度较快、初黏力好、黏接强度较高等优点,为应用最广的黏合剂之一。乙酸乙烯酯乳液聚合的常用方法有化学法和辐射法,其中化学引发乙酸乙烯酯聚合最为常用,一般采用水溶性的引发剂如过硫酸盐引发单体聚合,以聚乙烯醇来保护胶体,加入乳化剂,所生成的聚合物以微细的粒子状分散在水中形成乳液。

2. 合成原理

聚合反应采用过硫酸盐为引发剂,按自由基聚合的反应历程进行聚合,主要的聚合反应式如下:

$$S_2O_8^{2-} \longrightarrow 2 \cdot SO_4^-$$

$$R \cdot + H_2C = \overset{|}{\underset{OCOCH_3}{CH}} \longrightarrow RH_2C - \overset{\cdot}{\underset{OCOCH_3}{CH}} + H_2C = \overset{|}{\underset{OCOCH_3}{CH}} \longrightarrow \cdots \longrightarrow \text{~} H_2C - \overset{\cdot}{\underset{OCOCH_3}{CH}}$$

$$2 \text{~} H_2C - \overset{\cdot}{\underset{OCOCH_3}{CH}} \longrightarrow \text{~} H_2C - \overset{|}{\underset{OCOCH_3}{CH_2}} + \text{~} HC = \overset{|}{\underset{OCOCH_3}{CH}}$$

为使反应平稳进行,单体和引发剂均需分批加入。此外,由于乙酸乙烯酯聚合反应放热量较大,反应温度上升显著,也应采用分批加入引发剂和单体的方法。本实验分两步加料反应:第一步,加入少许的单体、引发剂和乳化剂进行预聚合,可生成颗粒很小的乳胶粒子;第二步,继续滴加单体和引发剂,在一定的搅拌条件下使其在原来形成的乳胶粒子上继续长大。由此得到的乳胶粒子,不仅粒度较大,而且粒度分布均匀。这样可保证胶乳在高固含量的情况下仍具有较低的黏度。

3. 配制原理

乳化剂的选择对稳定的乳液聚合十分重要,它起到降低溶液表面张力,使单体容易分散成小液滴,并在乳胶粒表面形成保护层,防止乳胶粒凝聚的作用。乙酸乙烯酯乳液聚合最常用的乳化剂是非离子型乳化剂聚乙烯醇。聚乙烯醇主要起保护胶体的作用,防止粒子相互合并。由于其不带电荷,对环境和介质的 pH 值不敏感,但是形成的乳胶粒较大。而阴离子型乳化剂,如烷基磺酸钠 $RSO_3Na(R = C_{12} \sim R_{18})$ 或烷基苯磺酸钠 $RPhSO_3Na(R = C_7 \sim C_{14})$,由于乳胶粒外负电荷的相互排斥作用,具有较大的稳定性,形成的乳胶粒子小,乳液黏度大。将非离子型乳化剂聚乙烯醇、OP-10 和离子型乳化剂十二烷基磺酸钠按一定的比例混合使用,可提高乳化效果和乳液的稳定性。

三、主要仪器和试剂

(1)仪器:四口烧瓶(100 mL)、电动搅拌器、温度计(0～100 ℃)、烧杯、球形冷凝管、恒压滴液漏斗、电热套、水浴锅。

（2）试剂：乙酸乙烯酯、聚乙烯醇、OP-10、去离子水、过硫酸铵、碳酸氢铵、邻苯二甲酸二丁酯、六偏磷酸钠、丙二醇、钛白粉、滑石粉、碳酸钙、磷酸三丁酯。

实验过程用到的化学试剂详细信息如表 11-2 所示。

表 11-2　合成与配制过程使用的化学试剂的 GHS 分类与标志

名称	分子式或结构式	GHS 危险性类别	象形图
乙酸乙烯酯 108-05-4	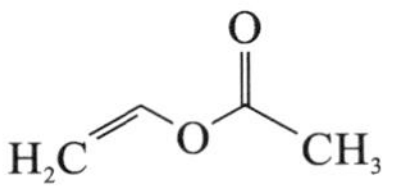 $H_2C\!=\!CH\!-\!O\!-\!C(\!=\!O)\!-\!CH_3$	H225:高度易燃液体和蒸气 H303:吞咽可能有害 H332:吸入有害 H335:可能造成呼吸道刺激 H351:怀疑致癌 H412:对水生生物有害并具有长期持续影响	
聚乙烯醇 9002-89-5	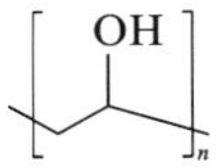 $\left[\!-\!CH_2\!-\!CH(OH)\!-\!\right]_n$	非危险物质或混合物	
过硫酸铵 7727-54-0	$(NH_4)_2S_2O_8$	H272:可加剧燃烧;氧化剂 H302:吞咽有害 H315:造成皮肤刺激 H317:可能导致皮肤过敏反应 H319:造成严重眼刺激 H334:吸入可能导致过敏或哮喘病症状或呼吸困难 H335:可能引起呼吸道刺激 H402:对水生生物有害	
碳酸氢铵 1066-33-7	NH_4HCO_3	H302:吞咽有害 H402:对水生生物有害	

续表

名称	分子式或结构式	GHS危险性类别	象形图
邻苯二甲酸二丁酯 84-74-2	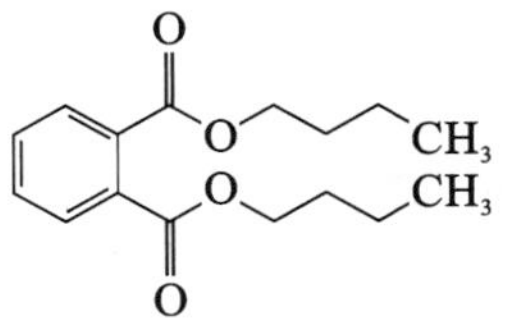	H360:可能对生育能力或胎儿造成伤害 H400:对水生生物毒性极大 H411:对水生生物有毒并具有长期持续影响	 
六偏磷酸钠 68915-31-1	$(NaPO_3)_6$	H303:吞咽可能有害	
丙二醇 57-55-6	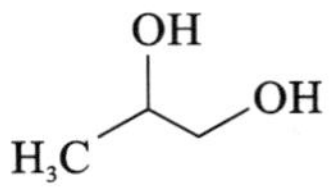	非危险物质或混合物	
钛白粉 13463-67-7	TiO_2	非危险物质或混合物	
滑石粉 14807-96-6	$3MgO \cdot 4SiO_2 \cdot H_2O$	非危险物质或混合物	
碳酸钙 471-34-1	$CaCO_3$	H402:对水生生物有害	
磷酸三丁酯 126-73-8	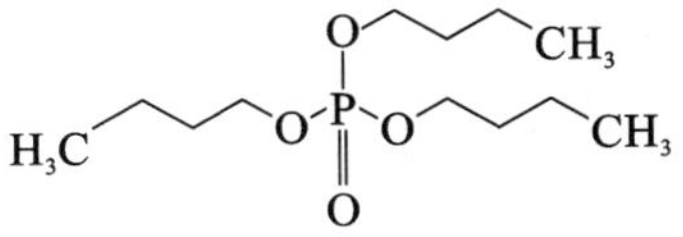	H302:吞咽有害 H315:造成皮肤刺激 H351:怀疑致癌 H401:对水生生物有毒 H412:对水生生物有害并具有长期持续影响	 

四、实验内容

1. 聚乙酸乙烯酯乳液的合成

(1)聚乙烯醇的溶解:在 100 mL 四口烧瓶中加入 18 mL 蒸馏水和 0.2 g OP-10,搅拌,逐渐加入 1.2 g 聚乙烯醇。加热升温至 90 ℃,保温 1 h,使聚乙烯醇全部溶解,冷却备用。

(2)将 0.2 g 过硫酸铵溶解,配成 5%(质量分数)的溶液。

(3)聚合:把 10 g 蒸馏过的乙酸乙烯酯和 2 mL 5%过硫酸铵水溶液加至上述四口烧瓶中。开动搅拌器,水浴加热,保持温度在 65~75 ℃。当回流基本消失,温度自升至 80~83 ℃时,用恒压滴液漏斗在 2 h 内缓慢地、按比例地滴加 14 g 乙酸乙烯酯和余下的过硫酸铵水溶液,加料完毕后升温至 90~95 ℃,保温至无回流为止(约 30 min)。冷却至 50 ℃,加入 3 mL 左右 5％碳酸氢钠水溶液,调整 pH 值至 5~6。然后慢慢加入 2 g 邻苯二甲酸二丁酯。搅拌冷却 1 h,即得白色稠厚的乳液。

2. 聚乙酸乙烯酯乳胶涂料的配制

把 12 g 去离子水、3 g 10％六偏磷酸钠水溶液以及 2 g 丙二醇加入搪瓷杯中,开动高速均质搅拌器,逐渐加入 10 g 钛白粉、5 g 滑石粉和 4 g 碳酸钙,搅拌分散均匀后加入 0.3 g 磷酸三丁酯,继续快速搅拌 10 min,然后在慢速搅拌下加入 24 g 聚乙酸乙烯酯乳液,直至搅匀为止,即得白色涂料。

实验操作流程如图 11-2 所示。

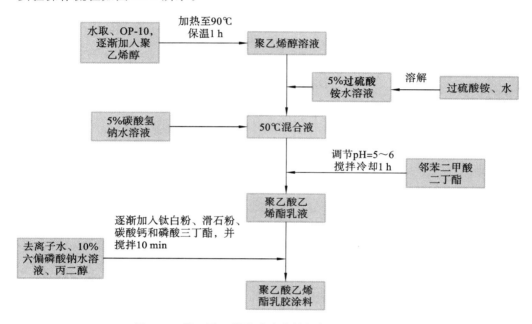

图 11-2　聚乙酸乙烯酯乳胶涂料制备实验操作流程

五、注意事项

(1)聚乙烯醇的溶解必须完全。

(2)聚合过程中,滴加速度要均匀,特别是过硫酸铵的加入要均匀;搅拌速度要适当,升温不宜过快;聚合温度要控制好。

六、思考题

(1)聚乙烯醇在反应中起什么作用? 为何要与乳化剂 OP-10 混合使用?

(2)过硫酸铵在反应中起何作用?

实验 3　聚乙烯醇-水玻璃内墙涂料的制备

一、实验目的

(1)学习内墙涂料的基本知识。

(2)掌握聚乙烯醇-水玻璃内墙涂料的制备方法和实验技术。

二、实验原理

涂料是一种液态或粉末状材料,把它涂装在物体表面上,能形成牢固附着的涂膜,对物体起着保护、装饰、标识等作用。此外,它还可以具有特殊的功能,如防锈、防腐蚀、绝缘、导电、示温、防雷、防止海洋生物寄生等。

我国过去习惯把涂料叫做油漆,因为过去主要将桐油、生漆等作为涂料使用。现在的涂料大多以合成树脂为主要成分,很少有直接使用生漆、桐油或其他植物油的情况,所以"油漆"一词逐渐少用。

聚乙烯醇-水玻璃内墙涂料制备方法简单,原料易得,价格低廉,无毒无味,而且有阻燃作用。这类涂料使用时操作方便,施工中干燥快,所以大量用于住宅和公共场所的内墙涂装。内墙涂料由于耐候性差,一般不适宜于外墙涂装。

制造这类内墙涂料时,除了聚乙烯醇和水玻璃外,还需添加表面活性剂、填(充)料和其他辅助材料,它们都是这类涂料的重要成分。

聚乙烯醇是本涂料的主要成分,起成膜作用,为白色至奶黄色的粉末固体,是由聚乙酸乙烯酯经皂化作用而形成的高聚物。在工业上,使用碱(一般用氢氧化钠)皂化来生产聚乙烯醇,该皂化作用又称为醇解。由聚乙酸乙烯酯转化为聚乙烯醇的程度,称为皂化度或醇解度。醇解度不同的聚乙烯醇在水中的溶解度差异很大。本实验使用的聚乙烯醇的醇解度在 98% 左右,聚合度约为 1700。

水玻璃即硅酸钠,是无色或青绿色固体,其物理性质因成品中 Na_2O、SiO_2 的比例(称为模数)的不同而异。本实验水玻璃的模数为 3。在涂料中,水玻璃所起的作用与聚乙烯醇相似,但其膜的硬度和光洁度较好。

表面活性剂主要起乳化作用,能使有机物聚乙烯醇、无机物水玻璃及其他成分均匀地分散成为乳浊液。本实验中,可选用的商品乳化剂有 BL、OP-10 和平平加-O 等。

填料主要是各种石粉和无机盐,在涂料中起"骨架"作用,使涂膜更厚、更坚实,有良好的遮盖力。常用的填充料如下:

(1)钛白粉(TiO_2):相对密度 4.26,是白度好且硬度大的粉末,具有很好的遮盖力、着色力、耐腐蚀性和耐候性,但成本较高。

(2)立德粉($BaSO_4 \cdot ZnS$):又称锌钡白,相对密度 4.2,白度好,但硬度稍差。可部分使用代替钛白粉以降低成本,但性能略差。

(3)滑石粉:为白色鳞片状粉末,具有玻璃光泽,有滑腻感,相对密度约为 2.7。化学性质不活泼,用以提高涂层的柔韧性和光滑度。

(4)轻质碳酸钙:为白色细微粉末,疏松,相对密度约2.7。白度和硬度稍差,但价格低廉,加入后可降低成本。

通常是把以上各种填充料按一定的比例混合使用,取长补短,以达到较高的性价比。

其他成分如颜料、防霉剂、防湿剂、渗透剂等,可按涂料的要求适当加入。

本内墙涂料的制备和成膜原理,是利用表面活性剂的乳化作用,在剧烈搅拌下将聚乙烯醇和水玻璃充分混合并高度分散在水中,形成乳胶液;然后加入其他成分搅匀,成为产品。将该涂料涂覆在墙面上,在水分挥发后,可形成一层光洁的、包含有填充料和其他成分并起装饰和保护作用的涂膜。

三、主要仪器和试剂

(1)仪器:三口烧瓶、电动搅拌器、温度计、球形冷凝管、恒压滴液漏斗、水浴锅。

(2)试剂:聚乙烯醇、水玻璃(模数＝3)、乳化剂 BL、去离子水、钛白粉(300 目)、滑石粉(300 目)、轻质碳酸钙(300 目)、立德粉(300 目)、铬黄或铬绿。

实验过程用到的化学试剂详细信息如表 11-3 所示。

表 11-3 聚乙烯醇-水玻璃内墙涂料制备过程使用的化学试剂的 GHS 分类与标志

名称	分子式或结构式	GHS 危险性类别	象形图
聚乙烯醇 9002-89-5	$\left[\begin{array}{c}OH\\ \end{array}\right]_n$	非危险物质或混合物	
水玻璃 1344-09-8	$Na_2O \cdot nSiO_2$	H290:可能腐蚀金属 H314:造成严重皮肤灼伤和眼损伤 H335:可能造成呼吸道刺激	
乳化剂 BL 28519-02-0	$C_{24}H_{32}O_7S_2Na_2$	非危险物质或混合物	
去离子水 7732-18-5	H_2O	非危险物质或混合物	
钛白粉(300 目) 13463-67-7	TiO_2	非危险物质或混合物	
滑石粉(300 目) 14807-96-6	$3MgO \cdot 4SiO_2 \cdot H_2O$	非危险物质或混合物	
轻质碳酸钙(300 目) 471-34-1	$CaCO_3$	H402:对水生生物有害	

续表

名称	分子式或结构式	GHS危险性类别	象形图
立德粉（300 目） 1345-05-7	$BaSO_4 \cdot ZnS$	非危险物质或混合物	
铬黄 7758-97-6	$PbCrO_4$	非危险物质或混合物	
铬绿 1308-38-9	Cr_2O_3	H316：造成轻微皮肤刺激	

四、实验内容

（1）在装有电动搅拌器、恒压滴液漏斗和温度计的三口烧瓶中加入 128 mL 水，搅拌下加入 7 g 聚乙烯醇。用水浴加热，逐步升温至 90 ℃，搅拌至完全溶解，成为透明的溶液。冷却降温至 50 ℃，加入 0.5～1.0 g 乳化剂 BL。在 50 ℃ 以下搅拌 0.5 h，再降温至 30 ℃，慢慢滴加 10 g 水玻璃。滴加完毕，升温至 40 ℃，继续搅拌 0.5～1.0 h，形成乳白色的胶体。停止加热。

（2）搅拌下慢慢加入 5 g 钛白粉、8 g 立德粉、8 g 滑石粉、32 g 轻质碳酸钙和适量的铬黄（或铬绿）颜料。充分搅拌均匀，即可得到成品（约 200 g），黏度 30～40 Pa·s。

实验操作流程如图 11-3 所示。

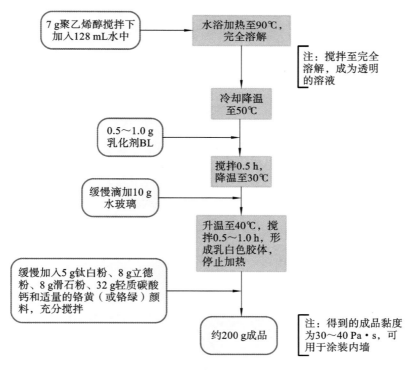

图 11-3　聚乙烯醇-水玻璃内墙涂料制备实验操作流程

本实验制得的内墙涂料可用于涂装内墙。涂装前,墙面要清扫干净。若有旧涂层,最好将其清除。如有麻面或孔洞,可用本涂料加滑石粉调成的腻子埋补好。涂装时涂刷 1～2 遍即可在墙上形成美观的涂层。

五、思考题

(1)表面活性剂分为几类? 涂料选用表面活性剂的依据是什么?

(2)填料的选用依据是什么?

(3)怎样评价涂料的性能?

第12章

合成材料助剂的制备

实验1　增塑剂邻苯二甲酸二丁酯的合成

一、实验目的

(1)熟悉增塑剂的增塑原理。

(2)掌握邻苯二甲酸二丁酯的制备原理和方法。

(3)熟悉分水器的使用方法,掌握减压蒸馏等操作。

二、实验原理

邻苯二甲酸二丁酯通常作为增塑剂使用,称为增塑剂DBP,具有凝胶化能力强的特点,常用于硝基纤维素涂料,是硝基纤维素的优良增塑剂,有良好的软化作用,其稳定性、耐挠曲性、黏结性和防水性等特性均优于其他增塑剂。邻苯二甲酸二丁酯也可用作聚乙酸乙烯、醇酸树脂、乙基纤维素及氯丁橡胶、丁腈橡胶的增塑剂,还可用作涂料、黏结剂、染料、印刷油墨、织物润滑剂的助剂。

邻苯二甲酸二丁酯通常由邻苯二甲酸酐(苯酐)和正丁醇在强酸(如浓硫酸)催化下反应而得。反应经过两个阶段。

第一阶段是苯酐醇解得到邻苯二甲酸单丁酯,这一步很容易进行,稍稍加热,待苯酐固体全熔后,反应基本结束。

第二阶段是邻苯二甲酸单丁酯与正丁醇酯化,得到邻苯二甲酸二丁酯,这一步为可逆反应,反应较难进行,需用强酸催化并在较高的温度下进行,反应时间较长。为使反应向正反应方向进行,常使用过量的醇并利用分水器将反应过程中生成的水不断地从反应体系中除去。加热回流时,正丁醇与水形成二元共沸混合物(沸点92.7 ℃,含醇57.5%),共沸物冷凝后的液体进入分水器中,分为两层,上层为含20.1%水的醇层,下层为含7.7%醇的水层,上层的正丁醇可通过溢流返回到烧瓶中继续反应。考虑到副反应的发生,反应温度不宜太高,控制在180 ℃以下,否则,在强酸存在下,邻苯二甲酸二丁酯会分解。实际操作时,反应混合物的温度一般不超过160 ℃。

邻苯二甲酸酐 $\xrightarrow[\text{H}_2\text{SO}_4]{\text{C}_4\text{H}_9\text{OH}}$ 邻苯二甲酸单丁酯 $\underset{\text{H}_2\text{SO}_4,\ \text{回流分水}}{\overset{\text{C}_4\text{H}_9\text{OH}}{\rightleftharpoons}}$ 邻苯二甲酸二丁酯

三、主要仪器和试剂

（1）仪器：三口烧瓶、温度计（0～200 ℃）、分水器、分液漏斗、球形冷凝管、循环水式多用真空泵、直形冷凝管、玻璃棒。

（2）试剂：邻苯二甲酸酐、正丁醇、沸石、浓硫酸（98％）、5％碳酸钠溶液、饱和氯化钠水溶液、无水硫酸镁。

实验过程用到的化学试剂详细信息如表 12-1 所示。

表 12-1　邻苯二甲酸二丁酯合成过程所用化学试剂的 GHS 分类与标志

名称	分子式或结构式	GHS 危险性类别	象形图
邻苯二甲酸酐 85-44-9		H302：吞咽有害 H315：造成皮肤刺激 H317：可能造成皮肤过敏反应 H318：造成严重眼损伤 H334：吸入可能导致过敏或哮喘病症状或呼吸困难 H335：可能造成呼吸道刺激 H402：对水生生物有害	
正丁醇 71-36-3	H_3C——OH	H226：易燃液体和蒸气 H302：吞咽有害 H313：皮肤接触可能有害 H315：造成皮肤刺激 H318：造成严重眼损伤 H335：可能造成呼吸道刺激 H336：可能造成昏昏欲睡或眩晕	

续表

名称	分子式或结构式	GHS 危险性类别	象形图
浓硫酸 7664-93-9	H_2SO_4	H290:可能腐蚀金属 H303:吞咽可能有害 H314:造成严重皮肤灼伤和眼损伤	
碳酸钠 497-19-8	Na_2CO_3	H303:吞咽可能有害 H319:造成严重眼刺激	
硫酸镁 7487-88-9	$MgSO_4$	非危险物质或混合物	

四、实验内容

1. 实验准备

在一个干燥的 100 mL 三口烧瓶中加入 7.4 g 邻苯二甲酸酐、15 mL 正丁醇和几粒沸石,在振摇下缓慢用滴管滴加 3 滴浓硫酸(98%)。三口烧瓶的一口插上分水器,在分水器中加入正丁醇至与支管平齐,分水器上插上回流冷凝管,一口插入一支 200 ℃的温度计(水银球没入液面但不可接触烧瓶底),加料口用塞子塞上。

2. 酯化反应

缓慢升温,使反应混合物轻微沸腾约 15 min 后,烧瓶内固体完全消失。继续升温到回流,此时逐渐有正丁醇和水的共沸物蒸出,经过冷凝回到分水器中,有小水珠逐渐流到分水器的底部,当反应温度升到 150 ℃时便可停止加热。记下反应的时间(一般在 1.5~2.0 h)。

3. 后处理

当反应液冷却到 70 ℃以下时,拆除装置。将反应混合液倒入分液漏斗,用 5% 碳酸钠溶液中和后,有机层用 10 mL 温热的饱和氯化钠水溶液洗涤 2~3 次,待有机层呈中性,分离出油状物,用无水硫酸镁干燥至澄清。除去干燥剂,将有机层倒入 50 mL 圆底烧瓶,先用减压蒸馏回收过量的正丁醇,然后在减压下蒸馏,收集 180~190 ℃/1.33 kPa (10 mmHg) 或 200~210 ℃/2.67 kPa (20 mmHg) 的馏分,称取质量。

实验操作流程如图 12-1 所示。

五、注意事项

(1)为了保持硫酸的浓度,反应仪器应尽量干燥。浓硫酸的量不宜太多,避免增加正丁醇的副反应以及使产物在高温时分解。

(2)开始加热时必须慢慢加热,待苯酐固体消失后,方可提高加热速度,否则,苯酐遇高温升华附着在瓶壁上,造成原料损失而影响产率。单酯生成后必须慢慢提高反应温度,在回流下反应,否则酯化反应速率太慢,影响实验进度。若加热至 140 ℃后升温速度很慢,则此时可加

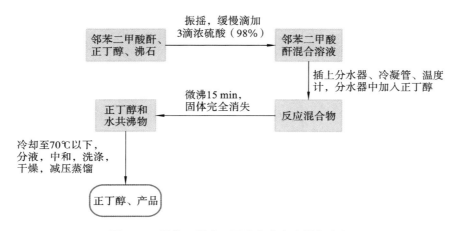

图 12-1　邻苯二甲酸二丁酯合成实验操作流程

1 滴浓硫酸促进。

（3）反应终点控制：以分水器中没有水珠下沉为标志，但反应温度不得超过 180 ℃，在 160 ℃以下为宜。

（4）产物用碱中和时，温度不得超过 70 ℃，碱浓度也不宜过高，否则引起酯的皂化反应。当然中和温度也不宜太低，否则摇动时易形成稳定的乳浊液，给操作造成麻烦。

（5）必须彻底洗涤粗酯，确保中性，否则在最后减压蒸馏时，因温度很高（超过 180 ℃），若有少量酸存在就会使产物分解，此时在冷凝管可观察到针状的邻苯二甲酸酐固体结晶。

六、思考题

（1）简述由邻苯二甲酸酐和正丁醇合成邻苯二甲酸二丁酯的反应机理。

（2）制备邻苯二甲酸二丁酯为什么用正丁醇作为带水剂？

实验 2　抗氧剂双酚 A 的合成

一、实验目的

（1）掌握抗氧剂双酚 A 的合成原理和合成方法。

（2）掌握离心机的操作方法。

（3）熟悉重结晶的操作方法。

（4）熟悉有机物熔点的测定方法。

二、实验原理

1. 双酚 A 的主要性质和用途

双酚 A 又称二酚基丙烷，化学名称为 $2,2'$-二对羟基苯基丙烷，结构式为

$$HO-\underset{}{\bigcirc}-\underset{\underset{CH_3}{|}}{\overset{\overset{CH_3}{|}}{C}}-\underset{}{\bigcirc}-OH$$

本品为无色结晶粉末,熔点 155～158 ℃,相对密度 1.95（20 ℃）;溶于甲醇、乙醇、乙酸、丙酮及二乙醚等有机溶剂,微溶于水;易被硝化、卤化、硫化、烃化等。双酚 A 可作为塑料和油漆用抗氧剂,是聚氯乙烯的热稳定剂,聚砜、聚苯醚等树脂的合成原料。

2. 双酚 A 的合成原理

双酚 A 的合成方法有多种,大都由苯酚与丙酮合成,不同之处是采用的催化剂有别。本实验采用的是硫酸法,即苯酚与过量丙酮在硫酸的催化下缩合脱水,生成双酚 A,其反应式为

$$2\underset{}{\bigcirc}-OH + CH_3COCH_3 \xrightarrow{H_2SO_4} HO-\underset{}{\bigcirc}-\underset{\underset{CH_3}{|}}{\overset{\overset{CH_3}{|}}{C}}-\underset{}{\bigcirc}-OH + H_2O$$

三、主要仪器和试剂

（1）仪器:分液漏斗（500 mL）、布氏漏斗、抽滤瓶（500 mL）、电动搅拌器、恒温水浴锅、鼓风干燥箱、电动离心机、三口烧瓶（250 mL）、球形冷凝管、循环水式多用真空泵、温度计（0～100 ℃）、烧杯（500 mL）、量筒（100 mL）、恒压滴液漏斗（60 mL）。

（2）试剂:苯酚、丙酮、甲苯、硫酸（质量分数为 79%）、二甲苯、巯基乙酸。

实验过程用到的化学试剂详细信息如表 12-2 所示。

表 12-2　双酚 A 合成过程所用化学试剂的 GHS 分类与标志

名称	结构式	GHS 危险性类别	象形图
苯酚 108-95-2	$\bigcirc$—OH	H301＋H311＋H331:吞咽、皮肤接触或吸入中毒 H314:造成严重皮肤灼伤和眼损伤 H341:怀疑可造成遗传性缺陷 H373:长期或反复接触可能损害神经系统、肾、肝、皮肤 H411:对水生生物有毒并具有长期持续影响	

续表

名称	结构式	GHS危险性类别	象形图
丙酮 67-64-1	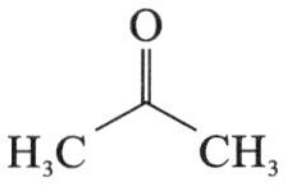	H225:高度易燃液体和蒸气 H316:造成轻微皮肤刺激 H319:造成严重眼刺激 H336:可能造成昏昏欲睡或眩晕	 
甲苯 108-88-3	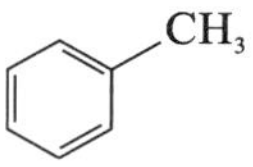	H225:高度易燃液体和蒸气 H304:吞咽及进入呼吸道可能致命 H315:造成皮肤刺激 H333:吸入可能有害 H336:可能造成昏昏欲睡或眩晕 H361:怀疑对生育能力或胎儿造成伤害 H373:长期或反复接触可能损害中枢神经系统 H401:对水生生物有毒 H412:对水生生物有害并具有长期持续影响	  
巯基乙酸 68-11-1	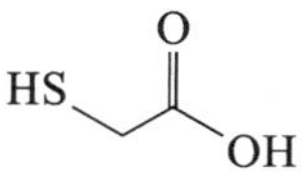	H301＋H311＋H331:吞咽、皮肤接触或吸入中毒 H314:造成严重皮肤灼伤和眼损伤 H317:可能造成皮肤过敏反应 H402:对水生生物有害	 

四、实验内容

1.合成

在三口烧瓶中加入 45 g 熔融的苯酚、90 g 甲苯、64 g 79％(质量分数)硫酸,将三口烧瓶放入冷水浴冷却至 28 ℃以下。在搅拌下加入 0.3 g 助催化剂巯基乙酸。然后一边搅拌一边用恒压滴液漏斗滴加 15 g 丙酮,滴加期间,瓶内物料温度控制在 32～35 ℃,不得超过 40 ℃,同时开启回流冷凝管的上水。约在 30 min 内滴加完丙酮,在 36～40 ℃搅拌 2 h 以上。移入分液漏斗,用热水洗涤 3 次,第一次水洗量为 150 mL,第二、三次水洗量均为 200 mL(水温为 82

℃）。每次水洗时,一边搅拌,一边滴加热水,加完水后,振荡使之混合均匀,再静置分层。放出下层液,将上层的物料移至烧杯中,一边搅拌,一边用冷水冷却、结晶。当冷至 25 ℃以下后,抽滤,用水洗涤滤饼,抽滤至干,得粗双酚 A。滤液可回收。

2. 精制

双酚 A 的精制采用重结晶法,按粗双酚 A、水、二甲苯质量比 1∶1∶6 的配料比投入三口烧瓶中,搅拌下加热升温至 92～95 ℃。加热回流 15～30 min。停止搅拌,将物料移入分液漏斗中,静置分层,放出下层水液后,冷却结晶,当冷至 35 ℃以下后,离心脱出二甲苯（回收）,将双酚 A 烘干后称量,计算收率。

实验操作流程如图 12-2 所示。

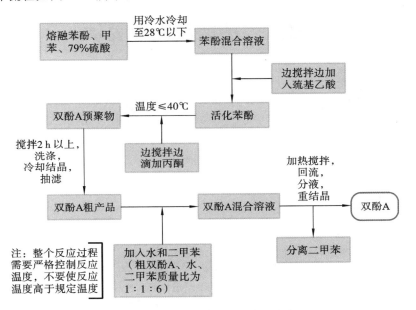

图 12-2　双酚 A 合成实验操作流程

五、注意事项

洗涤反应液时切勿激烈振荡,否则易发生乳化现象。

六、思考题

(1)滴加丙酮时为什么要控制温度?

(2)水洗时水温的控制依据是什么?

第13章

天然产物提取

实验1　蒸馏法提取姜油

一、实验目的

掌握从生姜中提取姜油的方法。

二、实验原理

天然植物香料有四种提取方法,即压榨法、水蒸气蒸馏法、浸提法和吸收法。

1.压榨法

用压榨法可从果实(如柠檬、柑橙等)中提取芳香油。此类果实的香味成分包藏在油囊中,用压榨机械将其压破即可将芳香油挤出,经分离和澄清可得到压榨油。压榨加工通常在常温下进行,香精油中的成分很少被破坏,因而可以保持天然香味。但制得的油常带颜色,而且含有蜡质。

2.水蒸气蒸馏法

芳香成分多数具有挥发性,可以随水蒸气逸出,而且冷凝后因其水溶性很低而易与水分离,因此水蒸气蒸馏是提取天然植物香料应用最广泛的方法。但由于提取温度较高,某些芳香成分可能被破坏,香气或多或少地受到影响,因此,由水蒸气蒸馏所得到的香料的留香性和抗氧化性一般较差。

3.浸提法(萃取法)

该法适用于呈香组分易受热破坏和易溶于萃取溶剂的香料,目前主要用于从鲜花中提取浸膏和精油。通常是将鲜花置于密封容器内,用有机溶剂冷浸一段时间后,将溶剂在适当减压下蒸馏回收,得到鲜花浸膏。这样得到的香料,其香气成分一般比较齐全,留香持久,但也含色素和蜡质,并且水溶性较差。必要时,萃取可在适当加热的条件下进行。

本实验利用姜油的挥发性和水不溶性,采用水蒸气将姜油蒸馏出来,经过冷却、油水分离后,即得姜油产品。

三、主要仪器、试剂和材料

(1)仪器:圆底烧瓶(500 mL)、回流冷凝管、分水器。
(2)试剂:去离子水、沸石。
(3)材料:生姜。

四、实验内容

　　称取 100 g 生姜,洗净后先切成薄片,再切成小颗粒,放入 500 mL 圆底烧瓶中,加 200 mL 水和 2～3 粒沸石。在烧瓶上装分水器,分水器连接回流冷凝管。将分水器下端旋塞关闭,加热使烧瓶内的水保持较猛烈沸腾,于是水蒸气夹带着姜油蒸气沿着分水器的支管上升进入冷凝管。从冷凝管回流下来的冷凝水和姜油落下,被收集在分水器中,冷凝液在分水器中分离成油、水两相。每隔适当的时间将分水器下端旋塞拧开,把下层的水排入烧瓶中,姜油则总是留在分水器中。如此重复操作多次,经 2～3 h 后,降温,将分水器内下层的水尽量分离出来,余下的姜油则作为产物移入回收瓶中保存。

　　用松针、香芽草、胡椒、柠檬叶、桉叶等代替生姜,可得到相应的精油。

　　实验操作流程如图 13-1 所示。

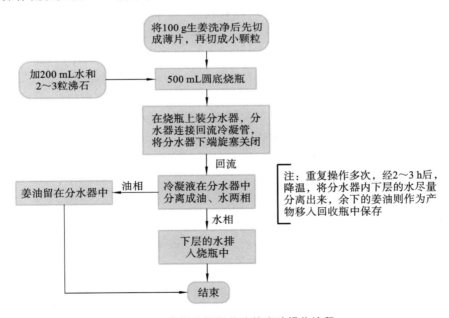

图 13-1　蒸馏法提取姜油的实验操作流程

五、注意事项

(1)原料不可有腐烂、变质现象,否则影响姜油品质。
(2)注意反应时间和反应温度。

六、思考题

(1)简述三种提取天然香精的方法及其优缺点。

(2)蒸馏时,反应速率越快越好吗? 是否需要控制分水器中香精的收集速度?

实验 2　黄芪多糖的提取

一、实验目的

(1)掌握黄芪多糖的提取方法。

(2)了解黄芪多糖的用途。

二、实验原理

黄芪(radix astragali)为豆科草本植物蒙古黄芪、膜荚黄芪的根,是常用的中药材,具有补气固表、利水退肿、托毒排脓等多种疗效。在我国,黄芪主要分布于东北、华北、西北和西南地区。

黄芪含有多糖、皂苷、黄酮、氨基酸等多种活性成分,具有较高的药用价值。目前,已从黄芪及其同属植物中分离出 10 多种多糖、100 多种黄酮类化合物和 40 多种皂苷类成分。研究表明,黄芪多糖具有增强机体免疫功能、抗肿瘤、抗病毒、抗应激、抗辐射、抗氧化、强心降压、降血糖等多种药理功效。黄芪多糖大都采用水煎煮法提取,近年相关研究主要集中在利用微波或超声波辅助提取等较为高效的提取方法。

三、主要仪器、试剂和材料

(1)仪器:电热套、三口烧瓶、烧杯、锥形瓶、球形冷凝管、移液管、容量瓶、紫外-可见分光光度计、旋转蒸发仪、试管。

(2)试剂:98%硫酸、苯酚、95%乙醇、葡萄糖。

(3)材料:黄芪。

实验过程用到的化学试剂详细信息如表 13-1 所示。

表 13-1　黄芪多糖提取过程中所用化学试剂的 GHS 分类与标志

名称	分子式或结构式	GHS危险性类别	象形图
硫酸 7664-93-9	H_2SO_4	H290:可能腐蚀金属 H303:吞咽可能有害 H314:造成严重皮肤灼伤和眼损伤	

续表

名称	分子式或结构式	GHS 危险性类别	象形图
苯酚 108-95-2	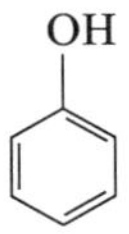 OH	H301＋H311＋H33:吞咽、皮肤接触或吸入中毒 H314:造成严重皮肤灼伤和眼损伤 H341:怀疑可造成遗传性缺陷 H373:长期或反复接触可能损害神经系统、肾等 H411:对水生生物有毒并具有长期持续影响	
乙醇 64-17-5	CH₃CH₂OH	H225:高度易燃液体和蒸气 H319:造成严重眼刺激	
葡萄糖 50-99-7	$C_6H_{12}O_6$	非危险物质或混合物	

四、实验内容

1. 葡萄糖标准曲线的制作

(1)葡萄糖标准溶液的配制:精密称取 0.1087 g 葡萄糖,溶解并转移入 1000 mL 容量瓶,加蒸馏水稀释至刻度线。

(2)标准曲线的绘制:分别准确吸取葡萄糖标准溶液 0 mL、0.2 mL、0.4 mL、0.6 mL、0.8 mL、1.0 mL、1.2 mL、1.4 mL 于 10 mL 试管中,统一用蒸馏水稀释至 2 mL,再各加入 1 mL

5%苯酚,迅速滴加 5 mL 浓硫酸(98%),摇匀,室温下放置 30 min,以加入 0 mL 葡萄糖标准溶液组为空白液,进行空白实验。

(3)最大吸收波长的选择:取 2 mL 配制的葡萄糖标准溶液,加入 1 mL 5%苯酚,迅速滴加 5 mL 浓硫酸,摇匀,室温显色 30 min,冷却,在 200~600 nm 波长范围内,用紫外-可见分光光度计扫描,测得最大吸收波长为 490 nm。

将黄芪多糖待测液在 490 nm 波长处测得吸光度,以吸光度值为纵坐标,葡萄糖含量为横坐标作标准曲线,并得到回归方程。

2. 黄芪多糖提取

以水为溶剂浸提。准确称取 5 g 黄芪粉末(过 20 目筛),加入 10~30 倍量的水,室温下静置 60 min,回流下提取一段时间,趁热过滤得提取液,将提取液适当浓缩,加入 3 倍浓缩液体积的 95%乙醇醇沉,静置 5 min,过滤、干燥,得到黄芪粗多糖。

准确称取 0.01 g 粗多糖样品,置于 250 mL 容量瓶中,加水溶解,定容。精密吸取 2 mL 样品溶液,置于试管中,再加入 1 mL 5%苯酚,迅速滴加 5 mL 浓硫酸,摇匀,室温下放置 30 min,以加入 0 mL 葡萄糖标准溶液组作为空白液,进行空白实验,在 490 nm 波长处测定吸光值。由标准曲线方程计算可得黄芪多糖含量。

实验操作流程如图 13-2、图 13-3 所示。

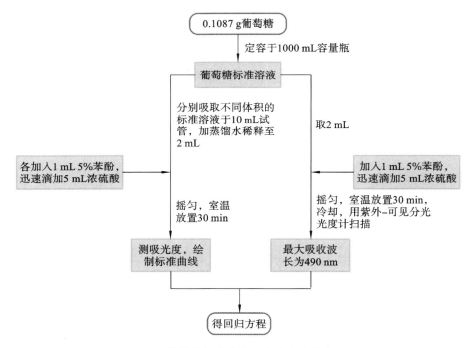

图 13-2　葡萄糖标准曲线制作的实验操作流程

五、思考题

(1)作葡萄糖标准曲线时要注意哪些问题?

(2)测试液中加入苯酚的作用是什么?

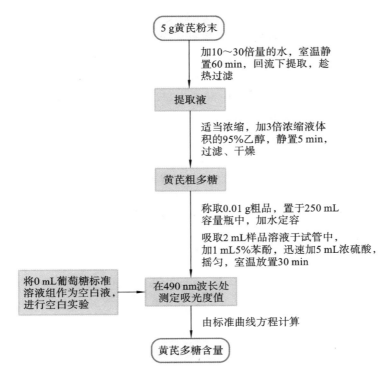

图 13-3　黄芪多糖提取的实验操作流程

实验 3　甜菜渣中果胶的提取

一、实验目的

(1)了解酸法提取果胶的原理。

(2)掌握控制果胶提取的工艺参数的方法。

二、实验原理

果胶(pectin)是一种天然高分子聚合物,其基本结构是 D-吡喃半乳糖醛酸,通常以部分甲酯化状态存在,相对分子质量在 20000~400000。部分果胶质可溶于热水,在原料预处理阶段即溶出。用热的稀酸液处理,则可大大提高果胶溶出量。这一过程的机理如下:

(1)稀酸媒介破坏了果胶分子链上羟基与二价阳离子之间的键合,使果胶转化为水溶性物质而溶出;

(2)酸液使植物组织中的纤维素-果胶多糖复合物水解,使果胶溶出;

(3)酸使水不溶性的果胶大分子降解,增大了果胶在水中的溶解度。

另外,六偏磷酸及其水溶性盐等聚磷酸盐的加入,有可能提高果胶得率,这是由于六偏磷酸螯合了天然果胶不溶性钙盐、镁盐中的钙、镁离子,而使这部分果胶也溶于浸提液。

植物组织中天然存在的果胶酶,在一定条件下会使果胶分子降解,影响果胶的得率和质量。因此,在原料预处理过程中,须进行加热杀酶处理,以钝化果胶酶活性,避免果胶分子降解。果胶的浸提溶出过程与料液比、温度、反应时间、pH 值、原料状态、搅拌条件等诸多因素之间有复杂的关系,是果胶制备工艺流程中最基本、最重要的过程,直接关系到果胶的得率和质量,对整个制备过程有至关重要的影响。

酸浸提液的果胶浓度通常较低,从低浓度的果胶液中把果胶沉析分离出来,是各种果胶制备工艺一个共同的操作单元。果胶不溶于较高浓度的甲醇、乙醇、异丙醇等有机溶剂,在果胶浸提液中添加此类有机溶剂,当其浓度达到一定程度(通常达 50％以上)时,在一定的 pH 值条件下,果胶即析出。

三、主要仪器、试剂和材料

(1)仪器:分析天平、恒温水浴锅、布氏漏斗、抽滤瓶、旋转蒸发仪、循环水式多用真空泵、鼓风干燥箱、烧杯(500 mL)、离心机。

(2)试剂:盐酸、乙醇。

(3)材料:甜菜干粕。

实验过程用到的化学试剂详细信息如表 13-2 所示。

表 13-2 甜菜渣提取果胶过程中所用化学试剂的 GHS 分类与标志

名称	分子式或结构式	GHS 危险性类别	象形图
盐酸 7647-01-0	HCl	H290:可能腐蚀金属 H314:造成严重皮肤灼伤和眼损伤	 
乙醇 64-17-5	CH_3CH_2OH	H225:高度易燃液体和蒸气 H319:造成严重眼刺激	 

四、实验内容

1. 原料的预处理

称取 10 g 甜菜干粕，放入 500 mL 烧杯中，加入适量水浸泡至体积不再膨胀，用大量自来水反复冲洗至水清，挤干后放回烧杯。

2. 提胶

(1)初提：在盛有预处理好的原料的烧杯中加入 150 mL pH 值为 1.5 的盐酸，放入 90 ℃水浴中加热 100 min 后，挤干，收集挤出液。

(2)复提(可省去)：将挤干的滤渣再放回烧杯，加入 150 mL pH 值为 1.5 的盐酸，放回 90 ℃水浴中加热 60 min，挤干，收集挤出液。

(3)洗涤：用 50 mL 蒸馏水冲洗挤干的滤渣，将 3 次的挤出液合并备用。

3. 过滤

将提取液抽滤，并倒回烧杯中备用。

4. 浓缩

将提取液放入旋转蒸发仪中，在 60 ℃下浓缩至 80 mL 左右，再将浓缩液放入冰箱冷却到室温。

5. 沉淀、分离

在冷却后的浓缩液中缓慢加入 3 倍体积 95％乙醇，加入过程中不断搅拌，将胶状物分成两等份放入离心机，以 2000 r/min 离心分离 15 min，然后去除上清液，倒出分离的沉淀物，就是粗果胶。

6. 洗涤(可省去)

将分离得到的粗果胶用 80％乙醇洗涤、沉淀、分离 3 次。

7. 干燥

将所得果胶放入干燥箱中，在 60 ℃下干燥 12 h。

以上即为甜菜干粕提取果胶的过程，一次提胶的果胶产率约为 15％，二次提胶产率可以达到 22％，所得果胶为暗黄色透明固体。

实验操作流程如图 13-4 所示。

五、思考题

(1)原料处理时，为什么要用大量的水进行冲洗？

(2)分离提纯粗果胶时，加入乙醇的目的是什么？

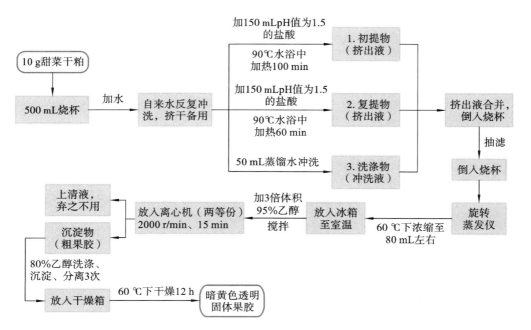

图 13-4　甜菜渣提取果胶的实验操作流程

第 14 章

发光材料的制备

实验 1 化学发光物质鲁米诺的制备及发光实验

一、实验目的

(1) 了解鲁米诺的化学发光原理及用途。

(2) 掌握芳烃硝化反应机理和硝化方法。

(3) 掌握芳烃亲电取代反应和重结晶操作技术。

二、实验原理

化学发光物质能在某些引发剂的激活作用下,发生一系列的化学反应,使化学能迅速转变为光能,并伴随发出持续的亮光。这种独特的光化学性能使其在日用化工和装饰材料等方面有广阔的应用前景。

3-氨基邻苯二甲酰肼(鲁米诺)为本实验的目标产物。本实验以邻苯二甲酸酐为起始原料来制备化学发光剂鲁米诺。首先,将邻苯二甲酸酐直接硝化,获得 3-硝基邻苯二甲酸和副产物 4-硝基邻苯二甲酸。其反应式如下:

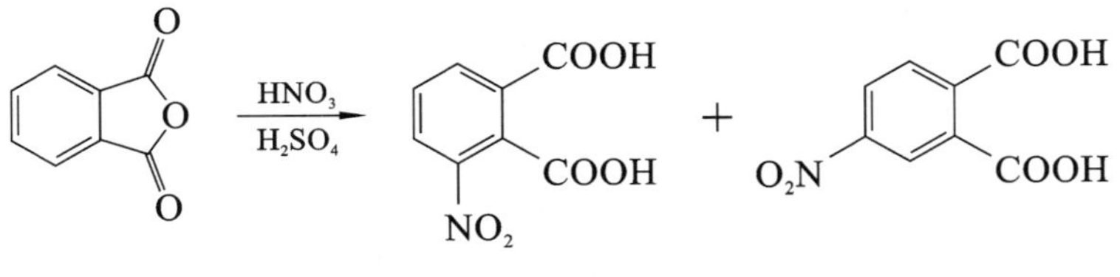

第二步是将 3-硝基邻苯二甲酸与肼进行缩合反应,得到中间产物 3-硝基邻苯二甲酰肼;最后将硝基还原为氨基,即得到化学发光物质鲁米诺。反应式如下:

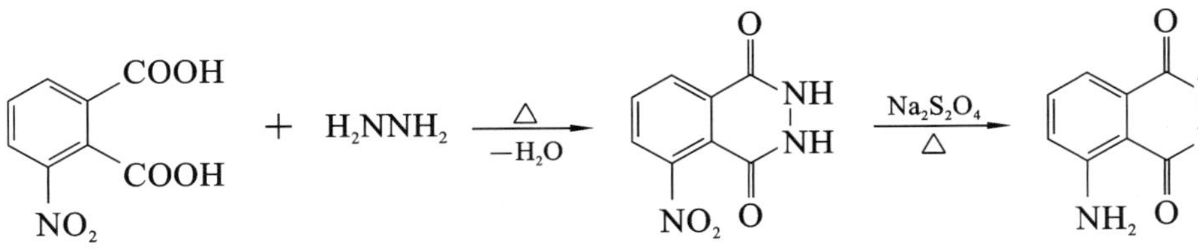

鲁米诺的荧光产生过程如下：

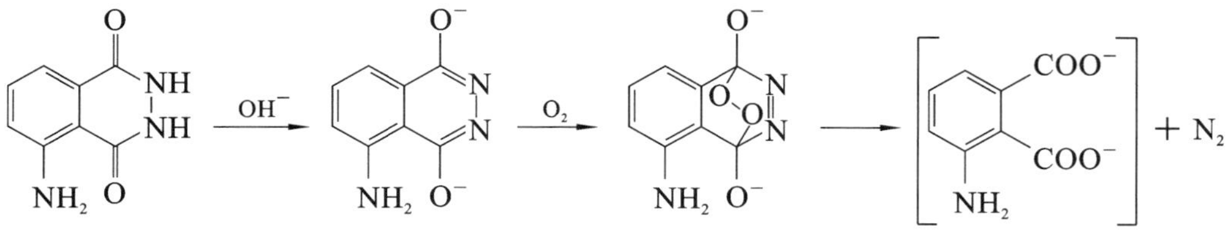

三、主要仪器和试剂

（1）仪器：三口烧瓶、球形冷凝管、温度计、恒压滴液漏斗、铁架台、电磁搅拌加热套、布氏漏斗、抽滤瓶、循环水式多用真空泵、量筒、玻璃棒、烧杯、尾气回收装置。

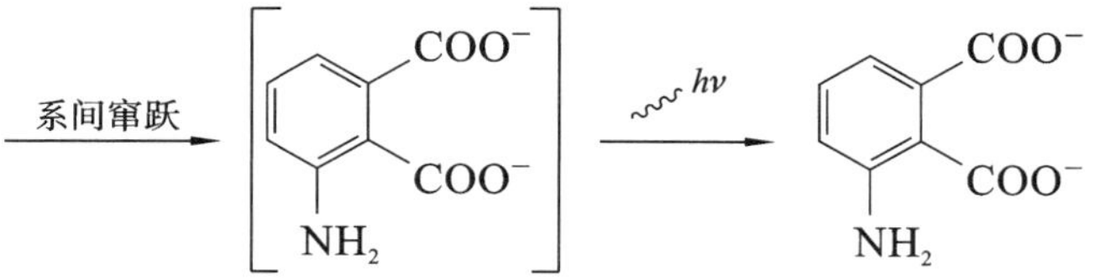

（2）试剂：邻苯二甲酸酐、二缩三乙二醇、80％水合肼、浓硫酸、浓硝酸、冰乙酸、氢氧化钠、氢氧化钾、二水合连二亚硫酸钠（保险粉）、二甲亚砜。

实验过程用到的化学试剂详细信息如表 14-1 所示。

表 14-1　鲁米诺合成过程所用化学试剂的 GHS 分类与标志

名称	分子式或结构式	GHS 危险性类别	象形图
邻苯二甲酸酐 85-44-9	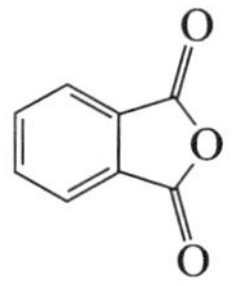	H302：吞咽有害 H315：造成皮肤刺激 H317：可能造成皮肤过敏反应 H318：造成严重眼损伤 H334：吸入可能导致过敏、哮喘病症状或呼吸困难	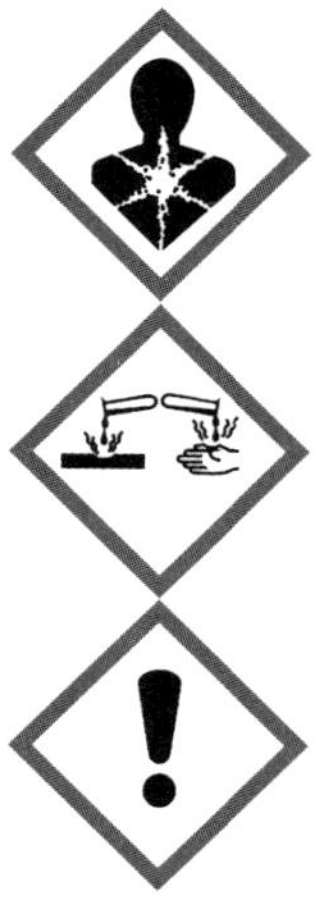
二缩三乙二醇 112-27-6	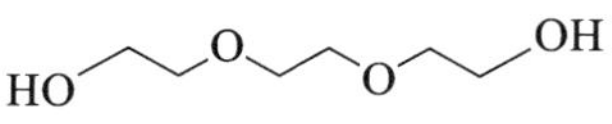 HO〜O〜O〜OH	H316：造成轻微皮肤刺激 H320：造成眼刺激	

续表

名称	分子式或结构式	GHS 危险性类别	象形图
水合肼 10217-52-4	$NH_2NH_2 \cdot H_2O$	H302＋H312:吞咽或皮肤接触有害 H314:造成严重皮肤灼伤和眼损伤 H317:可能造成皮肤过敏反应 H331:吸入会中毒 H351:怀疑致癌 H411:对水生生物有毒并具有长期持续影响	
硫酸 7664-93-9	H_2SO_4	H290:可能腐蚀金属 H303:吞咽可能有害 H314:造成严重皮肤灼伤和眼损伤	
硝酸 7697-37-2	HNO_3	H272:可能加剧燃烧;氧化剂 H290:可能腐蚀金属 H314:造成严重皮肤灼伤和眼损伤 H331:吸入会中毒	

名称	分子式或结构式	GHS危险性类别	象形图
乙酸 64-19-7	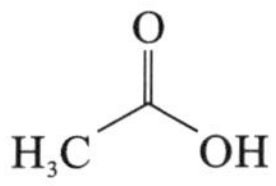 H₃C—C(=O)—OH	H226:易燃液体和蒸气 H303:吞咽可能有害 H314:造成严重皮肤灼伤和眼损伤	 
二水合连二亚硫酸钠 10101-85-6	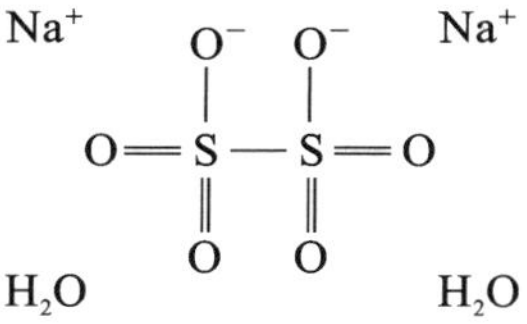 Na⁺ ⁻O—S(=O)—S(=O)—O⁻ Na⁺ H₂O　　　　　H₂O	H251:自热;可能燃烧 H303:吞咽可能有害 H319:造成严重眼刺激 H402:对水生生物有害	 
二甲亚砜 67-68-5	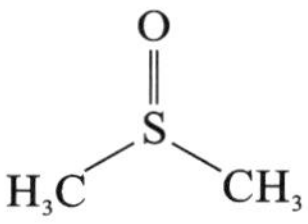 H₃C—S(=O)—CH₃	H316:造成轻微皮肤刺激 H320:造成眼刺激 H373:长期或反复接触可能对肝脏、血液产生损害	

四、实验内容

1. 3-硝基邻苯二甲酸的合成

(1)在配有温度计、球形冷凝管和恒压滴液漏斗的100 mL三口烧瓶中,加入12 mL浓硫酸和12 g邻苯二甲酸酐,加热至80 ℃,使酸酐逐渐溶解。

(2)停止加热,将三口烧瓶移出加热套,通过恒压滴液漏斗缓慢滴加12 mL浓硝酸,控制滴加速度使反应混合物温度保持在100~120 ℃。

(3)硝酸加毕,将反应混合物继续加热并搅拌30 min,温度控制在90~95 ℃。反应液冷却至室温后,在通风橱中将反应液慢慢倒入盛有冰水混合物的烧杯中。

(4)待冰块完全溶解并降至室温后,抽滤,滤饼用水洗涤,得到3-硝基邻苯二甲酸粗产物,用水重结晶(每克粗产物约需2.3 mL水),得到纯品(产物熔点213~216 ℃(分解))。

2. 鲁米诺(3-氨基邻苯二甲酰肼)的合成

(1)向放置于电磁搅拌加热套内的100 mL三口烧瓶中,加入0.8 g 3-硝基邻苯二甲酸纯品、1.2 mL 80%水合肼、2.0 mL水和3.0 mL二缩三乙二醇,混合后,插入温度计,与循环水式多用真空泵连接,搭建减压蒸馏装置。

(2)打开循环水式多用真空泵,待真空表读数稳定后,加热反应瓶。加热至 60 ℃,瓶内反应物温度开始迅速上升,可观察到水蒸气被蒸出(反应体系的真空度越高,蒸出水蒸气的温度越低)。大约 5 min 后,温度升至 200 ℃ 左右。继续加热,使反应温度维持在 210～220 ℃,反应液剧烈沸腾,约 2 min 后停止加热。

(3)冷却至 100 ℃ 时解除真空,加入 20 mL 开水(加热后再冷却,所获粗产物容易过滤),进一步冷却至室温,过滤,收集土黄色固体,即中间体 3-硝基邻苯二甲酰肼,中间体不需要干燥即可用于下一步的反应。

(4)将上述 3-硝基邻苯二甲酰肼粗品转入烧杯中,加入 10 mL 10％氢氧化钠溶液,用玻璃棒搅拌使固体溶解。

(5)不断搅拌下加热至沸,分批加入 4.0 g 二水合连二亚硫酸钠(保险粉),继续煮沸5 min。

(6)稍冷后加入 3.0 mL 冰乙酸,继而在冷水浴中冷却至室温,有大量土黄色固体析出。

(7)抽滤,水洗 3 次后再抽干,收集终产物 3-氨基邻苯二甲酰肼(鲁米诺)。取少许样品,经真空干燥用于测定熔点(319～320 ℃)。

3. 化学发光实验

(1)将 15 g 氢氧化钾、25 mL 二甲亚砜、0.2 g 未经干燥的鲁米诺依次加入试管中,然后剧烈摇荡,并使溶液与空气充分接触。放置于暗处就能观察到微弱的蓝白色荧光。继续摇荡并让新鲜空气进入瓶内,荧光会越来越亮。

(2)若将不同荧光染料(1～5 mg)分别溶于 2～3 mL 水中,并加入鲁米诺二甲亚砜溶液中,盖上瓶塞,用力摇动,可以观察到颜色的变化。部分结果如下:无染料,蓝白色;曙红,橙红色;罗丹明 B,红色;荧光素,绿色。

实验操作流程如图 14-1 所示。

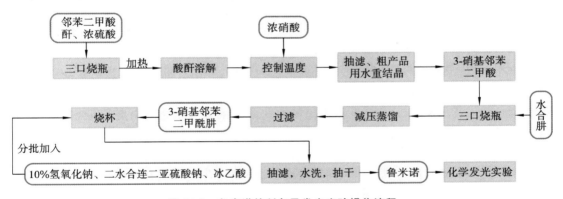

图 14-1　鲁米诺的制备及发光实验操作流程

五、注意事项

(1)硝化反应过程除须在通风橱中进行外,还可加装自制简易尾气吸收装置收集产生的二氧化氮气体,防止有毒的二氧化氮气体逸出危害健康。硝化反应的后处理同样须在通风橱中进行。

(2)水合肼具有强腐蚀性和毒性,取用时应佩戴手套,避免其直接与皮肤接触。

六、思考题

(1)简述有机分子荧光发光的原理。

(2)将硝基化合物还原为氨基化合物常用的方法有哪些?

实验 2　稀土配合物的制备、表征与发光性能分析

一、实验目的

(1)掌握稀土配合物的制备方法。

(2)掌握稀土配合物的表征方法。

(3)掌握稀土配合物的发光性能研究方法。

二、实验原理

稀土元素是指元素周期表中第ⅢB族原子序数为 57～71 的镧系元素,以及物理化学性质与镧系元素相似的原子序数为 21 的钪(Sc)和原子序数为 39 的钇(Y)共 17 个元素。稀土元素特殊的电子层结构使其表现出光、电、磁、催化等许多独特性能。稀土配合物发光材料具有发光强、单色性好、荧光寿命长等诸多优点,广泛应用于发光显示、太阳能转换以及光学通信等领域。

稀土离子的发光是其 4f 电子在不同能级之间的跃迁过程,即稀土离子吸收紫外光、电子射线等辐射能被激发后,从基态跃迁到激发态,然后再从激发态返回到能量较低的能态并以辐射形式产生荧光。稀土离子本身吸收紫外光的能力较弱,利用有机配体较强的紫外吸收能力可大大提高稀土离子的发光强度,即有机配体吸收紫外光,由基态跃迁至激发态,并将激发态能量传递给中心稀土离子,从而敏化稀土离子的发光,这种配体敏化稀土离子发光的效应称为 Antenna 效应。

杂环化合物具有较强的紫外吸收能力,同时与稀土离子之间具有较好的能量匹配,能够敏化稀土离子发光。常用的有机配体包括联吡啶、1,10-邻菲罗啉及其衍生物等。其中的 1,10-邻菲罗啉具有三环共轭平面,其氮原子处具有较高的电子云密度,这便于其与稀土离子键合时的轨道重叠,更有利于能量的有效传递,同时,1,10-邻菲罗啉的刚性稠环结构使形成的稀土配合物的结构更加稳定,因此,以 1,10-邻菲罗啉为配体的配合物具有非常优异的荧光性能。1,10-邻菲罗啉的分子结构如下:

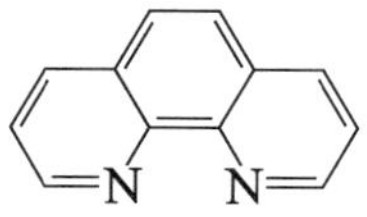

三、主要仪器和试剂

(1)仪器:分析天平、电磁加热搅拌器、三口圆底烧瓶(50 mL)、球形冷凝管、温度计(0～200 ℃)、烧杯(50 mL)、循环水式多用真空泵、布氏漏斗、抽滤瓶、紫外灯(254 nm 和 365 nm 两个波段)、红外分光光度计、荧光分光光度计。

(2)试剂:1,10-邻菲罗啉、硝酸铕、N,N-二甲基甲酰胺、乙醇。

实验过程用到的化学试剂详细信息如表 14-2 所示。

表 14-2　稀土配合物合成过程所用化学试剂的 GHS 分类与标志

名称	分子式或结构式	GHS 危险性类别	象形图
1,10-邻菲罗啉 66-71-7		H301:吞咽会中毒 H410:对水生生物毒性极大并具有长期持续影响	
硝酸铕 63026-01-7		H272:可能加剧燃烧;氧化剂 H315:造成皮肤刺激 H319:造成严重眼刺激 H335:可能造成呼吸道刺激	
N,N-二甲基甲酰胺 68-12-2		H226:易燃液体和蒸气 H303:吞咽可能有害 H312+H332:皮肤接触或吸入有害 H319:造成严重眼刺激 H360:可能对生育能力或胎儿造成伤害	

续表

名称	分子式或结构式	GHS危险性类别	象形图
乙醇 64-17-5	CH_3CH_2OH	H225:高度易燃液体和蒸气 H319:造成严重眼刺激	

四、实验内容

1. 稀土配合物的制备

(1)在装有球形冷凝管和温度计的 50 mL 三口圆底烧瓶中加入 0.35 g 1,10-邻菲罗啉,再加入 4 mL N,N-二甲基甲酰胺,搅拌使其溶解。

(2)将 0.26 g 硝酸铈溶解于 4 mL N,N-二甲基甲酰胺中,将得到的溶液加入三口圆底烧瓶中,加热至 80 ℃,搅拌反应 1 h。

(3)冷却至室温,将反应液边搅拌边加入 60 mL 乙醇中,经抽滤、烘干得到粉末状产物。

2. 稀土配合物的结构表征

采用红外分光光度计测试稀土配合物的红外光谱图,作为对比分析,同时测试 1,10-邻菲罗啉的红外光谱图,分析配合物的结构。

3. 稀土配合物的发光性能分析

(1)分别采用 254 nm 和 365 nm 波长的紫外灯在黑暗的环境下照射稀土配合物样品,观察样品的发光颜色和强度,并拍摄照片,粘贴于实验报告中。

(2)将稀土配合物粉末溶解于 N,N-二甲基甲酰胺中,分别配制 1.0×10^{-4} mol/L、1.0×10^{-5} mol/L 和 1.0×10^{-6} mol/L 的配合物溶液,采用荧光分光光度计分别测试上述溶液的荧光激发光谱和发射光谱,根据谱图获得配合物的荧光激发波长、发射波长及发射相对强度等数据,并将谱图及数据结果整理记录于实验报告中。

实验操作流程如图 14-2 所示。

五、思考题

(1)简述 Antenna 效应的原理。

(2)分析稀土配合物溶液的浓度对其荧光发射峰强度的影响。

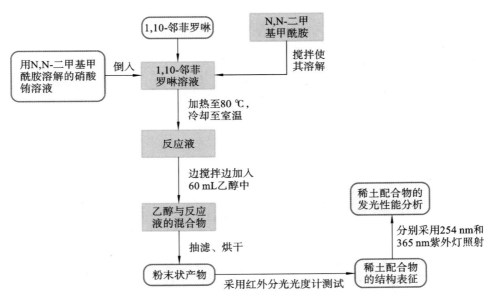

图 14-2　稀土配合物的制备、表征与发光性能分析实验操作流程

第15章

超细与纳米材料的制备

实验 1　纳米氧化锌的制备及表征

一、实验目的

(1)了解纳米氧化锌的制备原理、常用方法及用途。

(2)掌握纳米氧化锌的简单制备方法。

二、实验原理

　　纳米氧化锌,又称超微细氧化锌,是一种新型高性能精细无机产品,其粒径在 $1\sim100$ nm,由于颗粒尺寸小,比表面积急剧增大,从而产生了其本体块状材料所不具备的表面效应、小尺寸效应和宏观量子隧道效应等。因而,纳米氧化锌在磁性、光学、电学、化学等方面具有一般氧化锌产品无法比拟的特殊性能和新用途,在橡胶、涂料、油墨、催化剂、高档化妆品以及医药等领域展示出广阔的应用前景。纳米氧化锌的制备方法有沉淀法、微乳液法、溶胶-凝胶法等。溶胶-凝胶法制备纳米氧化锌具有均匀度高、纯度高、反应温度低以及易于控制等优点,被广泛应用。

　　反应方程式如下:

$$Zn(NO_3)_2 + 2NH_3 \cdot H_2O = Zn(OH)_2 + 2NH_4NO_3$$
$$Zn(OH)_2 = ZnO + H_2O$$

三、主要仪器和试剂

　　(1)仪器:烧杯(50 mL、100 mL)、玻璃棒、胶头滴管、电热套、蒸发皿、鼓风干燥箱、坩埚、马弗炉、分析天平、超声波清洗仪。

　　(2)试剂:$Zn(NO_3)_2$ 或 $Zn(OAc)_2$、氨水($12\%\sim14\%$)、蒸馏水。

　　实验过程用到的化学试剂详细信息如表 15-1 所示。

表 15-1　纳米氧化锌的制备及表征所用化学试剂的 GHS 分类与标志

名称	分子式	GHS 危险性类别	象形图
硝酸锌六水合物 10196-18-6	$Zn(NO_3)_2 \cdot 6H_2O$	H272:可能加剧燃烧;氧化剂 H302:吞咽有害 H315+H320:造成皮肤和眼刺激 H335:可能造成呼吸道刺激 H410:对水生生物毒性极大并具有长期持续影响	
乙酸锌 557-34-6	$Zn(OAc)_2$	H302:吞咽有害 H318:造成严重眼损伤 H411:对水生生物有毒并具有长期持续影响	
氨水 1336-21-6	$NH_3 \cdot H_2O$	H314:造成严重皮肤灼伤和眼损伤 H335:可能造成呼吸道刺激 H410:对水生生物毒性极大并具有长期持续影响	

四、实验内容

分别配制 25 mL 0.02 mol/L 硝酸锌溶液和 25 mL 12%～14%氨水,其中硝酸锌溶液置于 100 mL 烧杯中。然后将硝酸锌溶液用电热套加热至沸腾,用吸管吸取氨水,边搅拌边滴加,滴加完继续搅拌 0.5 h。此时得到无色透明溶胶,将此溶胶蒸发浓缩,得到胶状物时转入蒸发皿,70 ℃下干燥,得到块状的干凝胶。将其研碎,500 ℃处理 1 h,冷却后超声清洗,抽滤,干燥,收集产品。

计算理论产率和实际产率。

实验操作流程如图 15-1 所示。

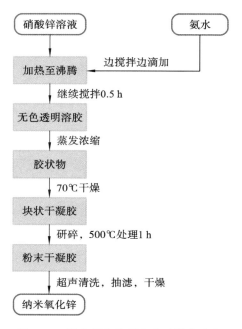

图 15-1　纳米氧化锌制备实验操作流程

五、思考题

(1)为什么加入氨水时速度不宜过快?

(2)为什么所得胶状物需要先干燥,再用马弗炉焙烧?

实验 2　溶胶-凝胶法制备二氧化钛超细粉

一、实验目的

(1)了解溶胶-凝胶法制备超细粉的原理。

（2）掌握二氧化钛超细粉的制备方法。

（3）了解二氧化钛超细粉的主要性质和用途。

二、实验原理

1. 二氧化钛及二氧化钛超细粉的主要性质和用途

二氧化钛，俗称钛白粉，分子式为 TiO_2，相对分子质量为 79.9。二氧化钛为稳定、无味的白色或微黄色粉末，难溶于水及其他溶剂，在一般条件下与大部分化学试剂不发生反应。二氧化钛有三种晶型：金红石型、锐钛矿型和板钛矿型。

二氧化钛在光学性质上具有很高的折射率，在电学性质上则具有高的介电常数，因此无机材料工业中它是制备高折射率光学玻璃以及电容器陶瓷、热敏陶瓷和压电陶瓷的重要原料，也是无线电陶瓷中有用的晶相。在电子行业中，以金红石型二氧化钛为主要成分的金红石瓷是瓷质电容器的主要材料。二氧化钛在颜料工业和油漆工业等领域也大量使用。

二氧化钛超细粉与普通二氧化钛粉相比，具有以下特性：①比表面积大；②表面张力大；③熔点低；④磁性强；⑤光吸收性能好，且吸收紫外线的能力强；⑥表面活性大；⑦导热性能好，在低温或超低温下几乎没有热阻；⑧分散性好，用其制成的悬浮体稳定，不沉降；⑨没有硬度。利用这些特性，开拓了二氧化钛许多新颖的应用领域，二氧化钛成为许多行业质量上等级的重要支柱。二氧化钛超细粉可用作光催化剂、催化剂载体和吸附剂。

2. 制备原理

溶胶-凝胶（sol-gel）法制备二氧化钛超细粉的主要反应式如下：

$$Ti(SO_4)_2 + 4NaOH \longrightarrow TiO(OH)_2 + 2Na_2SO_4 + H_2O$$

$$TiO(OH)_2 \longrightarrow TiO_2 + H_2O$$

三、主要仪器和试剂

（1）仪器：电动搅拌器、离心机、真空干燥箱、箱式电炉、烧杯、球形冷凝管、减压蒸馏装置、分液漏斗、蒸发皿、坩埚、温度计、分析天平。

（2）试剂：硫酸钛、氢氧化钠、浓盐酸（36.0%）、十二烷基苯磺酸钠、无水乙醇。

实验过程用到的化学试剂详细信息如表 15-2 所示。

表 15-2　制备二氧化钛超细粉所用化学试剂的 GHS 分类与标志

名称	分子式或结构式	GHS 危险性类别	象形图
硫酸钛 18130-44-4	$Ti(SO_4)_2$	H314：造成严重皮肤灼伤和眼损伤 H402：对水生生物有害	
氢氧化钠 1310-73-2	NaOH	H290：可能腐蚀金属 H314：造成严重皮肤灼伤和眼损伤 H402：对水生生物有害	

名称	分子式或结构式	GHS危险性类别	象形图
盐酸 7647-01-0	HCl	H290:可能腐蚀金属 H314:造成严重皮肤灼伤和眼损伤	 
十二烷基 苯磺酸钠 25155-30-0	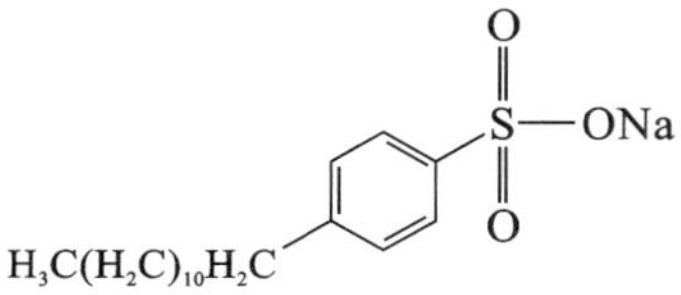 $H_3C(H_2C)_{10}H_2C$—⬡—SO_2—ONa	H302:吞咽有害 H315:造成皮肤刺激 H319:造成严重眼刺激 H401:对水生生物有毒	
乙醇 64-17-5	CH_3CH_2OH	H225:高度易燃液体和蒸气 H319:造成严重眼刺激	 

四、实验内容

1. 溶液的配制

(1)将 4.85 g 硫酸钛溶于 100 mL 水中,制成 0.2 mol/L 溶液,备用。

(2)将 6.0 g 氢氧化钠溶于 100 mL 水中,制成 1.5 mol/L 溶液,备用。

(3)量取 2.0 mL 浓盐酸(36.0%),将其溶于 75.6 mL 水中,配成 0.3 mol/L 溶液,备用。

(4)称取 0.2 g 十二烷基苯磺酸钠,溶于 2 mL 水中,备用。

2. 二氧化钛超细粉的制备

将配好的硫酸钛溶液和氢氧化钠溶液加入 500 mL 烧杯中,搅拌 30 min,离心、洗净、分离,除去可溶性的 Na^+、SO_4^{2-} 等离子。

将 $TiO(OH)_2$ 沉淀加入装有 0.3 mol/L 盐酸的烧杯中,加热至 50~60 ℃,搅拌,生成带正电荷的透明水合二氧化钛溶胶。再向该溶胶中加入配制好的十二烷基苯磺酸钠溶液。搅拌,生成交联的油性凝胶,加入 15 mL 无水乙醇萃取,得到透明的有机溶胶。

将制得的有机溶胶加入蒸馏烧瓶中,经回流和减压蒸馏分出乙醇,得到水合二氧化钛(胶状），经 20 ℃ 真空干燥 2 h，得到透明的二氧化钛超细粉颗粒。

将制得的颗粒用研钵研磨，高温（773 ℃）煅烧 2 h，即制得二氧化钛超细粉。

具体制备流程如图 15-2 所示。

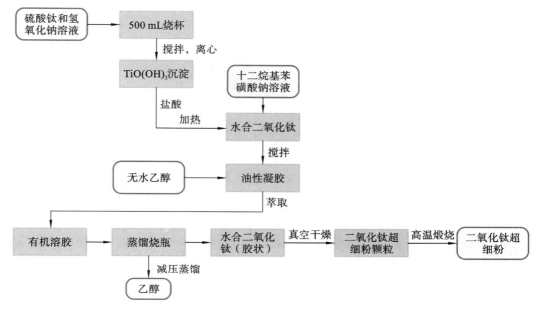

图 15-2　溶胶-凝胶法制备二氧化钛超细粉的流程

五、思考题

（1）二氧化钛超细粉有哪些特殊性质和用途？

（2）简述溶胶-凝胶法制备二氧化钛超细粉的原理。

（3）制备过程中加入盐酸和无水乙醇分别有什么作用？

实验 3　配位沉淀法制备电极用 β-Ni(OH)₂ 纳米粉末

一、实验目的

（1）掌握配位沉淀法制备 β-Ni(OH)$_2$ 纳米材料的基本原理和方法。

（2）进一步了解纳米材料的基本性能。

二、实验原理

1. β-Ni(OH)$_2$ 的性质及用途

β-Ni(OH)$_2$ 晶体呈绿色，其纳米粉末颜色较浅，密度较低，难溶于水，$K_{sp} = 1.6 \times 10^{-16}$，是

黏结式碱性二次电池中常用的正极材料。目前常用的是球形 $Ni(OH)_2$，其粒径在 $6\sim20~\mu m$。

储氢材料应用在二次电池中，逐渐取代"Cd"负极，减少了 Cd-Ni 电池中的 Cd 对环境的污染，提高了黏结式碱性二次电池的性能。随着电池负极材料的改进，迫切需要提高普通正极材料 $Ni(OH)_2$ 的电容量。

本实验利用制备的纳米级 $Ni(OH)_2$ 提高正极的电容量。

2. $Ni(OH)_2$ 纳米粉末的制备原理

有关反应式如下：

$$Ni(NO_3)_2 + 2en \longrightarrow [Ni(en)_2](NO_3)_2$$

$$[Ni(en)_2](NO_3)_2 + 2NaOH \longrightarrow Ni(OH)_2(s) + 2en + 2NaNO_3$$

由于乙二胺(en)与 Ni^{2+} 形成配合物，降低了溶液中 Ni^{2+} 的浓度，在搅拌时滴加 NaOH 溶液，可制出纳米级的 $Ni(OH)_2$。

三、主要仪器和试剂

(1)仪器：烧杯、移液管、量筒、电动搅拌器、恒压滴液漏斗、真空泵、真空干燥箱、抽滤装置、恒温水浴锅、温度计、离心机。

(2)试剂：$Ni(NO_3)_2 \cdot 6H_2O$、乙二胺、氢氧化钠。

实验过程用到的化学试剂详细信息如表 15-3 所示。

表 15-3　制备 β-$Ni(OH)_2$ 纳米粉末所用化学试剂的 GHS 分类与标志

名称	分子式或结构式	GHS 危险性类别	象形图
六水合硝酸镍 13478-00-7	$Ni(NO_3)_2 \cdot 6H_2O$	H272:可能加剧燃烧;氧化剂 H302+H332:吞咽或吸入有害 H315:造成皮肤刺激 H317:可能造成皮肤过敏反应 H318:造成严重眼损伤 H334:吸入可能导致过敏、哮喘病症状或呼吸困难 H341:怀疑可造成遗传性缺陷 H350:可能致癌 H360:可能对生育能力或胎儿造成伤害 H372:长期或反复接触会对器官造成损害 H410:对水生生物毒性极大并具有长期持续影响	

续表

名称	分子式或结构式	GHS 危险性类别	象形图
乙二胺 107-15-3	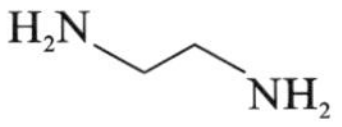 H_2N⌒NH_2	H226:易燃液体和蒸气 H314:造成严重皮肤灼伤和眼损伤 H317:可能造成皮肤过敏反应 H334:吸入可能导致过敏、哮喘病症状或呼吸困难 H401:对水生生物有毒 H412:对水生生物有害并具有长期持续影响	

四、实验内容

准确配制 0.2 mol/L $Ni(NO_3)_2 \cdot 6H_2O$ 溶液,用移液管量取 200 mL,放置于 1000 mL 烧杯中,将 $Ni(NO_3)_2$ 溶液水浴加热到 50 ℃,保持恒温。用移液管准确量取乙二胺 2.7 mL(2.0 倍量)。为防止乙二胺与空气中的 CO_2 反应及被空气氧化,加入时应将移液管没入液面下,并轻微搅拌。此时液体呈深蓝色,搅拌 20 min。用量筒取配制好的 0.1 mol/L 氢氧化钠溶液 571 mL(1.2 倍量),加入恒压滴液漏斗中,滴速为 100 滴/min 左右,与此同时开始增加搅拌力度。反应进行一段时间后,溶液变为蓝灰色。滴加完毕后,继续搅拌 1 h,然后离心分离(1000 r/min)。沉淀用蒸馏水洗涤两次,再用丙酮洗涤一次。沉淀物在 80 ℃真空干燥 8 h 以上,即得 β-$Ni(OH)_2$ 纳米粉末。

具体的操作流程如图 15-3 所示。

五、思考题

(1)在制备纳米材料时应注意哪些问题?

(2)乙二胺在 β-$Ni(OH)_2$ 纳米材料的制备中起什么作用?

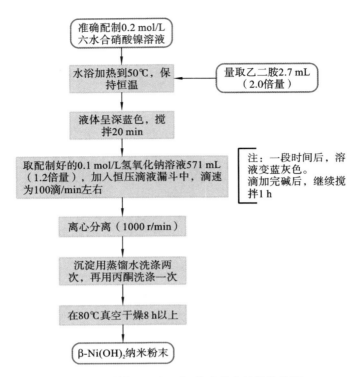

图 15-3　制备 β-Ni(OH)₂ 纳米粉末的操作流程

第 16 章

绿色合成实验

实验1　可见光介导的 4-叔丁基苯基三氟硼酸钾氧化为 4-叔丁基苯酚

一、实验目的

(1)掌握光催化氧化的实验原理和方法。

(2)了解苯酚类化合物的定性鉴别方法。

二、实验原理

为了利用清洁和可再生的光能,在追求可持续和绿色转化的背景下,可见光介导的光催化正在兴起。此外,光催化还通过利用电子或能量激发的中间体实现了无数前所未有的反应,而这些中间体以前很难通过热反应获得。光催化合成的效率在很大程度上取决于所使用的光催化剂,它能够吸收可见光的能量,然后与反应物进行单电子转移(SET)或能量转移(ET)。

氧化反应经常应用于有机合成和化工生产中。一般来说,氧化反应是利用高价金属氧化物或过氧化物为氧化剂来进行氧化得到产物。相比之下,由于缺乏激活三线态氧($^3O_2$)的方法,探索利用分子氧(生态良性、丰富且几乎免费)的方法要少得多。近年来,光氧化反应的应用不断扩展,在这类反应中,可见光活化光催化剂可以通过 SET 或 ET 过程与分子氧相互作用,分别提供超氧自由基阴离子($\cdot O_2^-$)或单线态氧($^1O_2$)。这两个活性氧(ROS)更容易氧化反应物。这种光氧化还原策略为更加绿色和环保的氧化转化提供了一个节能和减少废物的平台,更加符合绿色化学的原则。

光催化剂在光氧化还原过程中起着重要的作用,其开发和应用取得了很大的进展。尽管八面体 Ru(Ⅱ)或 Ir(Ⅲ)聚吡啶光催化剂取得了显著的成就,但从成本效益、可持续性和残留金属的角度来看,使用不含贵重金属的纯有机光催化剂仍然是可取的。本实验使用一种硼基光敏剂(AQDAB)来实现 4-叔丁基苯基三氟硼酸钾的可见光氧化羟基化,反应式如下:

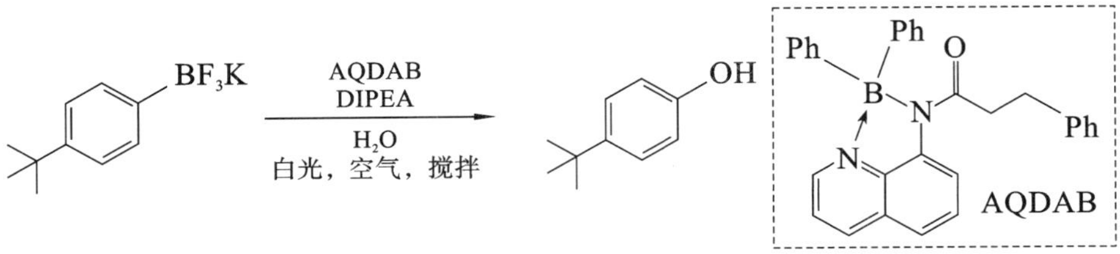

三、主要仪器和试剂

（1）仪器：白炽灯、磁力搅拌器、铁架台、磁子、反应管（25 mL）、量筒、分析天平、旋转蒸发仪、分液漏斗。

（2）试剂：4-叔丁基苯基三氟硼酸钾、N,N-二异丙基乙胺、四配位有机硼光催化剂、水、稀盐酸、乙酸乙酯、无水硫酸镁、三氯化铁。

实验过程用到的化学试剂详细信息如表 16-1 所示。

表 16-1　4-叔丁基苯基三氟硼酸钾光氧化反应所用化学试剂的 GHS 分类与标志

名称	分子式或结构式	GHS危险性类别	象形图
4-叔丁基苯基三氟硼酸钾 153766-81-5	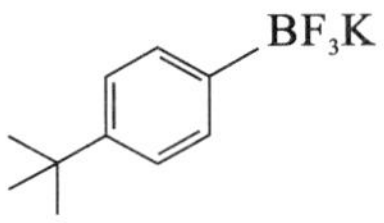	H314：造成严重皮肤灼伤和眼损伤	
N,N-二异丙基乙胺 7087-68-5	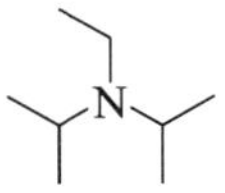	H226：易燃液体和蒸气 H302：吞咽有害 H314：造成严重皮肤灼伤和眼损伤 H331：吸入会中毒 H335：可能造成呼吸道刺激 H360：可能对生育能力或胎儿造成伤害 H402：对水生生物有害 H411：对水生生物有毒并具有长期持续影响	

续表

名称	分子式或结构式	GHS 危险性类别	象形图
四配位有机硼光催化剂	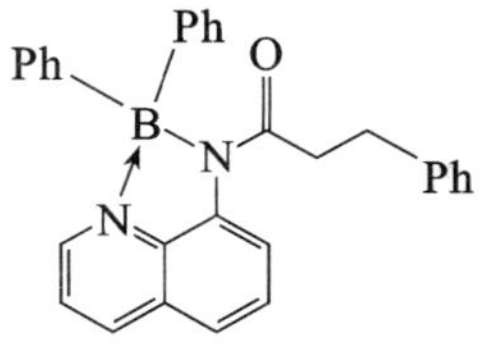		
盐酸 7647-01-0	HCl	H290:可能腐蚀金属 H314:造成严重皮肤灼伤和眼损伤	 
乙酸乙酯 141-78-6	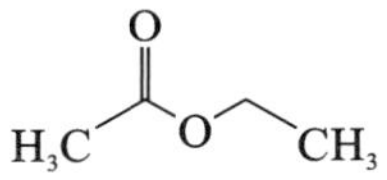	H225:高度易燃液体和蒸气 H319:造成严重眼刺激 H333:吸入可能有害	 
无水硫酸镁 7487-88-9	MgSO₄	非危险物质或混合物	

四、实验内容

(1)称取 48.0 mg 4-叔丁基苯基三氟硼酸钾、90.5 mg N,N-二异丙基乙胺和 1.0 mg 四配位有机硼光催化剂,置于装有磁子的 25 mL 反应管中,加入 2.0 mL 蒸馏水。

(2)将该反应管放置在磁力搅拌器上,并将白炽灯放置在反应管旁 1～2 cm 处,在白炽灯的照射下反应 4 h。

(3)反应结束后往反应管中滴加稀盐酸使 pH 值为 6～7,随后加入 10.0 mL 蒸馏水,用乙酸乙酯萃取 3 次,合并有机相,用无水硫酸镁干燥,通过旋转蒸发仪除去有机溶剂,即可得到对叔丁基苯酚。

实验操作流程如图 16-1 所示。

(4)分析检测:取少量样品于试管中,加水稀释至 2 mL,向试管中滴入几滴三氯化铁溶液,摇匀。如有 4-叔丁基苯酚,则溶液变成紫色。

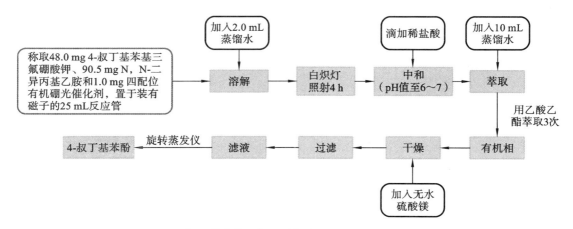

图 16-1　4-叔丁基苯基三氟硼酸钾光氧化反应的实验操作流程

五、思考题

(1)苯酚和三氯化铁的水溶液为什么会变成紫色？当中发生了什么化学反应？

(2)本实验中使用到的实验装置有哪些注意事项？实验中如何对待？

实验 2　电化学合成碘仿

一、实验目的

(1)了解电化学方法在有机合成中的应用。

(2)初步掌握电化学合成碘仿的基本原理和基本操作。

二、实验原理

1. 卤仿反应

有机化合物与次卤酸盐作用产生卤仿的反应称为卤仿反应。卤仿反应分两步进行。

(1)醛酮的 α-甲基的完全卤代作用(碱催化),反应式如下:

$$H_3C—C(R)HO + 3\,NaOX \longrightarrow X_3C—C(R)HO + 3\,NaOH$$

(2)三卤代醛(酮)的碳链碱性裂解作用,反应式如下:

$$X_3C—C(R)HO + NaOH \longrightarrow CHX_3 + (R)HCOONa$$

能发生卤仿反应的化合物如下:

(1)具有 $\underset{\displaystyle H_3C—C—H(R)}{\overset{\displaystyle O}{\overset{\|}{}}}$ 结构的化合物;

(2)具有 $H_3CHCOH—H(R)$ 结构的化合物。

当上述反应中的 X 为 I 时,称为碘仿反应。碘仿为黄色六角形结晶,熔点为 120 ℃,遇高温分解而析出碘;不溶于水,能溶于醇、醚、乙酸、氯仿等有机溶剂;有特殊气味,容易嗅出,作为鉴定物比氯仿和溴仿好,并且反应非常灵敏,所以在有机分析上碘仿反应是测定新化合物的结构和鉴定未知物的重要方法。碘仿反应可用于鉴定具有乙酰基(CH_3CO)或其他可被氧化成该基团的化合物,如乙醛、丙酮、乙醇、异丙醇等。碘仿在外科上用作消毒剂。

2. 电化学合成碘仿

在电化学反应中,物质的分子或离子与电极间发生电子的转移,在电极表面生成新的分子或活性中间体,再进一步反应生成产物。在碘化钾-丙酮水溶液中进行电解,在阳极碘离子失去电子被氧化生成碘,碘在碱性溶液中变成次碘酸根离子,再与丙酮(或者乙醇)作用生成碘仿,反应如下:

阴极:$2H_2O + 2e \longrightarrow 2OH^- + H_2$

阳极:$2I^- - 2e \longrightarrow I_2$

$I_2 + 2OH^- \longrightarrow IO^- + I^- + H_2O$

$CH_3COCH_3 + 3IO^- \longrightarrow CH_3COO^- + CHI_3 + 2OH^-$

三、主要仪器和试剂

(1)仪器:烧杯、电磁搅拌器、分析天平、直流电源、石墨电极。

(2)试剂:碘化钾、丙酮、蒸馏水。

实验过程用到的化学试剂详细信息如表 16-2 所示。

表 16-2　电化学合成碘仿所用化学试剂的 GHS 分类与标志

名称	分子式或结构式	GHS 危险性类别	象形图
碘化钾 7681-11-0	KI	H372:长期吞咽或反复接触会对甲状腺造成损害	
丙酮 67-64-1	(结构式)	H225:高度易燃液体和蒸气 H316:造成轻微皮肤刺激 H319:造成严重眼刺激 H336:可能造成昏昏欲睡或眩晕	

四、实验内容

用一只 150 mL 烧杯作为电解槽,用 2 根直径为 6 mm 的石墨棒做电极,把它们垂直地固定在硬纸板或有机玻璃上。向烧杯中加入 100 mL 蒸馏水、6 g 碘化钾,溶解后加入 1 mL 丙酮。在烧杯中加入磁子并将电极插入烧杯中,将烧杯放置在电磁搅拌器上慢慢搅拌,接通电源(10 V),这时在电解槽阳极上会有晶体(碘仿)析出。电解 30 min,切断电源,停止反应。实验操作流程如图 16-2 所示。

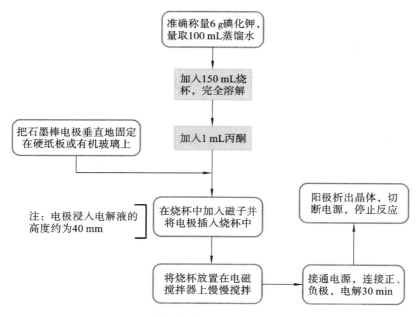

图 16-2　电化学合成碘仿的实验操作流程

五、注意事项

(1)电极浸入电解液的高度约为 40 mm。

(2)纯净的碘仿为黄色晶体,但用石墨做电极时,析出的晶体呈灰绿色,是因为混有石墨,需要精制。

六、思考题

(1)本实验电化学合成碘仿,阳极、阴极半反应及总反应分别是什么?

(2)丙酮在反应中起什么作用?

实验 3　无溶剂的空气氧化苯甲醇制苯甲酸

一、实验目的

(1)掌握由苯甲醇制备苯甲酸的原理。

(2)掌握氧化反应实验方法。

(3)了解催化剂循环使用的方法 。

二、实验原理

物质因失去电子而导致氧化数升高被称为氧化。化工生产中,氧化反应是一种重要的化工单元过程。根据氧化剂和工艺,氧化反应主要分为化学试剂氧化法和氧气(空气)氧化法。化学试剂氧化法具有效率高、选择性好等优点,但是在化学工业生产中,该法需要耗费大量的氧化剂和有机溶剂,不仅容易产生大量废物,还会增加生产成本,不符合绿色化工的要求。因此,发展空气(氧气)氧化、使用可回收催化剂、无溶剂反应成为氧化反应的研究热点。

苯甲酸(安息香酸)为无色、无味的片状晶体,熔点为 122.13 ℃,沸点为 249 ℃,相对密度为 1.2695;微溶于水,易溶于乙醇、乙醚等有机溶剂。苯甲酸广泛应用于合成醇酸树脂、医药和染料的中间体及防腐剂。

目前通过氧化反应制备苯甲酸的方法主要有高锰酸钾在水溶液中氧化甲苯、过氧化氢氧化苯甲醇或苯甲醛等。前者存在反应时间长、产生大量固体二氧化锰污染物等缺点。后者因对环境污染小而受到重视。特别是近年来,以空气为氧源、Cu(Ⅱ)配合物为催化剂的无溶剂绿色制备工艺研究得到快速发展。

本实验以苯甲醇为原料、空气(氧气)为氧化剂、硫酸铜为催化剂,在碱性条件下制备苯甲酸,反应式如下:

反应中使用的硫酸铜可以循环使用,减少了有害废物的排放量,对环境更加友好。

三、主要仪器和试剂

(1)仪器:带搅拌装置的电热套、圆底烧瓶(100 mL)、抽滤瓶、布氏漏斗、马弗炉、坩埚、熔点测定仪。

(2)试剂:氢氧化钠、苯甲醇、五水硫酸铜、浓盐酸。

实验过程用到的化学试剂详细信息如表 16-3 所示。

表 16-3　由苯甲醇制苯甲酸所用化学试剂的 GHS 分类与标志

名称	分子式或结构式	GHS危险性类别	GHS标签
氢氧化钠 64-19-7	NaOH	H290:可能腐蚀金属 H314:造成严重皮肤灼伤和眼损伤 H402:对水生生物有害	
苯甲醇 100-51-6		H302+H332:吞咽或吸入有害 H319:造成严重眼刺激	

续表

名称	分子式或结构式	GHS 危险性类别	GHS 标签
五水硫酸铜 7758-99-8	$CuSO_4 \cdot 5H_2O$	H302:吞咽有害 H318:造成严重眼损伤 H410:对水生生物毒性极大并具有长期持续影响	  
盐酸 7647-01-0	HCl	H290:可能腐蚀金属 H314:造成严重皮肤灼伤和眼损伤	 

四、实验内容

(1)在装有冷凝管的 100 mL 圆底烧瓶中加入 1.00 g(0.025 mol)氢氧化钠、2.15 g(0.02 mol)苯甲醇和 0.26 g(1.04 mmol)五水硫酸铜。将上述反应装置放置在带有搅拌装置的电热套中,回流反应至薄层色谱法检测不到原料苯甲醇后,停止反应并冷却至室温。

(2)向反应瓶中加入 25 mL 水,继续加热回流约 15 min,使反应完全,冷却后抽滤。将滤饼用 5 mL 水洗涤,晾干后在马弗炉中焙烧,回收黑色的 CuO。滤液则转移到烧杯中,用浓盐酸酸化至 pH≤2,使白色固体析出,静置后抽滤,得到苯甲酸粗品。

(3)将上述苯甲酸粗品用蒸馏水重结晶,干燥后称重、计算产率,测熔点,并通过核磁共振氢谱和碳谱确定结构。

实验操作流程如图 16-3 所示。

五、注意事项

(1)铜盐催化剂经过简单处理可重复使用。

(2)Cu(Ⅱ)可能的催化反应机理如图 16-4 所示。

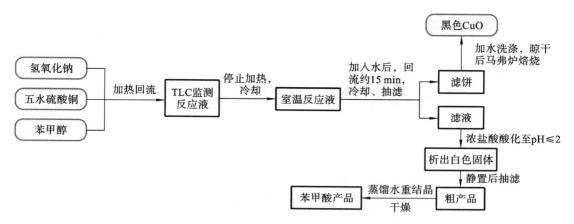

图 16-3　无溶剂的空气氧化苯甲醇制苯甲酸的实验操作流程

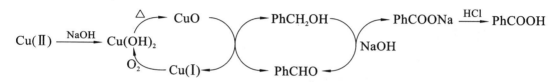

图 16-4　无溶剂的空气氧化苯甲醇制苯甲酸的反应机理

Cu(Ⅱ)无机盐首先在碱性条件下生成 Cu(OH)$_2$,后者受热分解为 CuO。CuO 将苯甲醇氧化为苯甲醛,同时自身转变为 Cu(Ⅰ),使反应体系呈砖红色。在碱性条件下,Cu(Ⅰ)被 O$_2$重新氧化成 Cu(OH)$_2$,使催化得以循环。苯甲醛则通过歧化反应,分别生成苯甲醇与苯甲酸钠。待反应结束后,将体系酸化得到苯甲酸。

六、思考题

(1)简述本实验空气氧化反应过程中氢氧化钠的作用。

(2)苯甲酸转化完全后,继续加水回流 15 min 的作用是什么?

第17章

其他精细化学品制备实验

实验 1　固体酒精的配制

一、实验目的

掌握固体酒精的配制原理和实验方法。

二、实验原理

酒精的学名是乙醇,燃烧时无烟无味。但由于是液体,较易挥发且携带不便,如制成固体酒精,则降低了挥发性且易于包装和携带,使用更加安全。

固体酒精是在工业酒精(乙醇)中加入凝固剂使之成为胶冻状,燃烧时火焰温度均匀,温度可达到 600 ℃左右,每 250 g 可以燃烧 1.5 h 以上。使用固体酒精比使用电炉、酒精炉都节省、方便、安全。因此,固体酒精是一种理想的燃料。

硬脂酸与氢氧化钠混合后将发生下列反应:

$$C_{17}H_{35}COOH + NaOH = C_{17}H_{35}COONa + H_2O$$

在 20 ℃下,由于硬脂酸不能完全溶解,因此无法制得固体酒精。在 30 ℃下,硬脂酸可以溶解,但需要较长的时间,且两液混合后立刻生成固体酒精。由于固化速度太快,将导致生成的产品均匀性差。随着温度的升高,固化的产品均匀性越来越好。在 60 ℃下,两液混合后不会立马发生固化,因此可以使溶液混合得非常均匀,混合后在自然冷却的过程中,液态酒精不断地固化,最后得到均匀一致的固体酒精。虽然在 70 ℃下制得的产品外观也很好,但该温度接近酒精溶液的沸点,酒精挥发速度太快,因此不宜选用该温度。

当硬脂酸含量达到 6.5% 以上时,固体酒精在燃烧时仍然保持固体状态,大大提高了固体酒精在使用时的安全性,同时可以降低成本,避免使用铁桶或塑料桶包装。

硬脂酸钠受热软化,冷却后又重新固化,将液态酒精与硬脂酸钠搅拌共热,冷却后硬脂酸钠将酒精包含于其中,成为固状产品。配方中加入虫胶、石蜡作为黏结剂,可得到质地更加结实的固体酒精。同时可以助燃,使其燃烧得更加持久,并释放更多的热量。

三、主要仪器和试剂

（1）仪器：恒温水浴锅、球形冷凝管、圆底烧瓶、温度计、烧杯。

（2）试剂：工业酒精（乙醇含量≥95%）、硬脂酸、虫胶片、石蜡、氢氧化钠。

实验过程用到的化学试剂详细信息如表 17-1 所示。

表 17-1　固体酒精配制过程所用化学试剂的 GHS 分类与标志

名称	分子式或结构式	GHS 危险性类别	象形图
乙醇 64-17-5	CH_3CH_2OH	H225：高度易燃液体和蒸气 H319：造成严重眼刺激	
石蜡 8002-74-2		非危险物质或混合物	
氢氧化钠 1310-73-2	NaOH	H290：可能腐蚀金属 H314：造成严重皮肤灼伤和眼损伤 H402：对水生生物有害	

四、实验内容

方法一：

取 0.4 g 氢氧化钠，研成小颗粒，加入 100 mL 圆底烧瓶中，再加入 0.5 g 虫胶片、40 mL 工业酒精和数小粒沸石，装上球形冷凝管，水浴加热回流，至固体全部溶解为止。

在一只烧杯内加入 2.5 g 硬脂酸和 10 mL 工业酒精，在水浴上温热至其全部溶解，然后在冷凝管的上端将烧杯中的物料加入含有氢氧化钠、虫胶片、工业酒精的圆底烧瓶中，混合均匀，回流 10 min 后移去水浴，自然冷却，温度降至 60 ℃时倒入模具中，加盖以避免酒精挥发，冷至室温后完全固化。

切一小块产品，直接点燃，观察燃烧情况。

方法二：

在 250 mL 圆底烧瓶中加入 9.0 g 硬脂酸、2.0 g 石蜡、50 mL 工业酒精和数小粒沸石，装上球形冷凝管，混合均匀，水浴加热至 60 ℃并保温至固体溶解为止。

将 1.5 g 氢氧化钠和 13.5 mL 水加入 100 mL 烧杯中，搅拌使其溶解后，再加入 25 mL 工业酒精，摇匀，将碱液从冷凝管的上端加入含硬脂酸、石蜡、工业酒精的圆底烧瓶中，回流 15 min 后移去水浴，待物料稍冷而停止回流时，趁热倒入模具，冷至室温后完全固化。

切一小块产品,直接点燃,观察燃烧情况。

实验操作流程如图 17-1、图 17-2 所示。

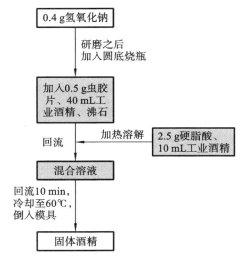

图 17-1　固体酒精的配制实验操作流程(方法一)

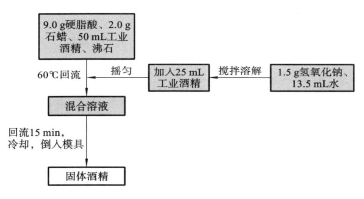

图 17-2　固体酒精的配制实验操作流程(方法二)

五、思考题

(1)本实验中虫胶片、石蜡的作用是什么?

(2)固体酒精的配制原理是什么?

实验2　香豆素-3-羧酸的制备

一、实验目的

(1)了解利用 Knoevenagel 反应制备香豆素的原理和实验方法。

（2）了解酯水解法制羧酸的原理。

二、实验原理

本实验以水杨醛和丙二酸二乙酯在六氢吡啶存在下发生 Knoevenagel 缩合反应制得香豆素-3-羧酸酯，然后在碱性条件下水解制得目标产物。反应式如下：

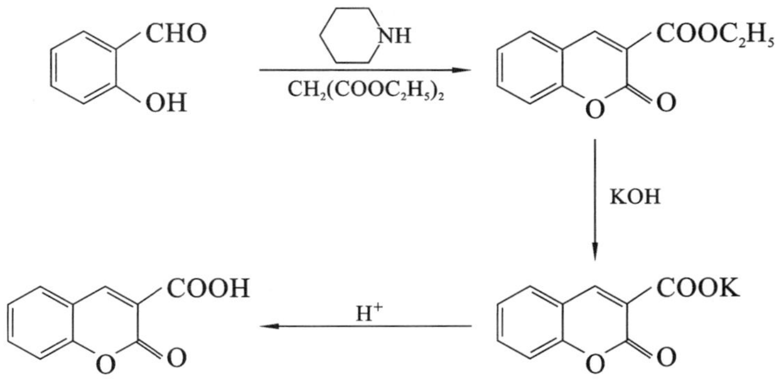

三、主要仪器和试剂

（1）仪器：圆底烧瓶、电动搅拌器、温度计、球形冷凝管、加热套、干燥管。

（2）试剂：水杨醛、丙二酸二乙酯、无水乙醇、六氢吡啶、冰乙酸、浓盐酸、氢氧化钾、无水氯化钙。

实验过程用到的化学试剂详细信息如表 17-2 所示。

表 17-2　香豆素-3-羧酸合成过程所用化学试剂的 GHS 分类与标志

名称	分子式或结构式	GHS 危险性类别	象形图
水杨醛 90-02-8	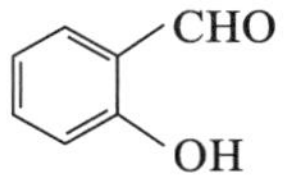	H227：可燃液体 H302：吞咽有害 H311：皮肤接触会中毒 H361：怀疑对生育能力或胎儿造成伤害 H373：长期或反复接触可能损害器官 H401：对水生生物有毒 H412：对水生生物有害并具有长期持续影响	 
丙二酸二乙酯 105-53-3	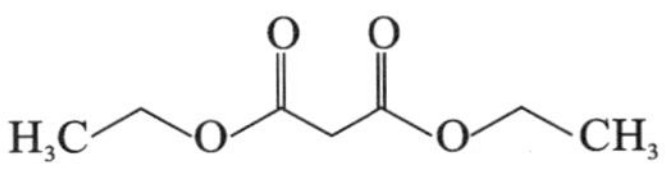	H227：可燃液体 H319：造成严重眼刺激 H402：对水生生物有害	

名称	分子式或结构式	GHS危险性类别	象形图
无水乙醇 64-17-5	CH_3CH_2OH	H225:高度易燃液体和蒸气 H319:造成严重眼刺激	
六氢吡啶 110-89-4	 NH	H225:高度易燃液体和蒸气 H302:吞咽有害 H311＋H331:皮肤接触或吸入可致中毒 H314:造成严重皮肤灼伤和眼损伤 H402:对水生生物有害	
冰乙酸 64-19-7	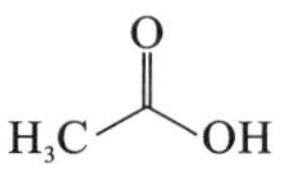 H_3C—COOH	H226:易燃液体和蒸气 H303:吞咽可能有害 H314:造成严重皮肤灼伤和眼损伤	
盐酸 7647-01-0	HCl	H290:可能腐蚀金属 H314:造成严重皮肤灼伤和眼损伤	

续表

名称	分子式或结构式	GHS危险性类别	象形图
氢氧化钾 1310-58-3	KOH	H290：可能腐蚀金属 H302：吞咽有害 H314：造成严重皮肤灼伤和眼损伤 H402：对水生生物有害	☒ ☒
无水氯化钙 10043-52-4	CaCl$_2$	H319：造成严重眼刺激	☒

四、实验内容

（1）在装有干燥管的 25 mL 圆底烧瓶中依次加入 1 mL 水杨醛、1.2 mL 丙二酸二乙酯、5 mL 无水乙醇、0.1 mL 六氢吡啶和 1 滴冰乙酸，在无水条件下搅拌回流 1.5 h，待反应物稍冷后拿掉干燥管，从冷凝管顶端加入约 6 mL 冷水，待结晶析出后抽滤，并用 1 mL 被冰水冷却过的 50％乙醇洗 2 次，粗品可用 25％乙醇重结晶，干燥后得到香豆素-3-羧酸乙酯，其熔点为 93 ℃。

（2）在 25 mL 圆底烧瓶中加入 0.8 g 香豆素-3-羧酸乙酯、0.6 g 氢氧化钾、4 mL 乙醇和 2 mL 水，加热回流约 15 min。趁热将反应产物倒入 20 mL 浓盐酸和 10 mL 水的混合物中，立即有白色结晶析出，冰浴冷却后过滤，用少量冰水洗涤，干燥后的粗品约 1.6 g，可用水重结晶，熔点为 190 ℃（分解）。

实验操作流程如图 17-3、图 17-4 所示。

图 17-3　香豆素-3-羧酸乙酯合成实验操作流程

五、数据处理与产品检测

（1）计算产率。

（2）观察产品性状，测定产品熔点。

图 17-4　香豆素-3-羧酸合成实验操作流程

六、注意事项

(1)实验中除了加六氢吡啶外,还加入少量冰乙酸,反应很可能是水杨醛先与六氢吡啶在酸催化下形成亚胺化合物,然后再与丙二酸二乙酯的负离子反应。

(2)用冰水冷却过的 50％乙醇洗涤可以减少酯在乙醇中的溶解量。

七、思考题

(1)试写出用水杨醛制香豆素-3-羧酸的反应机理。

(2)在羧酸盐酸化析出的操作中,应如何避免酸的损失,提高酸的产量?

第3部分

精细化工仿真生产实践

第18章

精细化工中间体阿司匹林合成生产线

18.1　实践目标

18.1.1　知识目标

(1)熟悉离心机的工作原理及操作方法。

(2)巩固釜式反应器、结晶、中和、重结晶等单元操作相关知识。

(3)强化重结晶、固液分离等操作相关知识。

18.1.2　能力目标

(1)增强对阿司匹林原料药合成生产工艺指标的控制能力。

(2)提升对生产过程中安全事故应急处置的能力。

(3)提升生产成本核算和控制的能力。

(4)强化工艺流程识图、读图、绘图能力。

(5)提升根据产品需求选择、使用设备的能力。

18.1.3　素质目标

(1)培养团队合作意识,提升有效沟通能力。

(2)培养工程职业道德和责任感。

(3)提高评估生产过程对环境和社会可持续发展影响的能力。

(4)强化项目层级管理能力。

18.2 工艺概述

18.2.1 工艺背景

阿司匹林(aspirin)又名乙酰水杨酸(acetyl salicylic acid)、醋柳酸,是一种历史悠久的解热镇痛药。它主要用于治疗感冒、发热、头痛、牙痛、关节痛、风湿病,还能抑制血小板聚集,用于预防和治疗缺血性心脏病、心绞痛、心肺梗死、脑血栓形成。到目前为止,阿司匹林已经应用百年,成为医药史上三大经典药物之一,现在仍是世界上应用最广泛的解热、镇痛和抗炎药,也作为比较和评价其他药物的标准制剂。

18.2.2 工艺流程

阿司匹林原料药由水杨酸(邻羟基苯甲酸)与乙酸酐经酰化反应制得。在反应器中加入乙酸酐(过量)和水杨酸,在一定温度条件下反应后通过离心过滤得到粗品。将阿司匹林原料药粗品加入乙醇溶液中进行溶解,重结晶、干燥后,可得到阿司匹林原料药。反应式如下:

阿司匹林原料药合成中试装置及仿真训练装置平台分为公共单元、反应单元、重结晶单元等工艺单元,工艺流程方框图如图 18-1 所示,工艺流程图如图 18-2 所示。其流程大致为:将乙酸酐原料罐(V201)中的乙酸酐原料经泵(P201)定量打入反应釜(R201)中,加入定量的水杨酸至反应釜(R201)中,将催化剂加入反应釜(R201)中,升温后在搅拌条件下进行反应。反

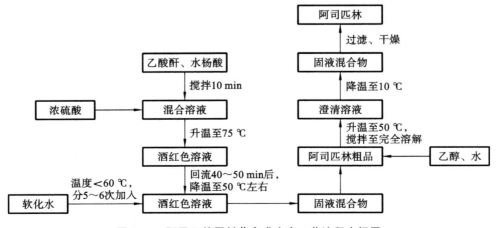

图 18-1 阿司匹林原料药合成生产工艺流程方框图

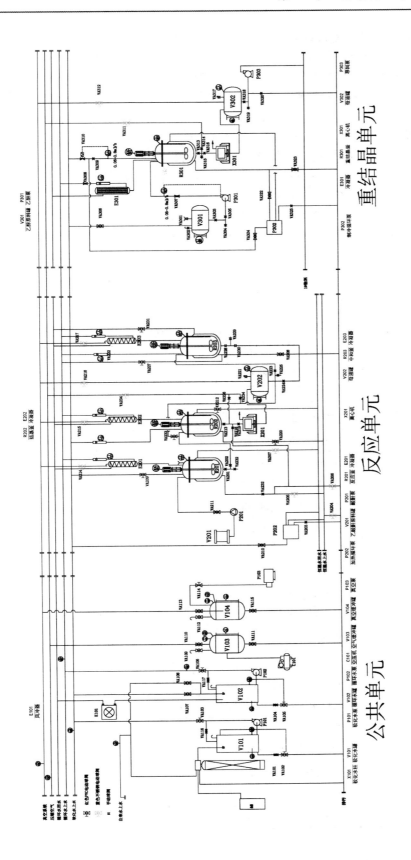

图 18-2　阿司匹林原料药合成生产线工艺流程图

应过程中挥发出的蒸气进入冷凝器(E201)回流。经反应一段时间后,乙酸酐和水杨酸在反应釜反应完毕,降温至 50 ℃左右,开启真空系统,经真空系统将反应釜(R201)的反应物抽至结晶釜(R202)中,少量多次打入软化水至结晶釜(R202)中以分解过量的乙酸酐,降温结晶,开启结晶釜(R202)底部放料阀,结晶母液进入离心机(X201)进行离心过滤,过滤后的母液经真空系统抽至母液罐(V202)中,再次抽至结晶釜结晶,过滤,最终母液经真空系统倒料至中和釜(R203)中,与氢氧化钠发生中和反应后进行达标排放,该单元得到阿司匹林粗品。

用乙醇泵(P301)将乙醇原料罐(V301)中的乙醇定量打入重结晶釜(R301)中,打开软化水进水阀(VA309、VA310)放入一定量的软化水,将阿司匹林粗品定量投入重结晶釜(R301)中,加热搅拌,待晶体溶解后,降温重结晶,打开 R301 放料阀(VA313、VA316),料液进入离心机(X301)中进行离心过滤,得到精制的阿司匹林。离心后的滤液(乙醇、水溶液)则通过真空抽至母液罐(V302)中储存或排污,当滤液达到一定量时操作人员也可选择用实验室现有设备对其进行精馏提纯回收处理。

18.2.3　工艺指标

实验操作过程中,各控制点的控制参数可参考表 18-1 所列阿司匹林原料药合成生产线工艺指标。

表 18-1　阿司匹林原料药合成生产线工艺指标

名称	重要工艺点		工艺要求
技术指标	公共单元	软化水罐温度 TI101	常温
		循环水罐温度 TI102	≤40 ℃
		软化水罐液位 LIC101	400～550 mm
		循环水罐液位 LIC102	400～550 mm
		循环水上水流量 FI101	0.4～8 m³/h
		空气缓冲罐压力 PI101	0.7 MPa
		真空缓冲罐压力 PI102	−0.05 MPa
	反应单元	反应釜温度 TI201	0～90 ℃
		结晶釜温度 TI202	0～50 ℃
		中和釜温度 TI203	0～50 ℃
		循环水进水流量 FI201	0.016～0.16 m³/h
		软化水进水流量 FI202	0.016～0.16 m³/h
		循环水进水流量 FI203	0.016～0.16 m³/h
		软化水进水流量 FI204	0.016～0.16 m³/h
		循环水进水流量 FI205	0.016～0.16 m³/h
	重结晶单元	重结晶釜温度 TI301	0～50 ℃
		进料流量 FI301	0.06～0.8 m³/h
		循环水进水流量 FI302	1.8～18 L/min
		软化水进水流量 FI303	0.06～0.8 m³/h

18.3　装置设计与配置

18.3.1　装置布局描述

装置整体采用区域化布局,设备布置分为总管廊区、动力区和工艺区等,装置工艺采用单元模块化组合,分为公共单元、反应单元和重结晶单元等工艺单元。各单元管路之间通过波纹管卡箍连接,设置有排污管。

18.3.2　主要配置说明

(1)软化水罐:100 L,耐腐蚀 PE 材质,压力式液位计,液位自动控制。

(2)循环水罐:100 L,耐腐蚀 PE 材质,差压式液位计,液位自动控制。

(3)空气缓冲罐、真空缓冲罐:20 L,ϕ273 mm×350 mm,304 不锈钢材质,厚度 $t=4$ mm。

(4)反应釜:20 L,玻璃材质,配温度检测,可拆卸组装。

(5)结晶釜:20 L,玻璃材质,配温度检测,可拆卸组装。

(6)母液罐:20 L,PP 材质,配就地液位显示、压力显示。

(7)中和釜:20 L,玻璃材质,配温度检测,可拆卸组装。

(8)乙酸酐原料罐:10 L,玻璃材质,带盖子。

(9)重结晶釜:20 L,ϕ273 mm×350 mm,316L 不锈钢材质,$t=4$ mm,带不锈钢夹套,可拆卸组装。

(10)重结晶母液罐:20 L,ϕ273 mm×350 mm,304 不锈钢材质,$t=4$ mm。

(11)乙醇原料罐:20 L,ϕ273 mm×350 mm,304 不锈钢材质,$t=4$ mm。

(12)热水管路:304 不锈钢材质,耐压$\geqslant$0.3 MPa,配套快装式卡箍连接。

(13)冷水管路:透明,壁厚 2.5 mm,PVC 材质。

(14)电控系统:PLC 控制系统。

(15)水电配置:此项需用户配套提供,需水量约为 5 m³/h,需配置上水管。

(16)装置最大工作电负荷为 15 kW,需配置专用配电柜、三相四线、漏电保护开关。

18.4　操作步骤

18.4.1　公共单元操作

(1)上电:打开总电源,开启公共单元模块总电源与控制电源,双击一体机桌面操控软件,操作至图 18-3 和图 18-4 所示界面。

(2)检查控制系统相关量程、刻度与阀门状态是否显示正常,阀门检查可参照阀门初始状态图(图 18-4),并对应填写相关确认表。

图 18-3　公共单元开始进入界面

注:点击"单机版"按钮确认后,即可进入操控界面开始实验。

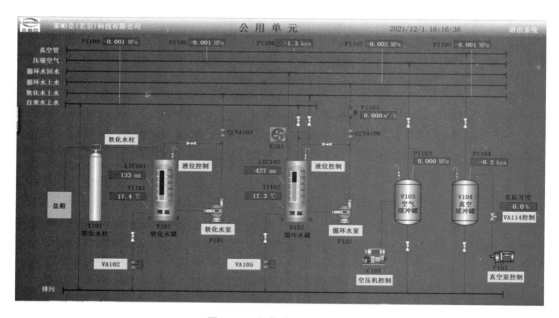

图 18-4　公共单元操作界面

注:VA102、VA103、VA105、VA106、VA114 为电动阀,显示红色为关闭状态,显示绿色为开启状态,点一下阀门可切换阀门状态,并可观察各釜温度。

(3)设定工艺参数并检查无误后,按图 18-5 软化水罐液位控制操作界面,设定液位上限 550 mm 左右,下限 250 mm 左右(低于液位下限时,软化水泵 P101 无法启动,因此设置下限时保证液位在 50~250 mm,超过设置的液位上限时电动阀门 VA102 会自动开启排污)。

(4)设定循环水罐(图 18-6),液位上限 600 mm 左右,下限 200 mm 左右(根据液位和温度结合控制相应电动阀门的开启或关闭原理,尽可能保证循环水的温度和液位在设定范围内)。

（5）上水:打开软化水柱控制阀门(图 18-7 所示为软化水柱自动头控制操作界面,按照该控制阀的说明书进行),打开自来水上水总阀,制取软化水(前提是软化水柱内已填充阳离子交换树脂)。

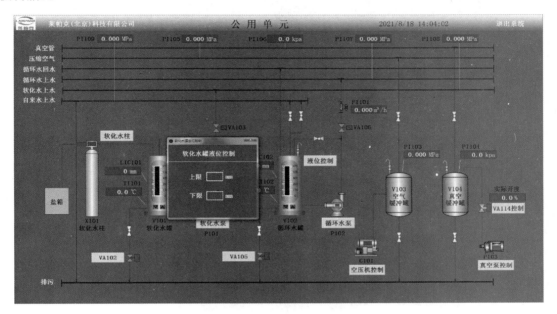

图 18-5　软化水罐液位控制操作界面

注:点击"软化水罐液位控制"按钮,出现软化水罐控制操作选项,可以根据实验需要对软化水罐的液位上限和液位下限进行设置。

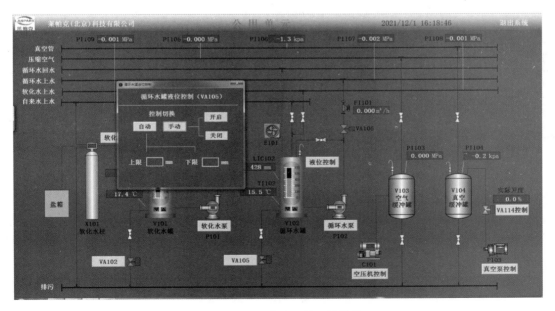

图 18-6　循环水罐液位控制操作界面

注:点击"循环水罐液位控制"按钮,出现循环水罐控制操作选项,可以对循环水罐的液位控制进行设置,可选择手动模式或自动模式,在自动模式下可根据实验需求设置相应的液位上限和液位下限。

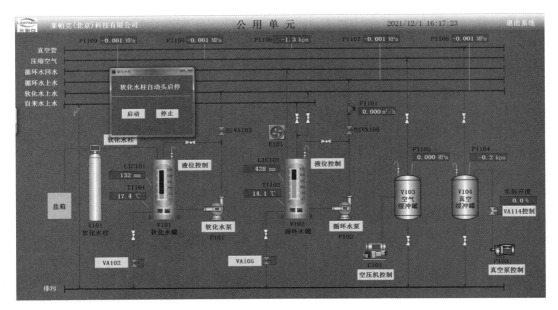

图 18-7　软化水柱自动头控制操作界面

（6）软化水罐操作：待观察到软化水罐 V101 液位升至 400 mm 以上（至少要等到液位高于下限值，最好等液位处于 400～500 mm 后再启动泵），启动软化水泵 P101（图 18-8），打开阀门 VA103，可根据需要调节 VA116 阀门，控制出水流量，打开阀门 VA107，可观察到水进入循环水罐。

（7）循环水罐操作：待循环水罐液位升至 400 mm 以上时，启动循环水泵 P102（图 18-9）打开阀门 VA106，维持设备运行状态，备用（循环出水流量通过涡轮流量计 FI101 显示，可根据需要调节 VA117 阀门，控制出水流量）；另外，用户可根据实际需要选择自来水或软化水循环冷却，此时的操作需要与阀门 VA116 或 VA108 关联。

（8）空气缓冲罐操作：检查确认 VA110 处于关闭状态，启动空气压缩机 C101（图 18-10），关闭阀门 VA109，观察空气缓冲罐内压力，稳定后备用（或在后单元需要时再开启使用）。

（9）真空缓冲罐操作：检查 VA113 处于关闭状态，打开阀门 VA114，开度设置为 50％～100％，启动真空泵 P103（图 18-11），关闭阀门 VA112，开启阀门 VA113，备用（或在后单元需要时再开启使用）。

操作过程中应注意观察各个总管压力显示值是否异常。

18.4.2　反应单元操作

（1）上电：开启反应单元模块总电源与控制电源，双击一体机桌面操控软件，操作至图 18-12 所示界面。

（2）检查控制系统相关量程、刻度与阀门状态是否显示正常，可参照阀门初始状态图，并对应填写相关确认表。

（3）冷暖恒温槽设置：打开阀门 VA210，向冷暖恒温槽内注满水。开启冷暖恒温槽电源开关，依次打开反应釜 R201 夹套进出水阀门 VA207、VA205、VA232，开启冷暖恒温槽循环开关（图 18-13），给反应釜 R201 夹套注水时应继续向冷暖恒温槽内加软化水，保证液位达标，设定

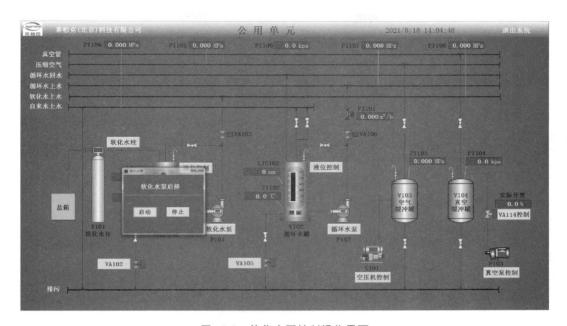

图 18-8　软化水泵控制操作界面

注:点击"软化水泵"按钮,出现软化水泵控制操作选项。

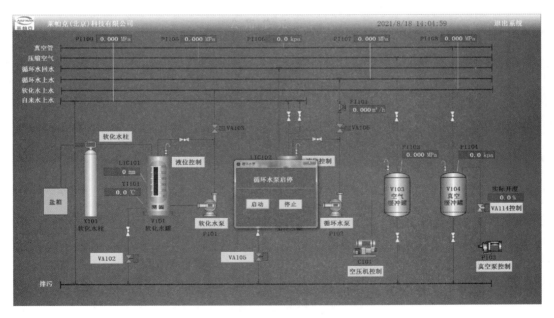

图 18-9　循环水泵控制操作界面

注:点击"循环水泵"按钮,出现循环水泵控制操作选项。

温度 50 ℃,开启冷暖恒温槽加热开关开始升温,待冷暖恒温槽温度显示值达到设定值,开始下一步加料。

(4)加入乙酸酐:加乙酸酐原料前,确认罐体干燥清洁;向乙酸酐原料罐 V201 中加入 3125 mL 乙酸酐,打开阀门 VA211,开启蠕动泵 P201(图 18-14),乙酸酐原料进入反应釜中,开启反应釜 R201 搅拌,设定转速 60~80 r/min,通过固体加料口加入 1250 g 事先称量好的水杨酸,

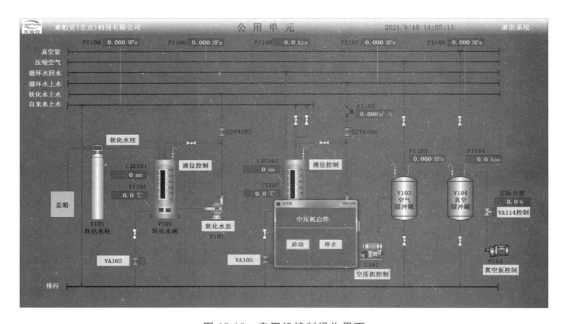

图 18-10　空压机控制操作界面

注:点击"空压机控制"按钮,出现空压机控制操作选项。

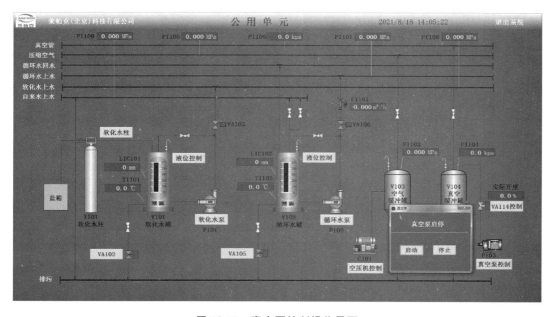

图 18-11　真空泵控制操作界面

注:点击"真空泵控制"按钮,出现真空泵控制操作选项。

搅拌 10 min(加入固体物料后可适当调大转速搅拌 30 s,然后保持原速搅拌)。

(5)加入浓硫酸:通过固体加料口向反应釜 R201 加入 187 mL 浓硫酸,也可以通过恒压漏斗向反应釜 R201 加浓硫酸(关键点:加浓硫酸时建议分多次加入,防止釜内温度飙升,应保证 TI201 显示温度在 80 ℃ 以下)。

(6)打开反应釜冷凝器循环水进水阀门(通过转子流量计 FI201 调节),调节阀门开度,通

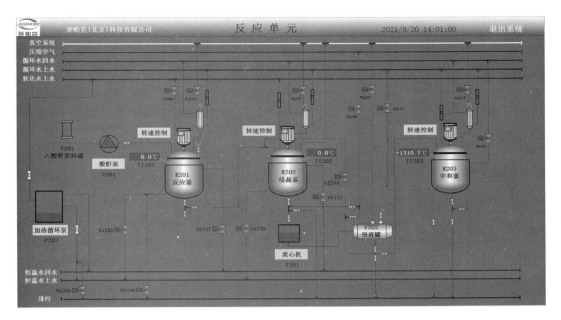

图 18-12　反应单元操作界面

注：VA204、VA205、VA206、VA207、VA209、VA212、VA214、VA215、VA216、VA217、VA220、VA227、VA231、VA233、VA234 为电动阀,显示红色为关闭状态,显示绿色为开启状态,点一下阀门可切换阀门状态,可观察各釜温度。

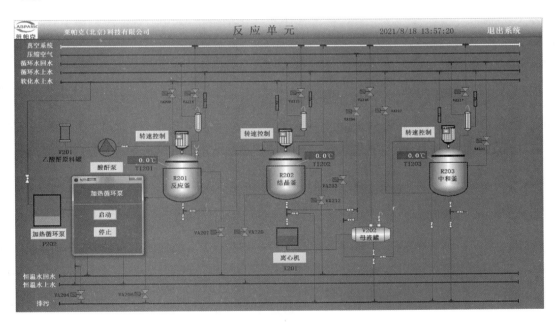

图 18-13　加热循环泵 P202 操控界面

注：点击"加热循环泵"按钮,出现加热循环泵控制操作选项,可进行启动和停止操作。温度设置、加热、制冷、循环在加热循环泵面板操作。

入循环水冷凝。

（7）调节反应温度：在反应釜 R201 内温度低于 80 ℃的前提下,设置冷暖恒温槽温度为 78 ℃,待反应釜内温度升至 75 ℃时,观察反应现象（酒红色）。通过微调冷暖恒温槽加热温度,保

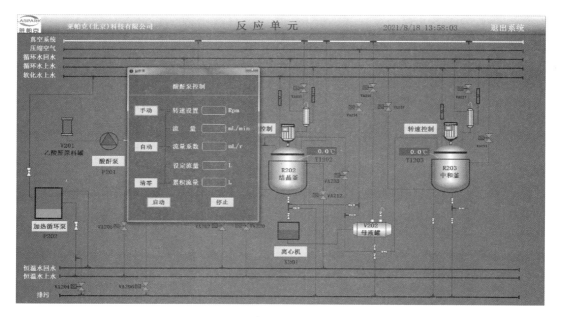

图 18-14　酸酐泵 P201 操控界面

注:点击"酸酐泵"按钮,出现酸酐泵控制操作选项。酸酐泵的控制方式可在手动与自动间进行选择,可根据实验需求设置相应的模式。

证反应釜内温度维持在 75 ℃左右,不超过 80 ℃,观察回流现象,持续反应 40～50 min。

(8)反应混合物处理:反应完毕,设定冷暖恒温槽的温度为 50 ℃,将冷暖恒温槽排污阀 VA203 打开,排出部分热水,排热水过程中持续向冷暖恒温槽内加入软化水并观察冷暖恒温槽温度,使显示值保持在 50 ℃。等待反应釜内温度 TI201 为 50 ℃左右时,关闭阀门 VA205、VA232、VA207,打开结晶釜 R202 夹套进出水阀门 VA220、VA212,经冷暖恒温槽循环向 R202 夹套注水(注意继续向冷暖恒温槽加软化水);打开冷凝器 E202 进水转子流量计 FI203 阀门,调节至合适流量,打开结晶釜真空电动球阀 VA215,打开反应釜放料阀 VA232 和结晶釜进料阀 VA202,将反应釜内物料全部抽至结晶釜内后关闭 VA215,依次关闭阀门 VA232、VA202,打开结晶釜 R202 搅拌并设置转速 70 r/min(图 18-15)。当冷暖恒温槽显示温度低于 40 ℃时,分两种情况进行实验操作(关键点:乙酸酐遇水大量放热,需控制加水量和加水速度):

①软化水温度低于 40 ℃时(春、秋、冬季),设置温度 38～39 ℃,开启加热开关,在第(9)步降温结晶操作中,加入软化水后,如果釜内温度没有明显升高,反而转为下降时(瞬时温度不应低于 35 ℃),还是应分多次加入软化水,防止温度骤降引起物料结块,加入软化水过程中观察釜内结晶现象和釜内温度,适当调整冷暖恒温槽温度设置;

②软化水温度高于 40 ℃时(夏季),设置温度 40 ℃,开启制冷开关,进行第(9)步结晶釜操作。

(9)结晶釜操作:打开结晶釜 R202 软化水进水阀门(通过转子流量计 FI202 调节),调节阀门开度,向结晶釜中通入少量软化水(注意:加入的软化水的温度为 40 ℃左右,不宜太低,防止晶体呈块状快速析出),也可手动加入软化水,前期水解过量的乙酸酐共加水 250 mL(关键点:分 5～6 次加入),每次加水过程中温度会升高,应待温度低于 60 ℃再进行下一次加水,每次加水时注意观察结晶釜内温度,防止温度飙升(瞬时温度不可超过 80 ℃)。继续少量多次加

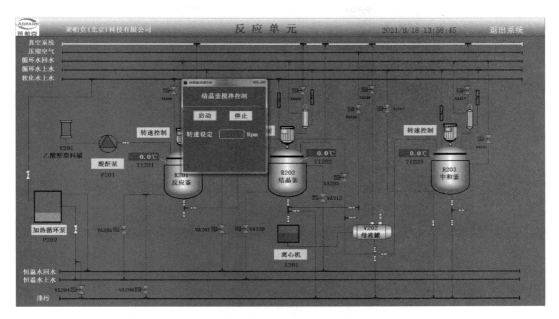

图 18-15　结晶釜 R202 搅拌控制界面

注:点击结晶釜的"转速控制"按钮,出现结晶釜控制操作选项,可以对转速进行设置。

水,当温度不再出现迅速升高的情况后可每次增加加水量,前后总共加水约 7 L。

(10)结晶过程:待晶体析出完成(整体呈粥状),打开结晶釜放料阀 VA213、VA219,将物料放入离心机内(根据物料量分 1～2 次离心)。点击离心机 X201 上启动按钮(图 18-16),再点击低速按钮,转动 5～10 s 后停止,静置 5 min,保持真空缓冲罐压力为−0.05 MPa。打开母液罐 V202 真空电动球阀 VA216,然后加盖,开始离心过滤(建议使用低速),滤液进入母液罐 V202 中(关键点:母液罐中母液需及时导料,避免在母液罐中结晶出现堵料)。经真空系统再次将滤液抽至结晶釜内,进行二次结晶。再次打开结晶釜放料阀 VA213、VA219,将物料放入离心机内,启动离心机 X201,同以上操作后母液进入母液罐 V202 中,通入软化水洗涤阿司匹林粗品,洗涤 3 次,每次洗涤时将离心机关闭,母液罐真空关闭,浸泡 3 min,离心时开启母液罐真空低速离心(离心机内水较多时尽量先多次点击低速和停止按钮,防止速度过高液体飞溅)。

(11)二次结晶母液和洗涤液全部进入母液罐 V202 中,打开中和釜 R203 真空电动球阀 VA217,打开母液罐阀门 VA221、VA223,经真空系统将母液抽至中和釜中,然后关闭 VA217,关闭母液罐阀门 VA221、VA223,打开中和釜夹套进出水阀门 VA227、VA231,通入循环水,经固体加料口加入氢氧化钠固体进行中和反应,转速设置 80～100 r/min。

(12)氢氧化钠固体加入量在 1～1.5 kg 范围内,根据料液 pH 值调整氢氧化钠的加入量,打开中和釜底阀 VA228、VA229。取样检测料液 pH 值,若在 6～7 范围内,即可打开阀门 VA230 进行环保排放。

18.4.3　重结晶单元操作

(1)上电:开启重结晶单元模块总电源与控制电源,双击一体机桌面操控软件,操作至图 18-17 所示界面。

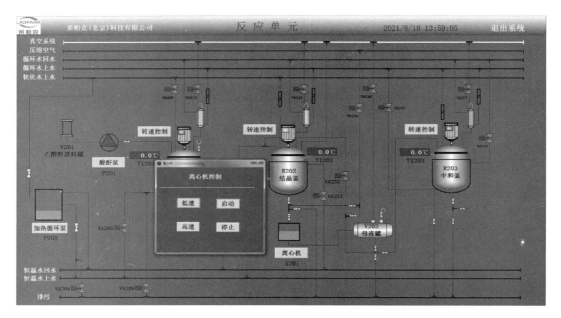

图 18-16　离心机 X201 操控界面

注:点击"离心机"按钮,出现离心机控制操作选项,可设置离心机为低速模式或高速模式。

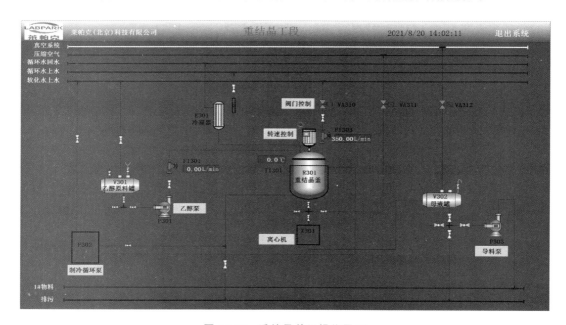

图 18-17　重结晶单元操作界面

注:VA310、VA311、VA312 为电动阀,显示红色为关闭状态,显示绿色为开启状态。点一下阀门可切换阀门状态,可观察各釜温度。

（2）检查控制系统相关量程、刻度与阀门状态是否显示正常,阀门检查可参照阀门初始状态图,并对应填写相关确认表。

（3）制冷调节:打开阀门 VA310、VA324,向制冷循环泵 P302 中加入软化水。开启制冷循环泵电源开关(图 18-18),设定温度 50 ℃,开始升温(首次进行此步骤操作时,应在重结晶釜夹套水注满的前提下,保证 P302 内的水位达标),升温过程中进行下一步配料。

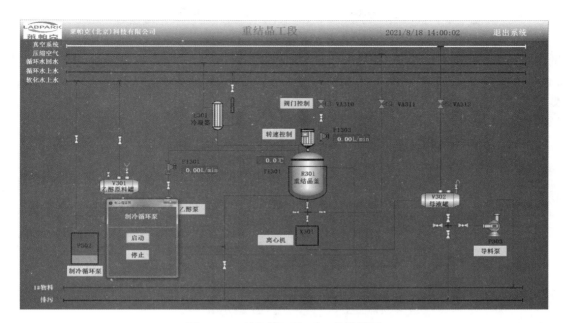

图 18-18　制冷循环泵 P302 操控界面

注：点击"制冷循环泵"按钮，出现制冷循环泵控制操作选项，可进行启动和停止操作。温度设置、加热、制冷、循环在加热循环泵面板操作。

（4）加入乙醇：打开阀门 VA301，向乙醇原料罐加入 1.8 L 乙醇。点击乙醇泵按钮（图 18-19），在"定量停止"右侧"设定流量"方框内，点击输入"1.8"，点击"定量启动"，点击"启动"，开启原料泵 P301，打开阀门 VA307，通过涡轮流量计 FI301 向重结晶釜 R301 中加入定量的乙醇。

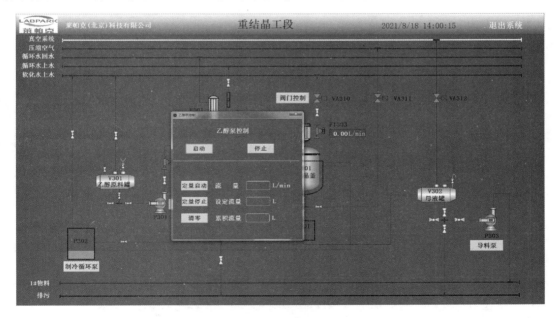

图 18-19　乙醇泵 P301 操控界面

注：点击"乙醇泵控制"按钮，出现乙醇泵控制操作选项。设定流量值前，如不显示"0"，可点击清零；设定流量值后，输入所需流量，点击"定量启动"。

(5)加入软化水:打开阀门 VA309、VA310(图 18-20),通过涡轮流量计 FI303 定量加入 8 L 软化水至重结晶釜 R301 中,也可通过固体加料孔手动加水,二者配成 15%(质量分数)左右的乙醇溶液(关键点:阿司匹林易溶于乙醇,微溶于水,浓度过高时易导致大量阿司匹林无法析出,浓度过低时除杂效果不明显),开启搅拌,转速为 80 r/min(图 18-21),根据乙醇浓度情况调整二者的配比。

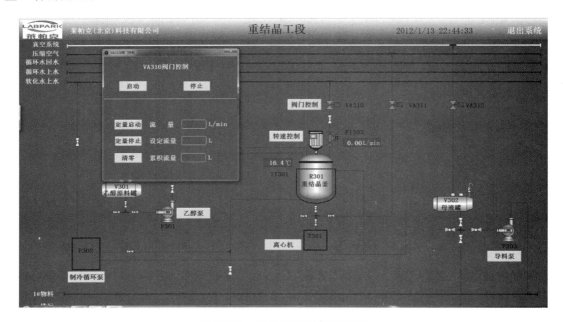

图 18-20　阀门 VA310 操控界面

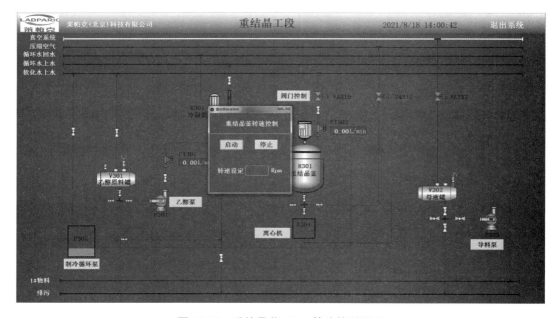

图 18-21　重结晶釜 R301 转速控制界面

注:点击重结晶釜的"转速控制"按钮,出现重结晶釜控制操作选项,可以根据实验需要对转速进行设置。

(6)加入阿司匹林,重结晶:通过重结晶釜加料口加入粗品阿司匹林,搅拌转速设定在120～140 r/min。打开隔膜阀 VA308 并调至合适流量,向冷凝器通入循环水,打开重结晶釜夹套进水口阀门 VA322,观察重结晶釜内温度,控制在 50 ℃左右(关键点:重结晶温度不宜过高,防止残留的酸在重结晶釜中腐蚀性增强)。继续搅拌,当结晶刚好完全溶解后,重新设定冷暖恒温槽的温度为 10 ℃左右,设定搅拌转速 50～70 r/min。打开阀门 VA310、VA324、VA325,给冷暖恒温槽和重结晶釜夹套内的水降温,待冷暖恒温槽内液体温度到达 10 ℃时,关闭阀门 VA310、VA324、VA325,开始降温结晶。

(7)晶体收集:待晶体析出,开启真空系统,保持真空缓冲罐压力为－0.05 MPa。打开母液罐 V302 真空电动球阀 VA312,打开重结晶釜放料阀 VA313、VA316,将物料放入离心机内(根据物料量分 1～2 次离心)。启动离心机 X301(图 18-22),开始低速离心过滤,通入少量软化水洗涤阿司匹林产品并再次低速离心过滤,然后转换至高速离心(注意离心机出现较大振动时立即按紧急停止按钮,离心过程中不可无人看守),所得精制阿司匹林为白色针状晶体,可自行进行干燥处理后进入相应实验,所得滤液存放在母液罐 V302 中,可选择进行精馏回收或排污处理。

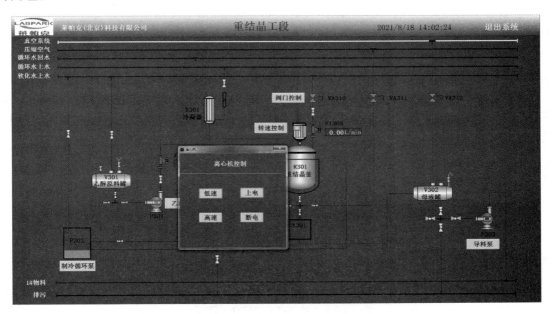

图 18-22 离心机 X301 操控界面

注:点击"离心机"按钮,出现离心机控制操作选项,可设置离心机为低速模式或高速模式。

18.4.4 停车操作

(1)依次检查各单元电加热、搅拌与泵是否仍处于运行状态。若有,则关闭电加热和泵。

(2)依次检查各单元冷却水阀门是否仍处于运行状态。若有,则关闭阀门。

(3)依次检查各单元设备压力状况。若存在带压状况,则打开设备放空阀调至常压。

(4)依次检查各单元电动球阀是否处于断电状态。若不是,则断电。

（5）依次检查各设备内是否存在未处理物料。若有，则需要取出。废料若无污染，则直接排放；若有污染，则需收集后统一处理。

（6）开启所用设备阀门，保证设备内无残留。

（7）关闭各单元中控单元，关闭各单元单独电源，关闭总电源。

18.5　设备清洗

为保持设备及实验室的清洁卫生，实验结束，应及时清洗设备和管路，打扫实验室。

（1）反应单元乙酸酐原料罐清洗：应先确认罐内没有乙酸酐原料，再加水 1 L 左右进行清洗，通过蠕动泵将清洗水打入反应釜。

（2）反应釜清洗：打开阀门 VA209，向反应釜通入软化水 5～10 L，也可通过固体加料口向反应釜加水，开启反应釜搅拌，设定转速 80 r/min，清洗反应釜，搅拌 10 min 左右。

（3）结晶釜清洗：打开真空电磁阀 VA215，打开阀门 VA201、VA232，经真空系统将反应釜内清洗水抽至结晶釜，开启结晶釜搅拌，设定转速 80 r/min，清洗结晶釜，搅拌 20 min 左右（如有管路堵塞现象，可打开电磁阀 VA234 进行鼓泡吹洗）。

（4）离心机及母液罐清洗：打开真空电磁阀 VA216，打开阀门 VA213、VA219，启动离心机中速离心，清洗水经真空系统进入离心机再进入母液罐中。

（5）中和釜清洗：打开真空电磁阀 VA217，打开阀门 VA223，经真空系统将母液罐内清洗水抽至中和釜，开启中和釜搅拌，设定转速 80 r/min，清洗中和釜，搅拌 10 min 左右，开启阀门 VA228、VA230，排污。

（6）重结晶单元乙醇原料罐清洗：应先确认罐内没有乙醇原料，再加水 5～10 L 浸泡清洗。

（7）重结晶釜清洗：打开阀门 VA303、VA305，通过乙醇泵将清洗水打入重结晶釜，也可通过固体加料口向重结晶釜加水，开启重结晶釜搅拌，设定转速 80 r/min，搅拌 20 min 左右（如有管路堵塞现象，可打开电磁阀 VA234 进行鼓泡吹洗）。

（8）重结晶离心机及母液罐清洗：打开真空电磁阀 VA312，打开阀门 VA313、VA316，启动离心机中速离心，清洗水经真空系统进入离心机再进入母液罐中。

18.6　经济和时间成本核算

以每次投料 1250 g 水杨酸进行核算，经济指标评价表如表 18-2 所示。

表 18-2　经济指标评价表

物料类别	主物料 1	主物料 2	主物料 3	辅料 1	辅料 2
物料名称	水杨酸	乙酸酐	浓硫酸	氢氧化钠	乙醇
物料纯度	分析纯	分析纯	分析纯	分析纯	分析纯
物料用量	1.250 kg	3.125 L	0.187 L	1.500 kg	1.850 L

续表

物料类别	主物料 1	主物料 2	主物料 3	辅料 1	辅料 2
物料单价	40 元/kg	180 元/L	30 元/L	14 元/kg	14 元/L
金额/元	50	562.5	5.6	21	25.9
原料成本/元	665				
	公用单元		反应单元		重结晶单元
水消耗/元 (水量(m³)×水单价(元/m³))	0		2×4.2		0.8×4.2
电消耗/元 (电量(kW·h)×电单价(元/(kW·h)))	1.6×0.56		22×0.56		8.5×0.56
水电消耗合计/元	30				
总成本/元	695				

以初始投料到实验结束清场进行时间核算,时间核算表如表 18-3 所示。

表 18-3　时间核算表

操作工段	反应单元	重结晶单元	设备清场
时间/h	6~8	2~3	2
总时间/h	10~13		

18.7　"三废"处理

"三废"通常指废水、废气、废渣。反应单元产生的"三废"主要包括废酸和废水、废气、废渣。废酸主要成分是乙酸、硫酸,废酸可经氢氧化钠进行中和处理,达标排放,废水可直接排放;废气主要是反应产生的酸蒸气,可经通风罩排至室外;废渣主要是罐体残留的产品结晶、中和反应产生的溶于中和液的硫酸钠和乙酸钠,考虑到经济成本,产品结晶废渣可通过过滤回收处理,其他废渣可直接排放。重结晶单元产生的"三废"主要包括废水、废渣和废气,废水主要为乙醇水溶液,可导料至实验室精馏设备进行乙醇回收,循环利用;废气主要是产生的少量乙醇蒸气,可经通风罩排至室外;废渣主要是产品结晶废渣,可通过过滤回收处理。

18.8　注意事项

循环水浴时切忌加水过满,泵输送时及时补水,保证水位高于冷凝管。

在反应釜反应过程中及时观察反应温度,防止反应温度超过 80 ℃,造成副反应过多,降低产率和产品品质。

关闭真空系统之前,应先打开真空缓冲罐放空阀,再关闭真空泵,防止倒吸。

结晶釜卸出固体物料时,如出现堵塞应及时通入压缩空气(阀门 VA234 和 VA226、阀门 VA311 和 VA313),或者在卸料前加入自来水并保持中高速搅拌排料。

及时调节冷凝器冷却水进水流量,防止蒸气外泄。

开启结晶釜底部放料阀离心过滤之前,须保证真空缓冲罐压力不高于-0.05 MPa。

反应单元及重结晶单元母液罐中母液须及时导料,不能在母液罐中长时间存料,否则会在母液罐中结晶,出现母液罐堵塞情况。

实验结束时,应用水清洗管路和设备,保持实验室的清洁卫生。

冬季气温在冰点以下时,实验完成后应及时对整条生产线进行排水处理,防止冬季结冰损坏设备。

18.9　危险源辨识说明

阿司匹林原料药合成生产线危险源辨识说明表如表 18-4 所示。

表 18-4　危险源辨识说明表

序号	危险源类别	品名	危险源性质	危险性说明	急救措施
1	化学品	乙酸酐	无色透明液体,有强烈的乙酸气味,味酸,有吸湿性,溶于氯仿和乙醚,缓慢地溶于水形成乙酸。密度 1.080 g/cm³,熔点-73 ℃,沸点 139 ℃,闪点 49 ℃,燃点 400 ℃。低毒,易燃,有腐蚀性,有催泪性	健康危害:吸入后对呼吸道有刺激作用,引起咳嗽、胸痛、呼吸困难。其蒸气对眼有刺激性。眼和皮肤直接接触液体可致灼伤。环境危害:对环境有危害,对水体可造成污染。燃爆危险:易燃,具腐蚀、刺激性,致人体灼伤	皮肤接触:立即脱去污染的衣物,用大量流动清水冲洗至少 15 min,就医。吸入:迅速脱离现场至空气新鲜处。保持呼吸道通畅。如呼吸困难,输氧,就医。食入:用水漱口,饮牛奶或蛋清,就医
2		水杨酸	白色针状晶体或毛状结晶性粉末。易溶于乙醇、乙醚、氯仿,微溶于水,在沸水中溶解。常温下稳定,急剧加热时分解为苯酚和二氧化碳。具有部分酸的通性	健康危害:该品粉尘对呼吸道有刺激性,引起咳嗽和胸部不适。长时间接触可致眼损害。长时间或反复皮肤接触可引起皮炎,甚至发生灼伤。环境危害:对水体和大气可造成污染。燃爆危险:该品可燃,具刺激性	皮肤接触:立即脱去污染的衣物,用大量流动清水冲洗至少 15 min,就医。吸入:脱离现场至空气新鲜处。如呼吸困难,输氧,就医。食入:饮足量温水,催吐。洗胃,导泄,就医

续表

序号	危险源类别	品名	危险源性质	危险性说明	急救措施
3		浓硫酸	无色黏稠油状液体,高腐蚀性的强矿物酸。浓硫酸在浓度高时具有强氧化性,这是它与普通硫酸最大的区别之一。同时它还具有脱水性、强腐蚀性、难挥发性、酸性、吸水性等	健康危害:强烈的刺激和腐蚀作用。蒸气或雾可引起结膜炎等,以致失明;引起呼吸道刺激,高浓度可致窒息死亡。皮肤灼伤时,轻者出现红斑,重者形成溃疡。溅入眼内可造成灼伤,甚至失明。 环境危害:对水体和土壤可造成污染。 燃爆危险:本品助燃,具强腐蚀性、强刺激性,可致人体灼伤及皮肉炭化	吸入:将患者移离现场至空气新鲜处,有呼吸道刺激症状者应吸氧。 眼睛:张开眼睑,用大量清水或2%碳酸氢钠溶液彻底冲洗。 皮肤:立即用大量冷水冲洗,然后涂上3%～5%的碳酸氢钠溶液,以防灼伤皮肤。 口服:立即用氧化镁悬浮液、牛奶、豆浆等内服
4	化学品	氢氧化钠	强腐蚀性的强碱,一般为片状或块状,易溶于水(溶于水时放热)并形成碱性溶液,溶于乙醇和甘油,不溶于丙醇、乙醚。有潮解性,易吸取空气中的水蒸气(潮解)和二氧化碳(变质),可加入盐酸检验是否变质	健康危害:该品有强烈刺激和腐蚀性。粉尘或烟雾会刺激眼和呼吸道,腐蚀鼻中隔;皮肤和眼与其直接接触会引起灼伤,误服可造成消化道灼伤,黏膜糜烂、出血和休克。 分解产物:可能产生有害的毒性烟雾	皮肤接触:先用水冲洗至少15 min,再用5%～10%的硫酸镁溶液清洗并就医。 眼睛接触:用流动清水清洗至少15 min,就医。 吸入:脱离现场至空气新鲜处,就医。 食入:用食醋、大量橘汁或柠檬汁等中和;饮蛋清、牛奶并迅速就医,禁忌催吐和洗胃
5		乙醇	在常温常压下是一种易燃、易挥发的无色透明液体,毒性低,纯液体不可直接饮用;具有特殊香味,并略带刺激;微甘,并伴有刺激的辛辣滋味。易燃,其蒸气能与空气形成爆炸性混合物。能与水以任意比互溶,能与氯仿、乙醚、甲醇、丙酮和其他多数有机溶剂混溶	易燃,具刺激性,遇明火、高热能引起燃烧爆炸。与氧化剂接触时发生化学反应或引起燃烧。 急性中毒:多发生于口服。严重时出现意识丧失、呼吸不规律、心力循环衰竭及呼吸停止。 慢性影响:长期接触高浓度本品可引起刺激症状,以及头痛、头晕、易激动、震颤、恶心等	皮肤接触:脱去污染的衣物,用肥皂水和清水彻底冲洗皮肤。 眼睛接触:用流动清水或生理盐水冲洗,就医。 吸入:迅速脱离现场至空气新鲜处。保持呼吸道通畅。如呼吸困难,输氧,就医。 食入:饮足量温水,催吐。就医

续表

序号	危险源类别	品名	危险源性质	危险性说明	急救措施
6	化学品	乙酸	也叫醋酸（36%～38%）、冰醋酸（98%），是一种有机一元酸，为食醋的主要成分。纯的无水乙酸是无色的吸湿性固体；其凝固点为 16.6 ℃，凝固后为无色晶体；呈弱酸性且腐蚀性强；蒸气对眼和鼻有刺激性作用	健康危害：吸入后对鼻、喉和呼吸道有刺激性。对眼有强烈刺激作用。皮肤接触时，轻者出现红斑，重者引起化学灼伤。误服浓乙酸，口腔和消化道可产生糜烂，重者可因休克而致死。慢性影响：眼睑水肿、结膜充血、慢性咽炎和支气管炎。长期接触，可致皮肤干燥、脱脂和皮炎。环境危害：对环境有危害，对水体可造成污染	皮肤接触：先用水冲洗，再用肥皂彻底洗涤。眼睛接触：眼睛受刺激用水冲洗，再用干布擦拭，严重时须送医院诊治。吸入：若吸入蒸气，应使患者脱离污染区，安置休息并保暖。食入：误服时立即漱口，给予催吐剂催吐，就医
7		阿司匹林	白色结晶或结晶性粉末，无臭或微带乙酸臭，微溶于水，易溶于乙醇，可溶于乙醚、氯仿，水溶液呈酸性		
8		乙酸钠	无色透明或白色颗粒结晶，在空气中可被风化，可燃。易溶于水，微溶于乙醇，不溶于乙醚	对皮肤和眼睛有轻微的刺激作用	
9		硫酸钠	白色、无臭、有苦味的结晶或粉末，有吸湿性。暴露于空气中易吸水		
10	高低温源	加热循环泵	提供热源	避免接触热源表面及管路	远离热源，将烫伤的部位放在凉水中降温。用干净布料包扎伤口，不涂抹药品，若情况严重（如休克），应静卧，以得到充足的氧气
11		制冷循环泵	提供冷源	避免接触冷源表面及管路	手部冻伤的时候，将冻伤的手部放入 37 ℃左右的温水中反复浸泡，每次浸泡 3～4 s，直到冻伤处的疼痛感恢复为止

续表

序号	危险源类别	品名	危险源性质	危险性说明	急救措施
12	动力设备	真空泵	提供真空源	设备运行过程中避免接触动力设备	
13		空压机	提供压缩空气源		
14		离心机	物料固液分离		
15	个人防护	面部防护	佩戴全防护眼镜、防护面具		
		手部防护	佩戴手套(乳胶手套、帆布手套等)		
		脚部防护	不得穿凉鞋、拖鞋及高跟鞋		
		身体防护	必须穿工作服,及时清洗		

18.10　阀门检查参照及记录表

精细化工中间体合成(阿司匹林合成)生产线阀门状态确认表如表 18-5～表 18-7 所示,在确认表中进行确认:符合记为"√";不符合记为"×"。

表 18-5　公用单元阀门状态确认表

阀门位号	VA101	VA102	VA103	VA104	VA105	VA106	VA107	VA108	VA109
状态									
阀门位号	VA110	VA111	VA112	VA113	VA114	VA115	VA116	VA117	
状态									

表 18-6　反应单元阀门状态确认表

阀门位号	VA201	VA202	VA203	VA204	VA205	VA206	VA207	VA208	VA209
状态									
阀门位号	VA210	VA211	VA212	VA213	VA214	VA215	VA216	VA217	VA218
状态									
阀门位号	VA219	VA220	VA221	VA222	VA223	VA224	VA225	VA226	VA227
状态									
阀门位号	VA228	VA229	VA230	VA231	VA232	VA233	VA234	VA235	
状态									

表 18-7　重结晶单元阀门状态确认表

阀门位号	VA301	VA302	VA303	VA304	VA305	VA306	VA307	VA308	VA309
状态									
阀门位号	VA310	VA311	VA312	VA313	VA314	VA315	VA316	VA317	VA318
状态									
阀门位号	VA319	VA320	VA321	VA322	VA323	VA324	VA325		
状态									

第 19 章

精细化工中间体乙酸乙酯合成生产线

19.1　实践目标

19.1.1　知识目标

(1)熟悉乙酸乙酯合成与精制的生产工艺流程。
(2)掌握反应釜和萃取釜的投料、加热、搅拌及出料的操作知识。
(3)熟悉填料塔的采出和回流操作,了解蠕动泵控制回流比的方法。
(4)熟悉列管式换热器的操作,了解涡轮流量计的计量方式。
(5)熟悉低温循环制冷泵的操作。
(6)比较压力式液位计、压差式液位计和现场就地计量液位。
(7)熟悉物料混合体系的轻相和重相的分离操作。

19.1.2　能力目标

(1)增强对乙酸乙酯合成与精制生产工艺指标的控制能力。
(2)提升对生产过程中安全事故应急处置的能力。
(3)提升生产成本核算和控制的能力。
(4)强化工艺流程识图、读图、绘图能力。
(5)提升根据产品需求选择、使用设备的能力。

19.1.3　素质目标

(1)培养团队合作意识,提升有效沟通能力。
(2)培养工程职业道德和责任感。
(3)提高评估生产过程对环境和社会可持续发展影响的能力。
(4)强化项目层级管理能力。

19.2 工艺概述

19.2.1 工艺背景

乙酸乙酯又称醋酸乙酯,纯净的乙酸乙酯是无色透明、具有刺激性气味的液体,是一种用途广泛的精细化工产品,具有优异的溶解性、快干性,用途广泛,是一种非常重要的有机化工原料和极好的工业溶剂,被广泛用于乙酸纤维、乙基纤维、氯化橡胶、乙烯树脂、乙酸纤维树脂、合成橡胶、涂料及油漆等的生产过程中。

19.2.2 工艺流程

目前,已有直接酯化法、乙醛缩合法和乙烯与乙酸直接酯化法三种工业生产工艺。本工艺采用直接酯化法生产乙酸乙酯,乙酸和乙醇在固体酸催化剂的催化作用下,发生以下酯化反应:

该反应为可逆反应,所得粗产品经精馏分离、萃取后得到成品乙酸乙酯,采用精馏法回收相关萃取剂和乙醇。

乙酸乙酯合成与精制生产线工艺流程方框图如图 19-1 所示。

1. 工艺流程描述

本装置包含公共单元、酯化反应单元、萃取单元和精馏单元。图 19-2 是精细化工中间体合成(乙酸乙酯合成)生产线工艺流程总图,其主物料流向为:乙酸、乙醇溶液→酯化釜→萃取釜→精制塔塔釜→精制塔冷凝器→精制塔馏分器→乙酸乙酯罐。

2. 公共单元

公共单元包括循环水系统、软化水系统、真空系统以及压缩空气系统。

3. 酯化反应单元

原料罐内原料乙酸和乙醇(常压,$t = 25\ ℃$)分别用原料泵按一定比例送入反应釜内,再加入一定量的固体酸催化剂,搅拌混合均匀后,加热进行液相酯化反应。生成的气相物料先经填料塔粗分,再进入冷凝器冷凝,冷凝液进入馏分器,可选采出送至粗酯罐或回流至填料塔。可通过调节蠕动泵转速进行回流比的调节,反应一段时间后,将反应底物出料至袋式过滤器分离固体酸催化剂,母液可再次导入反应釜,与下一次反应的物料混合后进行反应,提高乙酸乙酯收率,或取样检测母液的 pH 值,通过计算确定加碱的量,对母液进行中和,中和后的母液可根据需要经 1♯ 物料管进入精馏单元回收塔进行乙醇回收或直接排放;粗酯罐内物料送至 2♯ 物料管,准备进入萃取单元。

4. 萃取单元

来自上一单元的乙酸乙酯粗产物通过萃取釜真空系统经 2♯ 物料管送入萃取釜内,然后

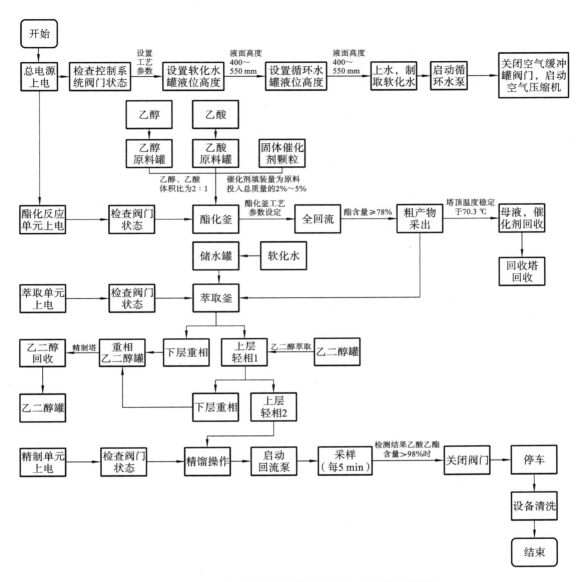

图 19-1　乙酸乙酯合成与精制生产线工艺流程方框图

加入 2 倍粗酯体积的软化水进行萃取操作,搅拌、静置分层后,放净下层水相使其进入重相水罐,然后加入与剩余油相等体积的乙二醇再次萃取,静置分层后,放净下层重相使其进入重相乙二醇罐;最后所得上层轻相,即为高纯度乙酸乙酯,可通过蠕动泵经 5♯ 物料管送入下一单元精制塔精制。重相水罐内的液体可通过蠕动泵经 1♯ 物料管进入精馏单元回收塔,制取粗酯并回收乙醇;重相乙二醇罐内的液体可通过蠕动泵经 3♯ 物料管也进入精馏单元的精制塔,制取纯乙酸乙酯。

5. 精馏单元

来自上一单元的油相(高纯度乙酸乙酯)经精馏单元的精制塔分离出纯乙酸乙酯和粗酯,纯乙酸乙酯存于乙酸乙酯罐,粗酯存于粗酯缓冲罐 1,可通过萃取釜真空经 2♯ 物料管再次返回萃取单元进行二次萃取操作;来自上一单元重相水罐的混合液体进入精馏单元的回收塔,可

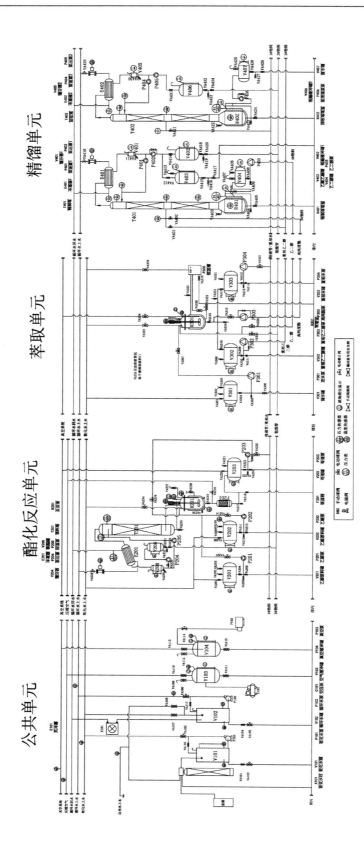

图 19-2　精细化工中间体合成（乙酸乙酯合成）生产线工艺流程总图

再次得到粗酯,粗酯存放于粗酯缓冲罐 2 中,经 2♯物料管再次返回萃取单元进行二次萃取操作;来自上一单元重相乙二醇罐的混合液体进入精馏单元的精制塔,进行简单精馏可再次得到粗酯,粗酯同样存于粗酯缓冲罐 1 内,可经 2♯物料管再次返回萃取单元进行二次萃取操作。如此提高了产品收率。

19.2.3　工艺指标

实验操作过程中,各控制点的控制参数可参考表 19-1。

表 19-1　精细化工中间体合成(乙酸乙酯合成)生产线工艺指标

名称	重要工艺点		工艺要求
技术指标	公共单元	软化水罐温度 TI101	常温
		循环水罐温度 TI102	≤40 ℃
		软化水罐液位 LIC101	400～550 mm
		循环水罐液位 LIC102	400～550 mm
		循环水上水流量 FI101	0.4～8 m³/h
		空气缓冲罐压力 PI101	≤0.7 MPa
		真空缓冲罐压力 PI102	−0.05 MPa
	酯化反应单元	酯化反应釜温度 TI201	≤100 ℃
		填料塔塔顶温度 TI202	≤70.6 ℃
		乙酸罐温度 TIC202	20～30 ℃
		回流泵 P205 转速	≤80 r/min
		回流泵 P204 转速	≤10 r/min
		循环水上水流量 FI201	0.4～4 m³/h
		酯化反应釜搅拌器转速 SIC201	≤100 r/min
		冷凝器回水温度 TI204	≤40 ℃
	萃取单元	萃取釜温度 TI301	≤60 ℃
		萃取釜搅拌器转速 SIC301	0～60 r/min
	精馏单元	精制塔塔釜温度 TI401	≤100 ℃
		精制塔塔顶温度 TI404	70.7 ℃、77 ℃
		冷凝器 1 回水温度 TI412	≤40 ℃
		冷凝器 2 回水温度 TI413	≤40 ℃
		回收塔塔釜温度 TI407	≤100 ℃
		回收塔塔顶温度 TI409	70.7 ℃、78.3 ℃

19.3　装置设计与配置

19.3.1　装置布局描述

装置整体采用区域化布局,分为总管廊区、动力区和工艺区等。装置工艺采用单元模块化组合,分为公共单元、酯化反应单元、萃取单元、精馏单元等工艺单元。公共单元布置有软化水树脂塔、软化水罐、软化水泵、循环水罐、循环水泵、空压机、空气缓冲罐、真空泵及真空缓冲罐;酯化反应单元布置有乙醇原料罐、乙酸原料罐、原料泵、酯化釜、填料塔、列管换热器、馏分器、袋滤器、母液罐、粗酯罐及母液泵;萃取单元布置有储水罐、萃取釜、重相水罐、重相乙二醇罐、重相泵及恒温槽;精馏单元布置有精制塔、回收塔、列管换热器、馏分器、回流泵、乙酸乙酯罐、粗酯缓冲罐、乙二醇罐、废水罐及导料泵。各单元管路之间通过波纹管卡箍、卡套连接,设置有排污管。

19.3.2　装置功能描述

(1)酯化反应岗位技能:原料配料加料操作;反应控制操作;搅拌器操作;反应回流操作;出料操作等。

(2)萃取岗位技能:萃取剂配料加料操作;搅拌器操作;物料萃取操作;出料操作等。

(3)精馏岗位技能:填料塔操作;简单精馏操作;回流操作;产品采出操作等。

(4)换热岗位技能:列管换热器操作;物料汽-水换热体系操作;物料液-液换热体系操作等。

(5)压力控制岗位技能:压力缓冲罐调节操作;真空泵及真空度调节操作等。

(6)现场工控岗位技能:换热器温度测控;反应温度测控;电动阀开关调节和手动阀开关调节;储罐液位调节控制;加热系统与物料的联调操作;物料配送及取样检测操作等。

(7)化工仪表岗位技能:流量计、液位计、压力变送器、差压变送器、热电阻、声光报警器、调压模块及各类就地弹簧指针表等的使用;单回路、串级控制和比值控制等控制方案的实施等。

(8)基于总线模式搭建控制方案,让学生了解现代化化工企业布局。

(9)让学生学习各操作单元远程监控、流程组态的切换,实现手动控制和自动控制方式的切换、远程监控、实时报警监测。

(10)强化学生设备布置的观念及工程化单元观念。

(11)能有效地培训化工安全知识:对学生进行 HSE 管理体系要求的化工安全认证标志学习,掌握相关化工安全知识。

19.3.3　主要配置说明

(1)装置尺寸:8800 mm×1120 mm×3000 mm(长×宽×高),铝合金框架。

(2)酯化釜:20 L,内筒体 ϕ273 mm×350 mm,t＝3 mm,316L 不锈钢材质;外夹套 ϕ325 mm,304 不锈钢材质,$t=3$ mm。

(3)萃取釜:30 L,内筒体 ϕ330 mm,透明高硼硅玻璃材质,外夹套 ϕ365 mm,可打开;配温度、压力检测。

(4)乙醇原料罐、水罐、重相乙二醇罐、废水罐:20 L,ϕ273 mm×350 mm,304 不锈钢材质,$t=3$ mm,配就地液位显示。

(5)乙酸原料罐、母液罐:20 L,ϕ273 mm×350 mm,316L 不锈钢材质,$t=3$ mm,配就地液位显示

(6)重相水罐:30 L,ϕ325 mm×420 mm,304 不锈钢材质,$t=3$ mm,配就地液位显示。

(7)软化水罐、循环水罐:100 L,耐腐蚀 PE 材质;配差压式和压力式液位计,液位自动控制。

(8)空气缓冲罐、真空缓冲罐:20 L,ϕ273 mm×350 mm,304 不锈钢材质,$t=3$ mm。

(9)精馏塔:精制塔塔釜 ϕ133 mm×4 mm,塔高 2500 mm,回收塔塔釜 ϕ159 mm×4 mm,塔高 2200 mm,包含塔釜、塔体、塔顶冷凝器,塔体全不锈钢材质,全塔可拆装,电控回流比调节。

(10)需水量约为 5 m³/h,需配置上水管。

(11)装置最大工作电负荷为 15 kW,需配置专用配电柜、三相四线、漏电保护开关。

19.4　操作步骤

19.4.1　公共单元操作

本部分操作参见 18.4.1 小节。

19.4.2　酯化反应单元操作

(1)上电:开启酯化反应单元模块总电源与控制电源,双击一体机桌面操控软件,操作至图 19-3 所示酯化反应单元操作界面。

(2)检查:检查控制系统相关量程、刻度与阀门状态是否显示正常,阀门检查可参照阀门初始状态图(图 19-3),并对应填写相关确认表。

(3)乙醇原料罐加料操作:开启阀门 VA203,通过加料口将所选用乙醇加入乙醇原料罐。

(4)乙酸原料罐加料操作:开启阀门 VA210,通过加料口将所选用乙酸加入乙酸原料罐。如果室温低于 20 ℃,建议开启乙酸原料罐 V202 伴热,设置适宜温度(如 25 ℃),乙酸原料罐 V202 伴热控制界面如图 19-4 所示。

(5)酯化釜加料操作:乙醇、乙酸体积比为 2∶1;催化剂填装量为原料投入总质量的 2%～5%;通过蠕动泵 P201 和 P202 向酯化釜内定量加入乙醇和乙酸;称取一定量的固体酸催化剂颗粒,将催化剂通过固体加料口加入酯化釜内(以总体积 12 L 为例,则乙醇加入 8 L,乙酸加入 4 L,以催化剂质量为 300 g 计)。乙醇泵 P201 操控界面如图 19-5 所示,乙酸泵 P202 操控界面如图 19-6 所示。

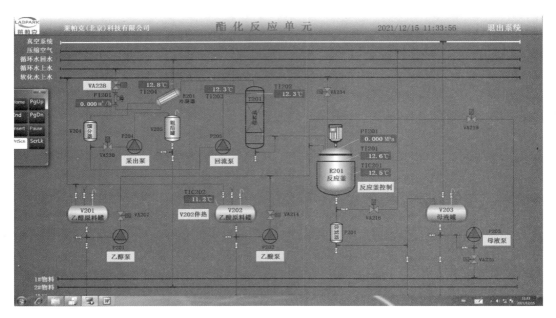

图 19-3　酯化反应单元操作界面

注：VA202、VA203、VA204、VA208、VA210、VA211、VA217、VA218 为电动阀，显示红色为关闭状态，显示绿色为开启状态，点一下阀门可切换阀门状态，可观察各釜温度；另外，VA228 可进行开度百分比调节。

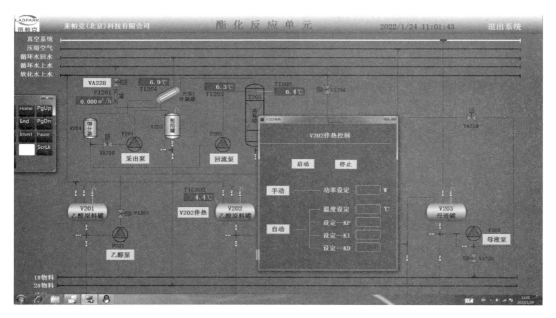

图 19-4　乙酸原料罐 V202 伴热控制界面

注：点击"V202 伴热"按钮，出现乙酸原料罐伴热控制操作选项，可进行手动功率设定或温度设定自动控制。

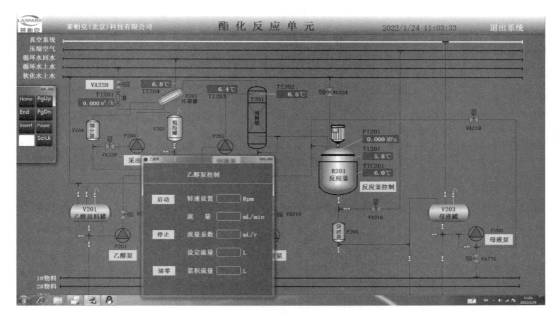

图 19-5　乙醇泵 P201 操控界面

注:点击"乙醇泵"按钮,出现乙醇泵控制操作选项,设定好流量系数和转速后启动即可。也可通过设定流量值来自动定量进料,到达设定值自动停止。

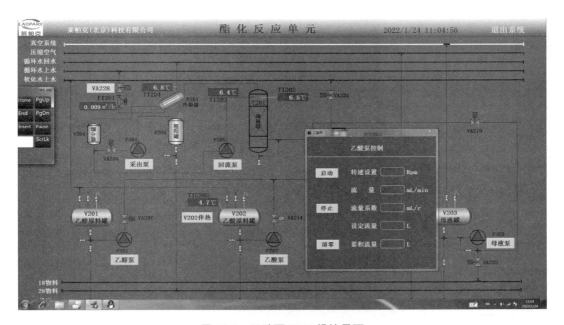

图 19-6　乙酸泵 P202 操控界面

注:点击"乙酸泵"按钮,出现乙酸泵控制操作选项,设定好流量系数和转速后启动即可。也可通过设定流量值来自动定量进料,到达设定值自动停止。

（6）酯化釜工艺参数设定：设定反应釜控制功率40％左右（反应釜操控界面如图19-7所示，加料完成后，反应前期可适当调大功率（百分比），但不超过60％，且应注意酯化釜夹套加料口 VA226，如果有导热油即将外溢，则应适当调小功率），启动反应釜加热控制，关闭阀门VA227；设定反应釜转速60 r/min，启动反应釜搅拌，开启冷凝器进水阀 VA228（VA228 操控界面如图 19-8 所示，开度建议设置80％左右）。

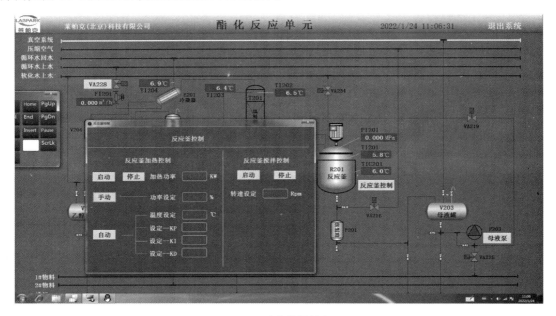

图 19-7　反应釜操控界面

注：点击"反应釜控制"按钮，出现反应釜控制操作选项，可进行反应釜功率（百分比）设置和反应釜转速设置。

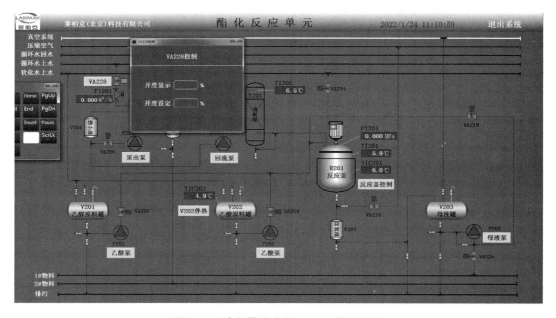

图 19-8　冷凝器进水阀 VA228 操控界面

注：点击"VA228 控制"按钮出现 VA228 控制操作选项，可进行 VA228 开度设置及显示。

(7)全回流操作:待观察到馏分器 V204 液柱达到罐体一半时,开启回流泵 P205(P205 操控界面如图 19-9 所示)全回流操作(注意保持馏分器 V204 液位恒定,回流泵转速在 70 r/min 左右,加热功率减小时,转速也应适当调小),通过阀门 VA229 取样,用色谱仪分析产品组成 (建议每隔 5 min 检测一次)。

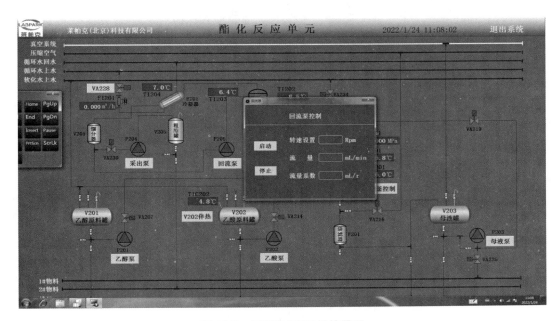

图 19-9　回流泵 P205 操控界面

注:点击"回流泵"按钮,出现回流泵控制操作选项,设定好流量系数和转速后启动即可。

(8)采出操作:待填料塔塔顶温度 TI202 稳定在 70.6 ℃(参见表 19-2),检测结果稳定后 (全回流状态下所测得的酯含量可达 80%),开启电动阀门 VA230,开启采出泵 P204(P204 操控界面如图 19-10 所示),通过设置 P204 和 P205 转速设定不同回流比(关键点:回流比 8~10,采出泵转速 7 r/min 左右,回流泵转速 55 r/min 左右),保证 TI202 稳定在 70.3 ℃左右,留人观察状态,且每次检测所得酯含量不得低于 78%,若低于 78% 则应适当调整回流比,或再次全回流,稳定后再采出,直至填料塔塔顶温度 TI202>70.6 ℃,且全回流 TI202 也不再降低,关闭采出泵 P204,检测粗酯罐 V205 内产品纯度,达到 78% 以上为优,则可认为反应结束,关闭反应釜加热。

表 19-2　乙酸乙酯-乙醇-水三元恒沸体系组成表

序号	体系	质量分数/(%)			共沸点/℃
		乙酸乙酯	乙醇	水	
1	三元	82.6	8.4	9	70.23
2	二元	91.53	0	8.47	70.38
3	二元	69.02	30.98	0	71.81
4	二元	0	95.6	4.4	78.15

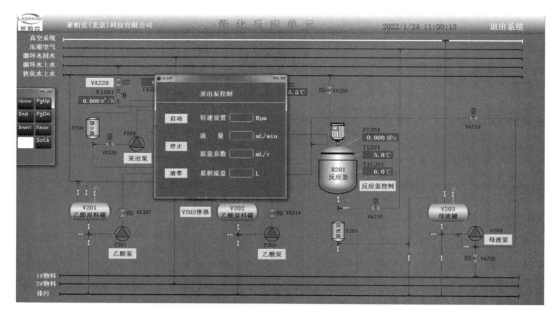

图 19-10 采出泵 P204 操控界面

注:点击"采出泵"按钮,出现采出泵控制操作选项,设定好流量系数和转速后启动即可。整个运行过程可进行流量累计。

(9)母液、催化剂回收:待釜内温度降至 60 ℃以下时,开启 VA215、VA220,关闭 VA221,将料液通过真空系统输送至母液罐,拆除过滤器 F201,用乙醇清洗催化剂,烘干后供下一次使用。母液可通过 VA223 取样分析,确认组成,记下此时成分和体积,通过母液泵全部导入酯化釜,然后通过计算,配制好一定量的碳酸钠溶液,加入乙酸罐内对酯化釜内的母液进行中和反应操作。中和过程中泵 P202 转速应尽可能缓慢,以便及时对酯化釜内 pH 值进行检测(可用pH 试纸或 pH 计)。检测结果为中性即可停止输送碳酸钠溶液,再次将酯化釜内液体抽至母液罐内,可通过泵 P203 导入精馏单元回收塔对过量乙醇原料进行精馏回收(中和操作可有效防止酸对管路设备的腐蚀和环境的破坏)。

注意:保证 TI202 70.3 ℃可有效避免表 19-2 中 3 号体系升至塔顶。如 TI202 高于 70.4℃,说明已经有 3 号体系升至塔顶,应尽可能避免此现象以提高粗酯最终纯度。

19.4.3 萃取单元操作

(1)上电:开启萃取单元模块总电源与控制电源,双击一体机桌面操控软件,操作至图 19-11 所示界面。

(2)检查:检查控制系统相关量程、刻度与阀门状态是否显示正常,阀门检查可参照阀门初始状态图(图 19-11),并对应填写相关确认表。

(3)2♯物料导料:开启酯化反应单元粗酯罐放料阀门 VA231,再关闭 VA231,打开VA232 进行粗酯罐产品取样检测,记录所得粗酯产品组成。取样完成后关闭 VA232,打开VA231、VA233 和萃取单元 VA323、VA324,关闭萃取釜放空阀 VA328,通过真空系统将酯化反应单元产出的粗酯导入萃取釜内。导料完成后,依次关闭酯化反应单元 VA231、VA233 和萃取单元 VA323、VA324,然后开启萃取釜放空阀门 VA328。

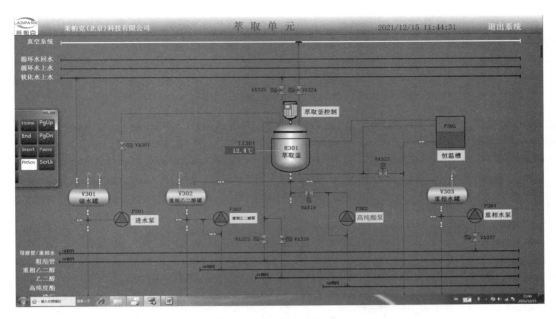

图 19-11　萃取单元操作界面

注:VA307、VA319、VA322、VA323、VA324、VA325、VA326、VA327 为电动阀,显示红色为关闭状态,显示绿色为开启状态。点一下阀门可切换阀门状态,可观察各釜温度。

(4)储水罐 V301 加水操作:打开阀门 VA301 向储水罐 V301 内加入软化水,液位达到容积的 75% 左右再关闭 VA301,也可打开储水罐 V301 加料阀 VA303 手动加入其他水(不建议直接加自来水,可选去离子水或纯水)。乙二醇的加料在精馏单元进行。

(5)水萃取操作:打开储水罐 V301 放料阀 VA304 和 VA307,开启萃取釜搅拌(萃取釜操控界面如图 19-12 所示),设定转速 40 r/min 左右。然后打开进水泵 P301(P301 操控界面如

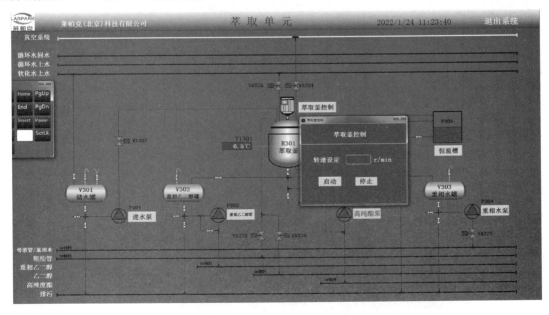

图 19-12　萃取釜操控界面

注:点击"萃取釜控制"按钮,出现萃取釜控制操作选项,可进行萃取釜启停和转速设置操作。

图 19-13 所示),向萃取釜内定量导入 2 倍粗酯体积的软化水,继续搅拌,直至出现明显分层且两层的液体较澄清透明时关闭搅拌(图 19-14 所示为搅拌混浊现象),静置约 20 min(图 19-15 所示为静置澄清分层现象)。打开阀门 VA315、VA317,让下层重相自流入重相水罐中(关键点:打开放空阀 VA331,待 VA315 和 VA317 之间的管路充满后,半开阀门 VA317 进行放料,待分层界面即将到达 VA315 下端的一段透明四氟管时,继续调小 VA317,使得分层面缓慢下降,此过程中应一人观察记录分层面在四氟管内出现和消失的时间,另一人操作,通过此时间判断还需要继续保持 VA317 开启的时间)。先关闭 VA317,再关闭 VA315,打开取样阀 VA320,用干净的试剂瓶将 VA315 和 VA317 之间的管存液体完全取出,检测其组成并记录,然后将其全部加到萃取釜中,关闭放空阀 VA331(水萃取操作过程中注意观察釜内是否有鼓泡现象,若有应尽量避免操作过快)。

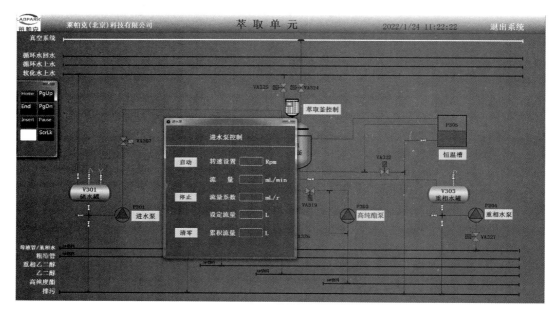

图 19-13　进水泵 P301 操控界面

注:点击"进水泵"按钮,出现进水泵控制操作选项,设定好流量系数和转速后启动即可。也可通过设定流量值来自动定量进料,到达设定值自动停止。

图 19-14　萃取釜搅拌混浊现象

图 19-15　萃取釜静置澄清分层现象

(6)乙二醇萃取:打开阀门 VA326,开启萃取釜搅拌,设定转速 40 r/min 左右。然后打开精馏单元 VA408 和泵 P403 向萃取釜内定量导入 1 倍萃取釜剩余轻相体积的乙二醇(该体积可通过总体积与重相水罐内流入的重相的体积差值获得),继续搅拌,直至出现明显分层且两层的液体较澄清透明时关闭搅拌,静置约 20 min。打开阀门 VA315、VA316,让下层重相自流入重相乙二醇罐中。取样检测最后的上层轻相后,依然将 VA315 和 VA316 之间的管存液体回收,倒入萃取釜内,然后关闭放空阀 VA331。

(7)5♯物料导料:乙二醇萃取后所得的上层轻相(高纯度酯:乙酸乙酯质量分数能达到91%以上)通过泵 P303 导入下一单元精制塔塔釜 R401 内,进行精制提纯操作,同时能通过泵 P303 计量该高纯度酯的体积。

19.4.4　精馏单元操作

关键点:首次使用时应用 AR 级乙酸乙酯加进精制塔塔釜内(精制塔塔釜最大盛液量为 3L)进行一次洗塔操作,且应保证此次精馏洗塔操作后塔顶最终的乙酸乙酯采样纯度高于 93%。

(1)上电:开启精馏单元总电源与控制电源,双击一体机桌面操控软件,操作至图 19-16 所示界面。

(2)检查:检查控制系统相关量程、刻度与阀门状态是否显示正常,阀门检查可参照阀门初始状态图,并对应填写相关确认表。

(3)精制塔精制操作:

①打开阀门 VA402,打开萃取单元泵 P303,将 5♯物料(高纯度乙酸乙酯)导入精制塔塔釜内进行精馏操作。

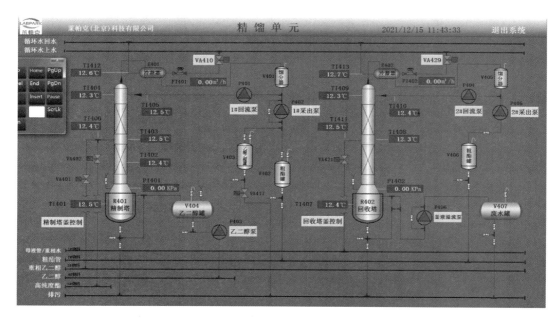

图 19-16　精馏单元操作界面

注：VA401、VA402、VA410、VA417、VA421 和 VA429 为电动阀，显示红色为关闭状态，显示绿色为开启状态，点一下阀门可切换阀门状态。另外，VA410 和 VA429 可进行开度（百分比）调节。

　　②保持溢流阀门 VA435 关闭状态，开启精制塔塔釜加热（精制塔塔釜操控界面如图19-17所示），调节 VA410 开度约 80%（VA410 操控界面如图 19-18 所示）。

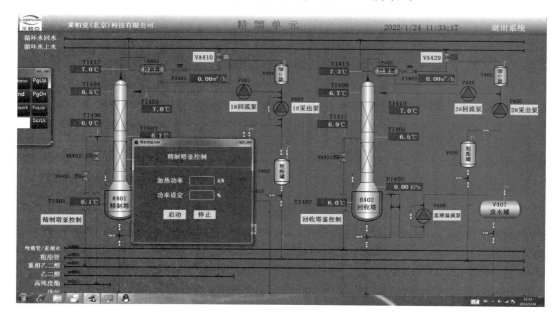

图 19-17　精制塔塔釜操控界面

注：点击"精制塔釜控制"按钮，出现精制塔塔釜控制操作选项，可进行精制塔塔釜功率（百分比）设置和加热启停操作。

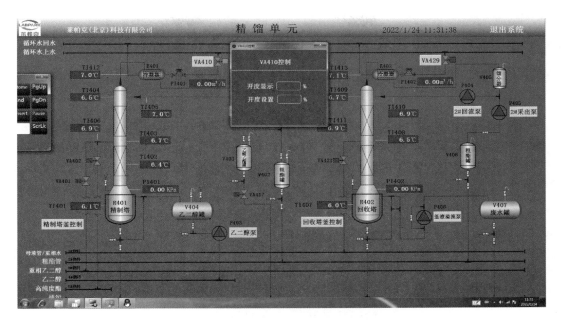

图 19-18　阀门 VA410 操控界面

注：点击"VA410 控制"按钮，出现 VA410 控制操作选项，可进行 VA410 开度设置及显示。

③一段时间后，可观察到馏分器 V401 内有液体，启动回流泵 P401，设定转速 30 r/min 左右，保证馏分器液位稳定并取样检测记录产品组分（表 19-2 中 1 号、2 号和 3 号体系会先到达塔顶，此时的塔顶温度应稳定在 70.7 ℃左右）。

④稳定 5 min 后，通过 VA411 取样检测所得乙酸乙酯纯度，打开 VA414，启动泵 P402 进行采出操作（回流比控制在 5～8，建议前期回流比大一些，根据所取样品检测结果，乙酸乙酯纯度高时适当增大采出即可），每隔 5 min 进行一次采样，当检测结果乙酸乙酯含量大于 98% 时切换阀门：开启 VA413、VA412，关闭 VA414，继续每隔 5 min 检测一次并记录（可根据最终所需纯度选择阀门切换的时间节点）。

⑤采出完成后关闭塔釜电加热，待温度降至 40 ℃以下时，关闭塔顶循环水上水，最后将塔釜内液体放出，检测塔釜残液成分。

（4）乙二醇回收操作（选做）：

①打开精制塔进料口阀门 VA401，打开萃取单元重相乙二醇罐阀门 VA308、VA309，然后打开取样阀 VA310，取样后关闭 VA310，记录检测结果。

②接着开启重相乙二醇泵 P302（P302 操控界面如图 19-19 所示），设定好该泵的自动控制，设定流量约 2.5 L，点击"启动"按钮，观察累计流量和精制塔塔釜 R401 液位（不得超过塔釜溢流液位线），达到 2.5 L 时泵 P302 自动停止，此时加料完毕。

③保持溢流阀门 VA435 关闭状态，开启精制塔塔釜加热（约 80%），调节 VA410 开度至约 80%。

④一段时间后，可观察到馏分器 V401 内有液体，打开阀门 VA414，启动采出泵 P402，保证馏分器液位稳定（调节转速 50 r/min 左右），并取样检测记录产品组分。

⑤当塔釜液位有明显下降时，再次开启重相乙二醇泵 P302，设定好转速，向塔釜 R401 连续进料，打开溢流阀 VA435，尽可能保证塔釜塔顶温度稳定，重相乙二醇罐内液体进料完毕后，关闭泵 P302 和阀门 VA401、VA435，继续加热。

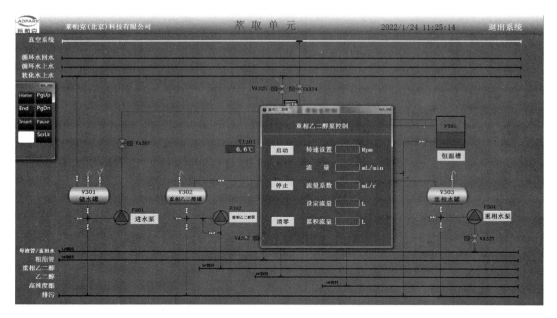

图 19-19　重相乙二醇泵 P302 操控界面

注:点击"重相乙二醇泵"按钮,出现重相乙二醇泵控制操作选项,设定好流量系数和转速后启动即可。也可通过设定流量值来自动定量进料,到达设定值自动停止。

⑥当塔釜温度超过 100 ℃且仍在继续迅速上升时,关闭塔釜加热,将馏分器内液体采出,关闭采出泵 P402,塔釜温度降至 50 ℃以下时,关闭循环水上水阀门 VA410,将塔釜残液(乙二醇)取出后倒入乙二醇罐 V404 内存储,以备下次使用。

(5)回收塔操作(选做):

①打开回收塔 T402 进料口阀门 VA421,打开酯化反应单元阀门 VA221、VA222、VA225,打开取样阀 VA223,取样检测中和后的母液组成并记录。打开母液泵 P203,设定好该泵的自动控制,设定流量约 3.5 L。点击"启动"按钮,观察累计流量和回收塔塔釜 R402 液位(不得超过塔釜溢流液位线),达到 3.5 L 时泵 P203 自动停止,此时加料完毕。

②开启回收塔塔釜加热(约 80%),调节 VA429 开度至约 80%。

③一段时间后,可观察到馏分器 V405 内有液体,开启回流泵 P404,设定好转速,保证馏分器液位稳定。

④打开阀门 VA431,启动采出泵 P405,设置泵转速使回流比为 5～8,并取样,检测记录产品组分。

⑤当塔釜液位有明显下降时,再次开启母液泵 P203 向回收塔 T402 连续进料,塔釜液位明显高于溢流液位线时应开启釜液溢流泵 P406 向废水罐内输送溢流液,尽可能保证塔釜塔顶温度稳定,母液罐内液体进料完毕后,关闭泵 P203、阀门 VA225,打开萃取单元阀门 VA321、VA312、VA327,开启重相水泵 P304 继续向回收塔连续进料,继续加热回收粗酯。

⑥进料完毕后,当塔顶温度超 80 ℃且仍在继续迅速上升时,关闭塔釜加热,将馏分器内液体采出,关闭采出泵 P405,塔釜温度降至 50 ℃以下时,关闭循环水上水阀 VA429,分别对粗酯缓冲罐 VA406、塔釜 R402 和废水罐 V407 内液体进行取样检测,记录结果。

(6)说明:

①精馏单元两个塔得到的粗酯产品经检测记录若能达到萃取条件,可再次返回至萃取釜内按照萃取单元的操作重复进行一次,从而再次得到高纯度酯,然后再一次进行精制,此步骤

可提升乙酸乙酯收率。

②在精制塔精制过程中,可同时进行回收塔的回收操作。

19.4.5　停车操作

(1)依次检查各单元电加热、搅拌与泵是否仍处于运行状态。若有,则关闭电加热和泵。

(2)依次检查各单元冷却水阀门是否仍处于运行状态。若有,则关闭阀门。

(3)依次检查各单元设备压力状况。若存在带压状态,则打开设备放空阀调至常压。

(4)依次检查各单元电磁阀是否处于断电状态。若不是,则断电。

(5)依次检查各设备内是否存在未处理物料。若有,则需要取出。废料若无污染,则直接排放;若有污染,则须搜集后统一处理。

(6)开启所用设备阀门,保证设备内无残留。

(7)关闭各单元中控,关闭各单元单独电源,关闭总电源。

19.4.6　设备清洗

开启公共单元,进行产水和压缩空气操作。

酯化反应单元清洗:配制氢氧化钠溶液,将氢氧化钠溶液倒入乙酸罐,停留 5 min 后,通过泵输送到酯化釜内,开启搅拌对酯化釜进行清洗,然后将釜液放入母液槽,停留 5 min 后,再次导入反应釜,清洗完成后,将氢氧化钠溶液接至下一单元清洗。然后将软化水加入乙酸罐,再次重复以上步骤 2 次,即清洗完毕。

萃取单元清洗:将酯化反应单元接出的氢氧化钠溶液加入萃取釜,开启搅拌,停留 5 min后,向 2 个重相罐各放一部分溶液,然后加满软化水,清洗后放至下一单元;然后用软化水冲洗 2 遍即可。

精馏单元清洗:将萃取单元所得溶液通过加料口分别加入塔釜、产品罐、残液罐、原料罐清洗即可,然后用水进行冲洗。

清洗完毕后,通过压缩空气进口依次吹扫各设备,可有效防止设备腐蚀。

最后,关闭各设备阀门,关闭电源,打扫卫生。

19.5　注意事项

系统采用自来水作试漏检验时,系统加水速度应缓慢,系统高点排气阀应打开,密切监视系统压力,严禁超压。

精制塔塔釜加热时应逐步增加加热电压,使塔釜温度缓慢上升。如升温速度过快,易造成大量轻、重组分同时蒸发至塔釜内,延长塔系统达到平衡的时间。

精制塔塔釜初始进料时进料速度不宜过快,防止塔系统因进料速度过快而满塔。

系统全回流时应控制回流流量使其和冷凝流量基本相等,保持分液回流槽液液位相对稳定。

在系统进行连续精馏时,应保证进料流量和采出流量基本相等,各处流量计操作应互相配合默契,保持整个精馏过程的操作稳定。

调节冷凝器冷却水流量,保证出冷凝器塔顶液相温度在 $30\sim40$ ℃。

实验结束时,应用水清洗管路和设备,保持实验室的清洁。

19.6　阀门状态确认表

参照各个单元阀门初始状态图,并对照检查表(表19-3～表19-6)进行确认。在确认表中,符合,记为"√";不符合,记为"×"。

表 19-3　公共单元阀门状态确认表

阀门位号	VA101	VA102	VA103	VA104	VA105	VA106	VA107	VA108	VA109
状态									
阀门位号	VA110	VA111	VA112	VA113	VA114	VA115	VA116	VA117	
状态									

表 19-4　酯化反应单元阀门状态确认表

阀门位号	VA201	VA202	VA203	VA204	VA205	VA206	VA207	VA208	VA209
状态									
阀门位号	VA210	VA211	VA212	VA213	VA214	VA215	VA216	VA217	VA218
状态									
阀门位号	VA219	VA220	VA221	VA222	VA223	VA224	VA225	VA226	VA227
状态									
阀门位号	VA228	VA229	VA230	VA231	VA232	VA233	VA234	VA235	VA236
状态									

表 19-5　萃取单元阀门状态确认表

阀门位号	VA301	VA302	VA303	VA304	VA305	VA306	VA307	VA308	VA309
状态									
阀门位号	VA310	VA311	VA312	VA313	VA314	VA315	VA316	VA317	VA318
状态									
阀门位号	VA319	VA320	VA321	VA322	VA323	VA324	VA325	VA326	VA327
状态									
阀门位号	VA328	VA329	VA330	VA331	VA332				
状态									

表 19-6　精馏单元阀门状态确认表

阀门位号	VA401	VA402	VA403	VA404	VA405	VA406	VA407	VA408	VA409
状态									
阀门位号	VA410	VA411	VA412	VA413	VA414	VA415	VA416	VA417	VA418
状态									
阀门位号	VA419	VA420	VA421	VA422	VA423	VA424	VA425	VA426	VA427
状态									
阀门位号	VA428	VA429	VA430	VA431	VA432	VA433	VA434	VA435	
状态									

第 20 章

多功能精细化工生产线

20.1 实践目标

20.1.1 知识目标

(1)掌握液体精细化工产品配方原理(加料顺序)及各组分的作用。

(2)巩固精馏单元相关知识。

(3)巩固固液分离相关知识。

(4)巩固化工基本生产操作如搅拌、乳化等知识。

20.1.2 能力目标

(1)增强对液体精细化工产品生产工艺指标的控制能力。

(2)能够利用已有配方进行液体精细化工产品的复配,通过改变配方中各物质相对含量或加入新的组分,对液体精细化工产品配方进行改进,并能够生产合格的液体精细化工产品。

(3)强化工艺流程识图、读图、绘图能力。

(4)提升成本核算和成本控制的能力。

(5)提升根据产品需求选择、使用设备的能力。

(6)提升生产事故判断与处理能力。

20.1.3 素质目标

(1)培养团队合作意识,提升有效沟通能力。

(2)培养工程职业道德和责任感。

(3)提高评估生产过程对环境和社会可持续发展影响的能力。

(4)强化项目层级管理能力。

20.2 工艺概述

20.2.1 工艺背景

人类最早使用的洗涤剂是肥皂。随着有机合成表面活性剂的成功开发,合成洗涤剂逐步进入人们的生活,液体洗涤剂行业也得到迅速发展。截至目前,液体洗涤剂大致可以分为个人清洁护理用品、家庭清洁护理用品、工业和公共设施清洁用品三大品系,包括衣料液体洗涤剂、餐具洗涤剂、个人卫生用清洁剂和硬表面清洗剂等具体类别。

洗涤用品行业的发展与经济、环境、技术和人口等因素的关联性较大,产品结构随着需求结构的不同发生转变。液体洗涤剂是近几年洗涤用品行业发展的热点。液体洗涤产品向着人体安全性和环境相容性更高的方向转变,节能、节水、安全、环保型产品将得到较快发展。发展液体洗涤剂将成为洗涤用品行业结构调整和可持续发展的重要内容。

20.2.2 知识要点

1. 表面活性剂对洗涤作用的影响

液体洗涤剂的除污(油)机理主要是利用表面活性剂降低油水的界面张力,发生乳化作用,使待清洗的油分散和增溶在洗涤液中。表面活性剂是液体洗涤剂的主要组分,因此了解它对洗涤作用的影响,对于选择合适的组分至关重要。

(1)界面张力:界面张力是表面活性剂水溶液的一项重要性质,洗涤剂的去污作用主要是通过表面活性剂来实现,故界面张力与洗涤作用有内在的必然联系。大多数优良的洗涤剂溶液具有较低的界面张力。根据固体表面润湿的原理,对于一定的固体表面,液体的表面张力愈低,通常润湿性能愈好。润湿是洗涤过程的第一步,润湿好,才有可能进一步起洗涤作用。此外,较低的界面张力有利于油污的乳化、增溶等作用,有利于液体油污的去除,因而有利于洗涤。

(2)吸附作用:洗涤液中的表面活性剂在污垢和被洗物表面吸附的性质,对洗涤作用有重要影响。这主要是由于表面活性剂的吸附使表面或界面的各种性质(如电性质、机械性质、化学性质)均发生变化。对于液体油污,表面活性剂在油水界面上的吸附主要导致界面张力降低(洗涤液优先润湿固体表面,使油污"蜷缩"),从而有利于油污的清洗。界面张力的降低,也有利于形成分散度较大的乳状液;同时界面吸附所形成的界面膜一般具有较大的强度,使得形成的乳状液具有较高的稳定性,不易再沉积于被洗物表面。表面活性剂的界面吸附对液体污垢的洗涤作用产生有利的影响。就吸附特性而言,阳离子表面活性剂洗涤作用最差,加上价格高,通常情况下不适合用作洗涤剂。

(3)增溶作用:表面活性剂胶团对油污的增溶作用是去除被洗物表面少量液体油污最重要的原因。不溶于水的物质,因其性质各异而增溶于胶团的不同部位,形成透明、稳定的溶液。胶团对于油污的增溶作用,实际上是将油污溶解于洗涤液中,从而使油污不能再沉积,大大提高洗涤效果。

(4)乳化作用:选择合适洗涤剂组分的重要步骤之一是选择适宜的乳化剂。不管油污多少,乳化作用在洗涤过程中总是相当重要的。具有高表面活性的表面活性剂,可以最大限度地降低油水界面张力,只需很小的机械功即可乳化,因此,有乳化能力的组分是影响液体洗涤剂性能的重要因素。

（5）表面活性剂疏水基链长:一般说来,表面活性剂碳链愈长,洗涤性能愈好。但碳链过长时,溶解性变差,洗涤性能也降低。为达到良好的洗涤作用,表面活性剂亲水基与亲油基应达到适当的平衡。用作洗涤剂的表面活性剂,其 HLB(hydrophilic lipophile balance) 值在 13～15 为宜。

2. 主要组分选择的一般原则

选择液体洗涤剂的主要组分时,可遵循以下一些通用原则:

（1）有良好的表面活性和降低表面张力的能力,在水相中有良好的溶解能力;

（2）表面活性剂在油-水界面能形成稳定的紧密排列的凝聚态膜;

（3）根据乳化油相的性质,油相极性越大,要求表面活性剂的亲水性越强,油相极性越小,要求表面活性剂的疏水性越强;

（4）表面活性剂能适当增大水相黏度,以减少液滴的碰撞和聚结速度;

（5）要能用最小的浓度和最低的成本达到所要求的洗涤效果。

20.2.3　工艺流程

洗涤类产品配制流程方框图如图 20-1 所示,生产线工艺流程总图如图 20-2 所示。装置工艺采用单元模块化组合,包含公共单元、配料单元和乳化调和单元。

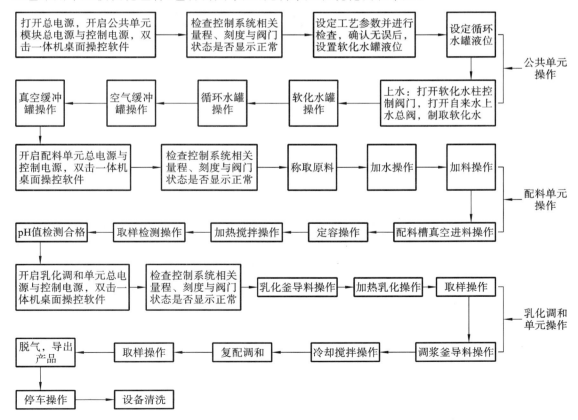

图 20-1　洗涤类产品配制流程方框图

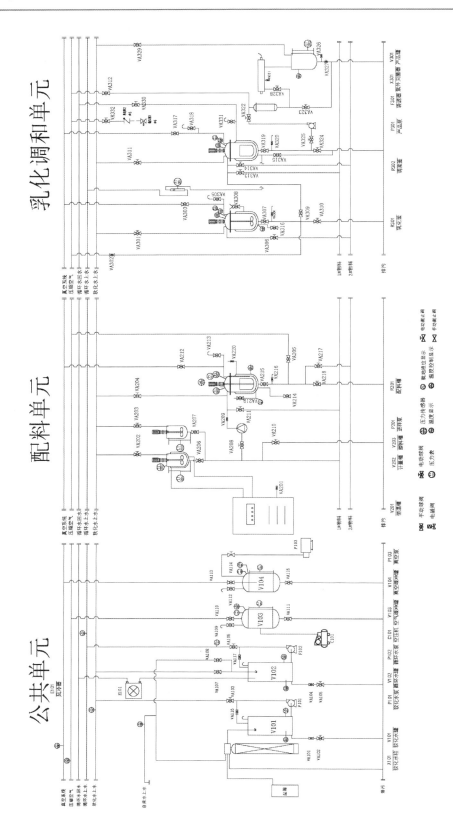

图 20-2 多功能精细化工生产线工艺流程总图

大致生产流程如下：生产液体精细化工产品所用的水源主要是自来水经过公共单元软化水柱 X101 处理后形成的软化水，可作为配料、清洗用水以及冷却循环水使用；一般将难溶物料加到配料单元计量槽中，加热、搅拌使其溶解，然后经进样泵 P201 或真空系统导入配料槽 R201 中，并按比例加入所需其他物料，充分搅拌混匀，取样检测 pH 值并添加酸度调节剂调至合适的 pH 值；合格后导入乳化釜 R301 进行乳化。为获得具有一定香味、黏度、通透性、稳定性的产品，需要进一步的调配处理，常见的工艺是在调浆釜 R302 内加入调和剂，比如香精、增稠剂、增亮剂、抗凝剂等；最后将处理后的产品经过调浆釜夹套循环水降至成品温度，经袋滤器 F301 分离，并通过紫外灭菌器杀菌后即可得到符合指标要求的产品，存入产品罐 V301 内。

20.2.4　工艺指标

实验操作过程中，各控制点的控制参数可参考表 20-1。

表 20-1　多功能精细化工生产线工艺指标

名称	重要工艺点		工艺要求
技术指标	公共单元	软化水罐温度 TI101	常温
		循环水罐温度 TI102	≤40 ℃
		软化水罐液位 LIC101	400～550 mm
		循环水罐液位 LIC102	400～550 mm
		循环水上水流量 FI101	0.4～8 m³/h
		空气缓冲罐压力 PI101	≤0.7 MPa
		真空缓冲罐压力 PI102	−0.05 MPa
	配料单元	计量槽溶解温度 TI201	≤45 ℃
		原料槽 V203 水配比量	≤35 %
		配料槽 R201 温度 TI202	45 ℃≤TI202≤75 ℃
		配料槽 R201 搅拌器转速 nI201	0～120 r/min
		配料槽 R201 压力 PI202	−0.03～0 MPa
	乳化调和单元	乳化釜温度 TI301	45 ℃≤TI301≤75 ℃
		乳化釜搅拌器转速	1500～2000 r/min
		乳化釜压力 PI301	−0.03～0 MPa
		调浆釜温度 TI303	<40 ℃
		调浆釜压力 PI302	−0.03～0 MPa
		产品罐温度 TI304	室温

20.3　装置设计理念与特色

20.3.1　装置布局描述

装置整体采用区域化布局,分为总管廊区、动力区和工艺区等。装置工艺采用工段模块化组合,分为公共单元、配料单元和乳化调和单元。各单元管路之间通过波纹管卡箍连接,设置有排污管。

20.3.2　主要配置说明

(1)装置尺寸:6160 mm×1120 mm×2300 mm(长×宽×高),铝合金框架。

(2)配料槽 R201:20 L,内筒体 ϕ273 mm×350 mm,t=3 mm,316L 不锈钢材质;外夹套 ϕ325 mm,304 不锈钢材质,t=3 mm;带上、下封头,可打开,使用压力 0.15 MPa,使用温度 80 ℃,配温度、压力检测,釜体可拆卸组装。

(3)乳化釜 R301:20 L,内筒体 ϕ273 mm×350 mm,t=3 mm,316L 不锈钢材质;外夹套 ϕ325 mm,304 不锈钢材质,t=3 mm;带上、下封头,可打开,使用压力 0.15 MPa,使用温度≤80 ℃,配温度、压力检测,釜体可拆卸组装。

(4)产品罐 V301:20 L,ϕ273 mm×320 mm,304 不锈钢材质,t=4 mm,配温度显示、就地液位显示。

(5)调浆釜 R302:20 L,内筒体 ϕ273 mm×350 mm,t=3 mm,316L 不锈钢材质;外夹套 ϕ325 mm,304 不锈钢材质,t=3 mm;带上、下封头,可打开,使用压力 0.15 MPa,使用温度≤80 ℃,配温度、压力检测,釜体可拆卸组装。

(6)软化水罐、循环水罐:100 L,耐腐蚀 PE 材质;配差压式和压力式液位计,液位自动控制。

(7)空气缓冲罐、真空缓冲罐:20 L,ϕ273 mm×350 mm,304 不锈钢材质,t=4 mm。

(8)水电配置:此项需用户配套提供。

(9)需水量约为 5 m³/h,需配置上水管。

(10)装置最大工作电负荷为 15 kW,需配置专用配电柜、三相四线、漏电保护开关。

20.4　操作步骤

20.4.1　公共单元操作

本部分操作参见 18.4.1 小节。

20.4.2　配料单元操作

（1）上电：开启配料单元模块总电源与控制电源，双击一体机桌面操控软件，操作至图20-3所示界面。

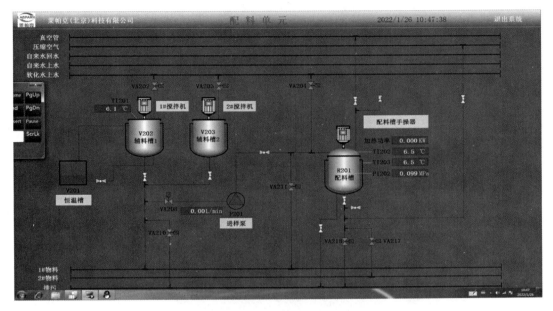

图 20-3　配料单元操作界面

注：VA202、VA203、VA204、VA208、VA210、VA211、VA217、VA218 为电动阀，显示红色为关闭状态，显示绿色为开启状态。点一下阀门可切换阀门状态，可观察各釜温度。

（2）检查：检查控制系统相关量程、刻度与阀门状态是否显示正常，阀门检查可参照阀门初始状态图，并对应填写相关确认表。

（3）称取原料：取 1 L 烧杯，按配方称取相关原料（分为易溶性和难溶性），备用。

（4）加水操作：将恒温槽 V201 加满去离子水并加盖，开启恒温槽（图20-4），设置温度 45 ℃左右，开启循环；打开电动阀门 VA202，向辅料槽 V202 中加入所需软化水总量的 1/3，开启搅拌开关（图 20-5），设定转速 60 r/min 左右。

（5）加料操作：根据加料顺序，将物料加入辅料槽 V202 中，持续搅拌至完全溶解。

（6）配料槽真空进料操作：首先关闭阀门 VA219，打开阀门 VA212，配料槽抽真空；打开阀门 VA206，然后打开电动阀门 VA211，将 V202 中物料通过 1# 物料管吸入配料槽 R201 中，然后关闭阀门 VA212，打开放空阀门 VA213、VA219，接着向辅料槽 V202 中加入少量软化水（需记录体积），搅拌 30 s 后，重复配料槽真空进料操作（也可通过进样泵 P201 进行导料并计量，P201 进样泵的操控界面如图 20-6 所示）。

（7）定容操作：将辅料槽 V202 或 V203 中加满软化水，然后打开阀门 VA206、VA209，打开电动阀门 VA208，点击"进样泵"按钮，设置转速 100 r/min（图20-6），经进样泵向配料槽中加入剩余所需软化水。

（8）加热搅拌操作：点击"配料槽手操器"按钮（图20-7），选择"自动"，设定温度 40 ℃，启动加热，设定搅拌转速 70 r/min，启动电机，边加热边混合。

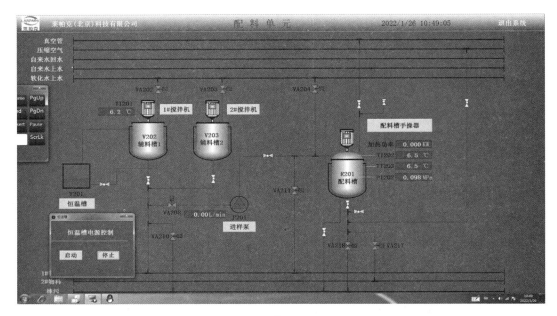

图 20-4　恒温槽 V201 操控界面

注:点击"恒温槽"按钮,出现恒温槽电源控制操作选项,可进行恒温槽的上电、停电操作,温度设置、加热运行在恒温槽面板上操作。

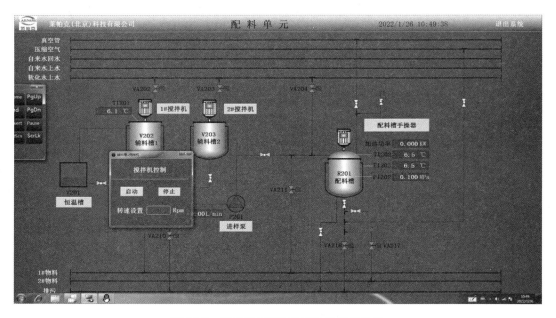

图 20-5　辅料槽 V202 搅拌电机操控界面

注:点击"1♯搅拌机"按钮,出现搅拌机控制操作选项,可进行搅拌机的启停操作以及转速的设置。

(9)取样检测操作:打开配料槽 R201 底阀 VA215,少量料液流出后关闭,打开取样阀 VA216,用小烧杯接完管内样品,用 pH 试纸测 pH 值,目标范围为 6~7,如果超出该范围,则可向配料槽内少量多次加入酸碱调节剂(如柠檬酸)进行调节,该操作每隔 3~5 min 进行一次,直到 pH 值检测合格;pH 值检测合格后,准备进行下一单元操作。

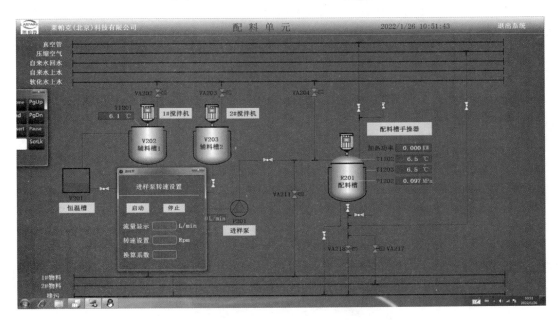

图 20-6　进样泵 P201 操控界面

注：点击"进样泵"按钮，出现进样泵转速设置选项，设定好流量系数和转速后启动即可。

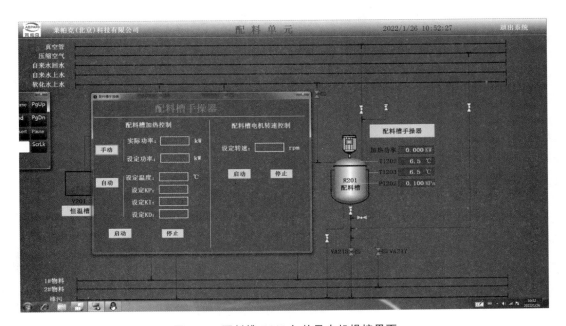

图 20-7　配料槽 R201 加热及电机操控界面

注：点击"配料槽手操器"按钮，出现配料槽加热控制和电机转速控制选项，可进行配料槽加热的启停、手动功率（百分比）控制和温度自动控制，可进行电机的启停及转速的设置。

20.4.3　乳化调和单元操作

（1）上电：开启乳化调和单元模块总电源与控制电源，双击一体机桌面操控软件，操作至图20-8所示界面。

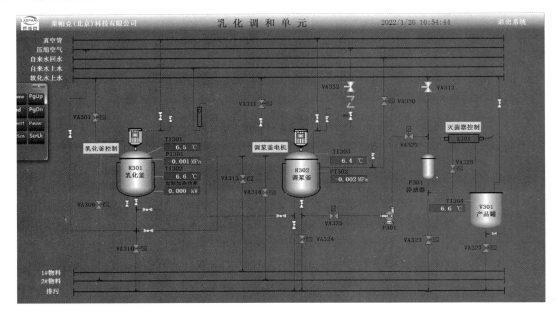

图 20-8　乳化调和单元操作界面

注：VA301、VA306、VA310、VA311、VA313、VA314、VA322、VA323、VA324、VA325、VA327、VA328、VA330、VA332 为电动阀，显示红色为关闭状态，显示绿色为开启状态。点一下阀门可切换阀门状态，可观察各釜温度。

（2）检查：检查控制系统相关量程、刻度与阀门状态是否显示正常，阀门检查可参照阀门初始状态图，并对应填写相关确认表；

（3）乳化釜导料操作：打开真空阀 VA303，打开电动阀门 VA306，打开前一单元的阀门 VA215、VA217，将前一单元配料槽中的物料导入乳化釜中，然后依次关闭阀门，接着打开放空阀 VA305。

（4）加热乳化操作：点击"乳化釜手操器"按钮（图20-9），选择"自动"，设定温度 65 ℃，启动加热，设定乳化转速 1500～2000 r/min，启动电机，乳化 30 min。

（5）取样操作：打开乳化釜底阀 VA307，少量料液流出后关闭，打开取样阀 VA304，用小烧杯接完管内样品，观察检测样品质量；此操作每隔 5 min 进行一次。

（6）调浆釜导料操作：乳化完成后，打开真空阀 VA317，打开阀门 VA307、VA309，将乳化后的物料导入调浆釜 R302 中，然后依次关闭阀门，并打开放空阀 VA318。

（7）冷却搅拌操作：打开调浆釜夹套出液口电动阀门 VA330，调节转子流量计 FI301，观察釜内温度 TI303，选择合适流量值；打开调浆釜搅拌（图20-10），设定转速 40～60 r/min。

（8）复配调和：当调浆釜内温度稳定在室温时，加入称好的色素、香精、增稠剂等辅料，适当调整转速并继续搅拌，防止沉淀。

（9）取样操作：打开调浆釜底阀 VA319，少量料液流出后关闭，打开取样阀 VA320，用小烧杯接完管内样品，观察检测样品质量指标；此操作每隔 2～3 min 进行一次，直至合格。

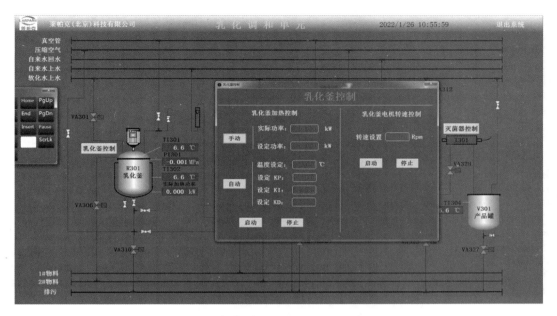

图 20-9 乳化釜 R301 操控界面

注：点击"乳化釜控制"按钮，出现乳化釜加热控制和电机转速控制选项，可进行乳化釜加热的启停、手动功率（百分比）控制和温度自动控制，可进行电机的启停及转速的设置。

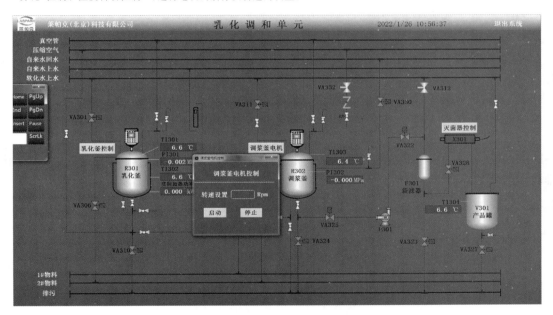

图 20-10 调浆釜 R302 电机操控界面

注：点击"调浆釜电机"按钮，出现调浆釜电机控制操作选项，可进行搅拌电机的启停操作以及转速的设置。

（10）脱气：可根据实验实际需要打开调浆釜真空阀 VA317，进行搅拌脱气（2～3 min），然后关闭 VA317，并打开放空阀 VA318。

（11）导出产品操作：观察调浆釜内温度，当其降至室温时，打开阀门 VA322、VA328、VA325，打开灭菌器 X301（图 20-11），打开阀门 VA319，然后打开产品泵 P301 气动控制阀 VA332 启动 P301，物料经袋滤器和灭菌器后进入产品罐 V301 中。

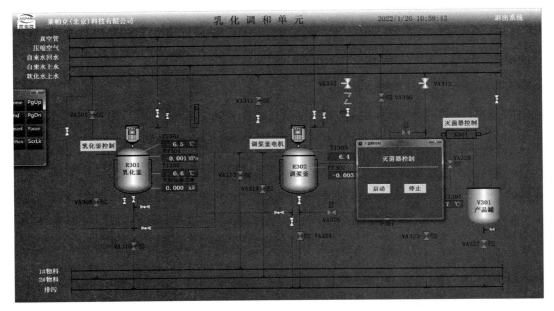

图 20-11　灭菌器 X301 操控界面

注:点击"灭菌器控制"按钮,出现灭菌器控制操作选项,可进行灭菌器的启停操作。

20.4.4　停车操作

(1)对设备进行清洗,完成后依次检查各工段电加热、搅拌与泵是否仍处于运行状态。若有,则关闭电加热、搅拌和泵。

(2)依次检查各工段循环水阀门是否仍处于运行状态。若有,则关闭阀门。

(3)依次检查各工段设备压力状况。若存在带压状况,则打开设备放空阀调至常压。

(4)依次检查各工段电动阀是否处于断电状态。若不是,则断电。

(5)依次检查各设备内是否存在未处理物料。若有,则需要取出。废料若无污染,则直接排放;若有污染,则须搜集后统一处理。

(6)开启所用设备阀门,保证设备内无残留。

(7)关闭各工段操作电脑,关闭配电柜控制电源及总电源。

(8)停车后,打扫现场并报告相关负责人。

20.4.5　设备清洗

(1)开启公共单元,进行产水和压缩空气操作。

(2)配料单元清洗:通过软化水上水电动阀门 VA202、VA203、VA204 对各罐体进行搅拌清洗,清洗时可适当加热,应保证清洗后的液体几乎无泡沫,罐体内无肉眼可见大颗粒或黏稠物残留。

(3)乳化调和单元清洗:通过软化水上水电动阀门 VA301、VA311、VA329 对各罐体进行清洗,清洗时可适当加热,应保证清洗后的液体几乎无泡沫,罐体内无肉眼可见大颗粒或黏稠物残留。

（4）建议罐体第一、二遍从头到尾经过管路依次清洗,后续清洗时可单独对罐体进行清洗,这样既能清洗管路,又节约水。

（5）清洗完毕后,建议通过压缩空气进口依次吹扫各设备,这样可有效防止设备腐蚀(此步选做)。

（6）清洗完成,关闭各设备阀门,关闭电源,打扫卫生。

20.5　注意事项

系统采用自来水作试漏检验时,系统加水速度应缓慢,系统高点排气阀应打开,密切监视系统压力,严禁超压。

釜体加热时应逐步增加电加热电压,使釜温度缓慢上升。如升温速度过快,很可能引起釜夹套内的导热介质溢出,发生危险。

在开启蠕动泵和气动隔膜泵前必须保证泵后端通畅,以免憋压损坏设备。

实验结束时,应用水清洗管路和设备,保持实验室的清洁。

20.6　操作实例

20.6.1　洗洁精

1.配方

洗洁精配方如表 20-2 所示。

表 20-2　洗洁精配方

序号	名称	质量分数/(%)	一次用量/kg
1	AOS(α-烯基磺酸钠)	1	0.15
2	AES(脂肪醇聚氧乙烯醚硫酸钠)	5	0.75
3	AEO-9(脂肪醇聚氧乙烯醚)	4	0.6
4	6501(椰油脂肪酸二乙醇酰胺)	2	0.3
5	TX-10(烷基酚聚氧乙烯醚)	2	0.3
6	638(聚乙二醇 6000 双硬脂酸酯)	1	0.15
7	NaCl(工业级)	0.67	0.1
8	CAB-35(椰油酰胺丙基甜菜碱)	1	0.15
9	EDTA(乙二胺四乙酸)	0.5	0.075
10	茉莉味香精	少许	适量
11	剩余软化水	补充至 100%	

2. 操作条件

(1)操作温度:溶解温度 40～50 ℃;乳化温度 60～70 ℃。

(2)乳化时间:35 min。

3. 操作步骤

(1)计量槽分两次加入软化水,共计 12.5 L。

(2)设定配料槽温度 45 ℃,开启搅拌,加入 EDTA,加入 AOS(约 5 min 溶解完毕)。

(3)加入 AES(约 8 min 溶解完毕),加入 AEO-9(约 8 min 溶解完毕),保持温度、转速;加入 6501 和 TX-10。

(4)设定配料槽温度 65 ℃,设定转速 75 r/min,搅拌 5 min。

(5)导料至乳化釜,设定温度 65 ℃,乳化速度 2000 r/min,待釜内温度升至 65 ℃左右,加入 638,搅拌 35 min。

(6)导入调浆釜,加入 NaCl;溶解完毕后(约 8 min),冷却至 35 ℃以下。

(7)加入 CAB-35 和香精,3 min 后实验完毕。

20.6.2　洗衣液

1. 配方

洗衣液配方如表 20-3 所示。

表 20-3　洗衣液配方

序号	名称	质量分数/(%)	一次用量/kg
1	EDTA(乙二胺四乙酸)	1	0.15
2	AOS(α-烯基磺酸钠)	3	0.45
3	AES(脂肪醇聚氧乙烯醚硫酸钠)	8	1.2
4	6501（椰油脂肪酸二乙醇酰胺)	4	0.6
5	K12(十二烷基硫酸钠)	1	0.15
6	亮蓝色素	少许	适量
7	CAB-35(椰油酰胺丙基甜菜碱)	0.5	0.075
8	薰衣草香精	少许	适量
9	剩余去离子水	补充至100%	

2. 操作条件

(1)操作温度:溶解温度 35～45 ℃;乳化温度 55～65 ℃。

(2)乳化时间:30 min。

20.6.3　洗手液

1. 配方

洗手液配方如表 20-4 所示。

表 20-4　洗手液配方

序号	名称	质量分数/(%)	一次用量/kg
1	AES(脂肪醇聚氧乙烯醚硫酸钠)	7	1.05
2	K12(十二烷基硫酸钠)	1.5	0.225
3	6501(椰油脂肪酸二乙醇酰胺)	3	0.45
4	珠光浆	2	0.3
5	柠檬酸	0.1	0.015
6	NaCl(工业级)	1	0.15
7	茉莉味香精	少许	适量
·8	柠檬色素	少许	适量
9	剩余去离子水	补充至 100%	

2. 操作条件

(1)操作温度:溶解温度 45 ℃;乳化温度 70~75 ℃。

(2)乳化时间:50 min。

20.6.4　玻璃水

1. 配方

玻璃水配方如表 20-5 所示。

表 20-5　玻璃水配方

序号	名称	质量分数/(%)	一次用量/kg
1	TX-10(烷基酚聚氧乙烯醚)	2	0.3
2	AES(脂肪醇聚氧乙烯醚硫酸钠)	1	0.15
3	异丙醇	3	0.45
4	乙醇	5	0.75
5	凯松	0.1	0.015
6	亮蓝色素	0.0036 g/L	0.054
7	剩余去离子水	补充至 100%	

2. 操作条件

(1)操作温度:溶解温度为常温;乳化温度为常温。

(2)乳化时间:25 min。

20.6.5　洗车液

1. 配方

洗车液配方如表 20-6 所示。

表 20-6　洗车液配方

序号	名称	质量分数/(%)	一次用量/kg
1	磺酸钠(十二烷基苯磺酸钠)	4	0.6
2	K12(十二烷基硫酸钠)	5	0.75
3	TX-10(烷基酚聚氧乙烯醚)	1	0.15
4	磷酸(正磷酸)	0.1	0.015
5	丙三醇	2	0.3
6	蜂蜡	0.2	0.03
7	剩余去离子水	补充至100%	

2.操作条件

(1)操作温度:溶解温度35 ℃;乳化温度50 ℃。

(2)乳化时间:40 min。

20.7　部分物料相关属性

实验过程中所用部分物料属性如表 20-7 所示。

表 20-7　实验过程中所用部分物料属性

序号	名称	别名	性质与作用
1	AES	脂肪醇聚氧乙烯醚硫酸钠	白色膏体,易溶于水,具有优良的去污、乳化、发泡性能和抗硬水性能,性质温和不会损伤皮肤,是阴离子表面活性剂
2	磺酸钠	十二烷基苯磺酸钠	白色或淡黄色粉末,中性,发泡性好,去污力强,易与各种助剂复配,成本较低,合成工艺成熟,是非常出色的阴离子表面活性剂
3	6501	椰油脂肪酸二乙醇酰胺	淡黄色至琥珀色黏稠液体。去污、发泡、性质温和,有增稠水溶液的作用
4	EDTA	乙二胺四乙酸	白色粉末,改善水质,可选放,有软化硬水、稳定泡沫的作用
5	氯化钠	食盐	白色颗粒,在洗涤剂中主要起增加黏稠度的作用,和 AES 起反应,使产品更黏稠
6	K12	十二烷基硫酸钠	白色或奶油色结晶鳞片或粉末,具有良好的乳化、发泡、渗透、去污和分散性能
7	AOS	α-烯基磺酸钠	白色或淡黄色粉末,易溶于水,具有很好的综合性能,工艺成熟,质量可靠,发泡性好,增强手感,生物降解性好,有很好的去污能力,特别是在硬水中也显示出去污力基本不降低的特点
8	香精		液体,增加香味,给人清新愉悦的感受,掩盖化学成分的固有异味,赋予产品好的形象

续表

序号	名称	别名	性质与作用
9	CAB-35	椰油酰胺丙基甜菜碱	微黄色透明液体,具有良好的抗硬水性、抗静电性、生物降解性、发泡性和显著的增稠性,有低刺激性和杀菌性,可用作调理剂、软化剂
10	丙三醇	甘油	透明液体,保持皮肤湿润,有护肤、润肤的作用,作为有机原料和溶剂有着广泛用途
11	异丙醇	二甲基甲醇	无色透明、具有乙醇气味的可燃性液体
12	珠光浆		乳白液体,增加香波膏体的亮泽度,赋予洗涤膏体珍珠般的光泽
13	AEO-9	脂肪醇聚氧乙烯醚	无色透明液体或白色膏状,主要用作羊毛净洗剂、毛纺工业脱脂剂、织物净洗剂以及液体洗涤剂活性组分
14	TX-10	烷基酚聚氧乙烯醚	无色透明液体,易溶于水,具有优良的乳化净洗能力,是合成洗涤剂的重要组分之一,能配制各种净洗剂,对动、植、矿物油污清洗能力强
15	磷酸	正磷酸	白色固体或者无色黏稠液体,是制造肥皂、洗涤剂、金属表面处理剂的原料之一
16	蜂蜡		黄色或淡黄棕色块状或白色颗粒,有上光作用
17	乙醇	酒精	无色透明液体,易挥发,易燃烧,用于皮肤消毒、医疗器械消毒等
18	凯松		液体,防腐防霉剂,有效期 2 年左右,用量为千分之一到千分之十,加氯化钠之前放入即可
19	色素		赋予产品一定色度
20	柠檬酸		白色结晶粉末,在食品、化妆等领域具有极多的用途
21	638	聚乙二醇 6000 双硬脂酸酯	白色至淡黄色块状或粉状固体,较难溶于水,通常方法是用热水溶解后加入其他料液中,洗涤剂中添加量为 0.1% ~ 0.5%

20.8　阀门状态确认表

参照各个单元阀门初始状态图,并对照检查表(表 20-8 至表 20-10)进行确认。确认表中,符合,记为"√";不符合,记为"×"。

表 20-8　公共单元阀门状态确认表

阀门位号	VA101	VA102	VA103	VA104	VA105	VA106	VA107	VA108	VA109
状态									
阀门位号	VA110	VA111	VA112	VA113	VA114	VA115	VA116	VA117	
状态									

表 20-9　配料单元阀门状态确认表

阀门位号	VA201	VA202	VA203	VA204	VA205	VA206	VA207	VA208	VA209
状态									
阀门位号	VA210	VA211	VA212	VA213	VA214	VA215	VA216	VA217	VA218
状态									

表 20-10　乳化调和单元阀门状态确认表

阀门位号	VA301	VA302	VA303	VA304	VA305	VA306	VA307	VA308	VA309
状态									
阀门位号	VA310	VA311	VA312	VA313	VA314	VA315	VA316	VA317	VA318
状态									
阀门位号	VA319	VA320	VA321	VA322	VA323	VA324	VA325	VA326	VA327
状态									
阀门位号	VA328	VA329	VA330	VA331	VA332				
状态									

第21章

通用型天然产物提取综合生产线

21.1 实践目标

21.1.1 知识目标

(1)巩固釜式反应单元相关知识。

(2)巩固固液分离相关知识。

(3)巩固蒸发浓缩相关知识。

(4)巩固天然产物提取基本生产操作(搅拌、溶剂萃取)知识。

21.1.2 能力目标

(1)增强对天然产物提取生产工艺指标的控制能力。

(2)提升天然产物评价能力。

(3)提升生产事故判断与处理能力。

(4)提升成本核算和控制的能力。

(5)强化工艺流程识图、读图、绘图能力。

(6)提升根据产品需求选择、使用设备的能力。

21.1.3 素质目标

(1)培养团队合作意识,提升有效沟通能力。

(2)培养工程职业道德和责任感。

(3)提高评估生产过程对环境和社会可持续发展影响的能力。

(4)强化项目层级管理能力。

21.2 工艺概述

21.2.1 工艺背景

植物精油,在植物学上被称为香精油或精油,化学和医药学上被称为挥发油,商业上被称为芳香油,是一类重要的天然香料。它是通过蒸馏、萃取、吸附或压榨等物理方式从芳香植物的花、叶、皮、种子、果实等提取出来的具有芳香气味和挥发性的油状物质。因提取而使原香料植物内含有的香气成分得以提炼浓缩,成为香气的精华,所以得名为精油。大部分精油为无色、淡黄色或带特有颜色(黄色、绿色、棕色等)的易于流动的透明液体或膏状物,某些精油在较低温度下会发生凝固。天然植物精油具有绿色、无污染的优点,富含多种生物活性物质,对人体保健及美颜美容具有良好的功效。

目前植物精油的提取方法主要包括水蒸气蒸馏法、超声辅助蒸馏法、高压提取法和溶剂萃取法等,工业应用比较多的还是水蒸气蒸馏法和溶剂萃取法。植物精油的化学成分非常复杂,每种精油常常包含几十种乃至几百种成分。根据元素组成及官能团的差别,可将精油的化学成分分为萜烯类化合物、芳香族化合物、脂肪族化合物、含氮含硫化合物和有巨环、内酯结构的特殊化合物等。

21.2.2 工艺流程

水蒸气蒸馏法提取天然产物生产线工艺流程方框图如图 21-1 所示。溶剂萃取法和水蒸气蒸馏法仿真装置工艺流程总图如图 21-2、图 21-3 所示,该装置包含公共单元、蒸汽提取单元、蒸发浓缩单元、预备单元、提取结晶单元和气流干燥单元。

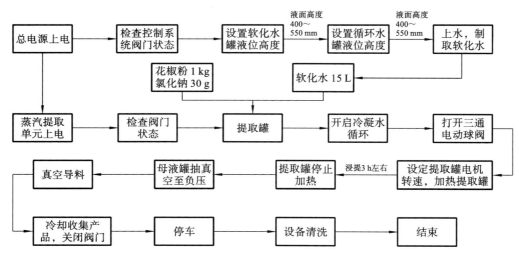

图 21-1 水蒸气蒸馏法提取天然产物生产线工艺流程方框图

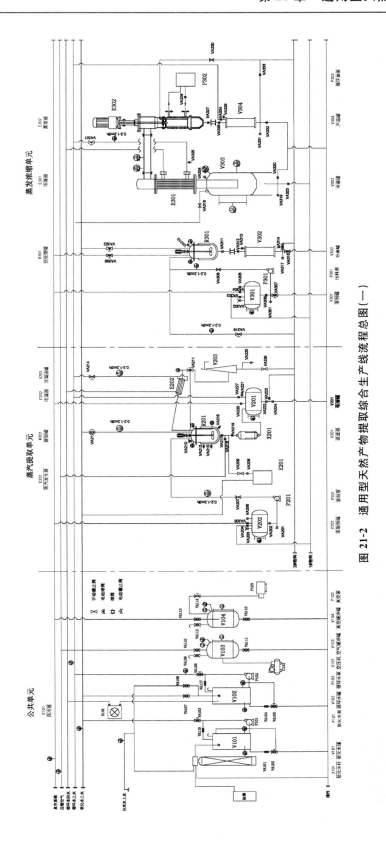

图 21-2　通用型天然产物提取综合生产线流程总图（一）

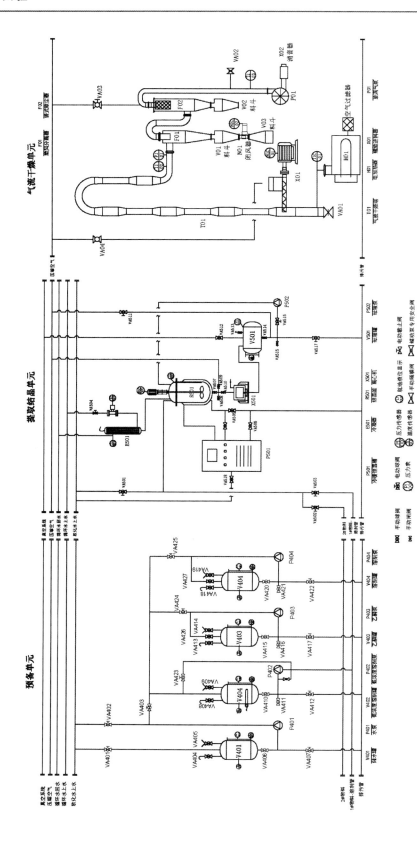

图 21-3 通用型天然产物提取综合生产线流程总图（二）

下面为三种提取工艺流程：

(1)水萃取：将 1 kg 20～40 目的花椒粉称重后投入提取罐 R201 中，加入约 15 L 软化水和 30 g 氯化钠，开启冷凝器 E202 冷却水进水阀，然后开启提取罐 R201 加热和提取罐 R201 搅拌，含有花椒精油的蒸气经冷凝器 E202 冷凝后进入冷凝液罐 V203，上层出来的即为精油产品，提取后花椒粉液固混合物经提取罐 R201 底阀排放至袋滤器 X201 过滤。固体可作为肥料使用，切记不可经装置排污管排放，以免堵塞排污管；滤液经排污总管排放。

(2)水蒸气蒸馏提取：将 1 kg 20～40 目的花椒粉称重后投入提取罐 R201 中，开启冷凝器 E202 冷却水进水阀，然后开启提取罐 R201 搅拌，打开蒸汽发生器 E201，含有花椒精油的蒸气经冷凝器 E202 冷凝后进入冷凝液罐 V203，上层出来的即为精油产品，提取后花椒粉液固混合物经提取罐 R201 底阀排放至袋滤器 X201 过滤。固体可作为肥料使用，切记不可经装置排污管排放，以免堵塞排污管；滤液经排污总管排放。

为了进一步提取冷凝液罐 V203 水中含有的少量精油，也可以将冷凝液罐 V203 中的液体经真空系统倒入预处理罐 R301 中，开启预处理罐 R301 搅拌电机，加入一定量（按体积比 1∶1）的萃取剂石油醚，加热搅拌萃取 40 min，后将预处理罐 R301 中的萃取液倒入分离罐 V302，静置分层，放出下层废水并排放，上层萃取剂层通过 2♯ 物料管经真空系统导料进入蒸发器 E302 处理，浓缩液经放料阀进入产品罐 V304，萃取剂蒸气经冷凝器 E301 进入冷凝罐 V303，后经真空系统导料返回溶剂罐 V301 进行循环使用。

(3)乙醇萃取：将 1 kg 花椒粉加入提取罐 R201 中，将萃取剂罐 V202 的乙醇经溶剂泵 P201 导入提取罐 R201 中约 4.8 L，后加入约 3.2 L 软化水配制 60％乙醇水溶液（或者用 8 L 石油醚），开启提取罐 R201 搅拌和冷凝器 E202 冷却水进水阀，开启提取罐 R201 的加热至提取罐 R201 温度约为 82 ℃，萃取 1～2 h 后，花椒粉液固混合物经提取罐底阀排放至袋滤器 X201 过滤。固体可作为肥料使用，切记不可经装置排污管排放，以免堵塞排污管；滤液经真空系统导料到母液罐 V201，后经二次真空导料进入蒸发器 E302 进行蒸发浓缩处理，浓缩液经放料阀进入产品罐 V304，萃取剂蒸气经冷凝器 E301 进入冷凝罐 V303，后经真空系统导料返回萃取剂罐 V202 或者溶剂罐 V303 中进行循环使用。

21.3　工艺指标

实验操作过程中，各控制点的控制参数可参考表 21-1。

表 21-1　天然产物提取综合生产线工艺指标

名称		重要工艺点	工艺要求
技术指标	公共单元	软化水罐温度 TI101	0 ℃至常温
		循环水罐温度 TI102	≤40 ℃
		软化水罐液位 LIC101	400～550 mm
		循环水罐液位 LIC102	400～550 mm
		循环水上水流量 FI101	0.4～8 m³/h
		空气缓冲罐压力 PI101	0.7 MPa
		真空缓冲罐压力 PI102	−0.05 MPa

续表

名称	重要工艺点		工艺要求
技术指标	蒸汽提取单元	提取罐温度 TI201	20～100 ℃
		提取罐压力 PI201	0～0.15 MPa
		冷却水流量 FI203	0.2～1.2 m³/h
		冷凝器温度 TI202	30～35 ℃
		软化水流量 FI202	0.2～1.2 m³/h
		萃取剂进料量 FI201	0.2～1.2 m³/h
	蒸发浓缩单元	预处理罐压力 PI301	－0.1～0 MPa
		蒸发器压力 PI302	－0.1～0 MPa
		冷凝罐压力 PI303	－0.1～0 MPa
		预处理罐进料流量 FI301	0.2～1.2 m³/h
		溶剂进料流量 FI302	0.2～1.2 m³/h
		冷却水进料流量 FI303	0.2～1.2 m³/h
		预处理罐温度 TI301	10～30 ℃
		蒸发器蒸汽温度 TI302	40～80 ℃
		冷凝罐温度 TI303	10～30 ℃
	预备单元	储水罐温度 TI401	室温
		低浓度溶剂罐温度 TIC402	＜70 ℃（带报警）
		乙醇罐温度 TI403	室温
		溶剂罐温度 TI404	室温
		储水罐液位 LIC401	＜300 mm
		低浓度溶剂罐液位 LIC402	＜300 mm
		乙醇罐液位 LIC403	＜300 mm
		溶剂罐液位 LIC404	＜300 mm
	提取结晶单元	冷凝器出水温度 TI501	≤40 ℃
		结晶釜温度 TI502	＜100 ℃
		母液罐 V501 压力 PI501	－0.1～0.9 MPa
		冷凝器上水流量 FI501	0.06～0.8 m³/h
	气流干燥单元	气流干燥塔进风温度 TIC01	＜100 ℃
		气流干燥塔出口温度 TI02	＜100 ℃
		气流干燥塔出口压力 PI01	± 20 kPa
		旋涡气泵 P01 进气口温度 TI03	＜60 ℃

21.4　装置设计与配置

21.4.1　装置布局描述

装置整体采用区域化布局,分为总管廊区、动力区和工艺区等,装置工艺采用工段模块化组合,分为公共单元、蒸汽提取单元、蒸发浓缩单元、预备单元、提取结晶单元和气流干燥单元。各单元管路之间通过波纹管卡箍连接,设置有排污管。

21.4.2　主要配置说明

(1)装置尺寸:7920 mm×120 mm×2200 mm(长×宽×高),铝合金框架。

(2)提取罐:20 L,内筒体 ϕ273 mm×350 mm,$t=3$ mm,316L 不锈钢材质;外夹套 ϕ325 mm,304 不锈钢材质,$t=3$ mm。带上、下封头,可打开。使用压力 0.15 MPa,使用温度 105 ℃,配温度、压力检测,反应釜可拆卸组装。

(3)预处理罐:20 L,内筒体 ϕ273 mm×350 mm,$t=3$ mm,316L 不锈钢材质;外夹套 ϕ325 mm,304 不锈钢材质,$t=3$ mm。带上、下封头,可打开。使用压力 0.15 MPa,使用温度 80 ℃,配温度、压力检测,反应釜可拆卸组装。

(4)母液罐:20 L,ϕ273 mm×350 mm,304 不锈钢材质,$t=4$ mm,配就地液位显示。

(5)刮板蒸发器:蒸发面积 0.1 m^2,304 不锈钢材质。

(6)溶剂罐:20 L,ϕ273 mm×350 mm,304 不锈钢材质,$t=4$ mm,配就地液位显示。

(7)冷凝罐:20 L,ϕ273 mm×350 mm,304 不锈钢材质,$t=4$ mm,配就地液位显示。

(8)分离罐:5 L,ϕ150 mm×290 mm,玻璃材质,配上、下不锈钢法兰。

(9)产品罐:5 L,ϕ150 mm×290 mm,玻璃材质,配上、下不锈钢法兰。

(10)软化水罐、循环水罐:100 L,耐腐蚀 PE 材质;配差压式和压力式液位计,液位自动控制。

(11)空气缓冲罐、真空缓冲罐:20 L,ϕ273 mm×350 mm,304 不锈钢材质,$t=4$ mm。

(12)蒸汽发生器:6 kW,220 V。

(13)储水罐:20 L,ϕ273 mm×350 mm,304 不锈钢材质,$t=4$ mm,配就地液位显示。

(14)低浓度溶剂罐:20 L,ϕ273 mm×350 mm,304 不锈钢材质,$t=4$ mm,配就地液位显示。

(15)乙醇罐:20 L,ϕ273 mm×350 mm,304 不锈钢材质,$t=4$ mm,配就地液位显示。

(16)结晶釜:20 L,内筒体 ϕ273 mm×350 mm,$t=3$ mm,316 L 材质,带上、下封头,可打开;外夹套 ϕ355 mm,304 不锈钢材质,$t=3$ mm。使用压力 0.15 MPa,使用温度<100 ℃,配温度检测,反应釜可拆卸组装。

(17)气流干燥塔:ϕ38~57 mm 不锈钢管构成脉冲式结构,304 不锈钢材质,有效长度 2.5 m。

(18)旋风分离器:ϕ133 mm×200 mm,304 不锈钢材质,进、出口快装卡盘连接。

(19)袋式除尘器:ϕ159 mm×500 mm,304 不锈钢材质,进、出口快装卡盘连接,内装 100

目滤芯,可拆卸更换。

(20)螺旋进料器:进料量 1 kg/h,料斗容积 3 L,与物料接触部分为 316 L 不锈钢材质。

(21)旋涡气泵:最大流量 318 m³/h,功率 2.2 kW,风压±19 kPa。

(22)需水量约为 5 m³/h,需配置上水管。

(23)装置最大工作电负荷为 32 kW,需配置专用配电柜、三相四线、漏电保护开关。

21.5 操作步骤

21.5.1 公共单元操作

本部分操作参见 18.4.1 小节。

21.5.2 蒸汽提取单元操作——浸提

(1)上电:开启蒸汽提取单元模块总电源与控制电源,操作至图 21-4 所示界面。

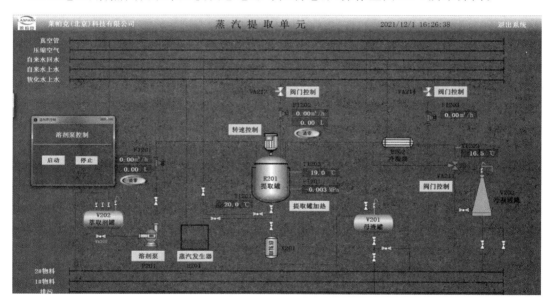

图 21-4 蒸汽提取单元操作界面

注:VA211、VA212、VA214 为电动阀,显示红色为关闭状态,显示绿色为开启状态。点一下阀门可切换阀门状态,可观察流量、温度、压力。

(2)检查:检查控制系统相关量程、刻度与阀门状态是否显示正常,参照阀门初始状态图,并对应填写相关确认表。

(3)加入物料:打开提取罐 R201 视镜,加入 1 kg 20~40 目的花椒粉和 30 g 氯化钠,拧紧视镜,点击监控界面 VA212 阀门控制(图 21-5),设定开度 50%,观察 FI202 示数,向提取罐 R201 中加入 15 L 软化水。

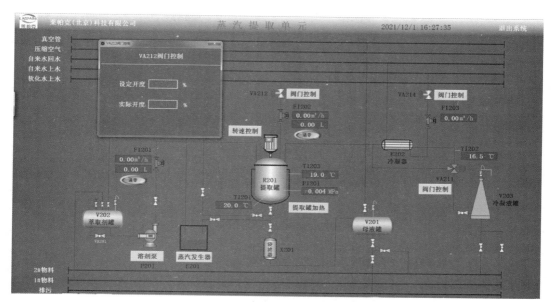

图 21-5　电动阀门 VA212 操控界面

（4）点击监控界面 VA214 阀门控制（图 21-6），设定开度 50％，开启提取罐 R201 的冷凝器 E202 的冷却水循环。

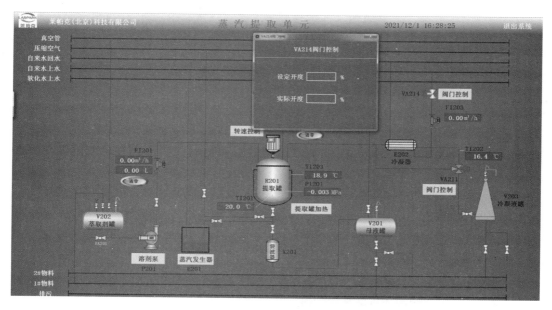

图 21-6　电动阀门 VA214 操控界面

（5）点击监控界面 VA211 阀门控制（图 21-7），设定开度 100％（开度 100％时为采出操作，0％时为冷凝回流操作）。

（6）点击监控界面提取罐 R201 转速控制（图 21-8），在转速设置处输入 20～30。

（7）提取罐加热：点击监控界面提取罐加热控制（图 21-9），开始选择手动模式，功率设定 50％～80％，待提取罐 R201 温度 TI201 达到 80 ℃左右时，切换到自动模式，温度设定 100～105 ℃，进行水中浸提操作，蒸出的蒸气经冷凝器 E202 冷凝后进入冷凝液罐 V203 中，精油产

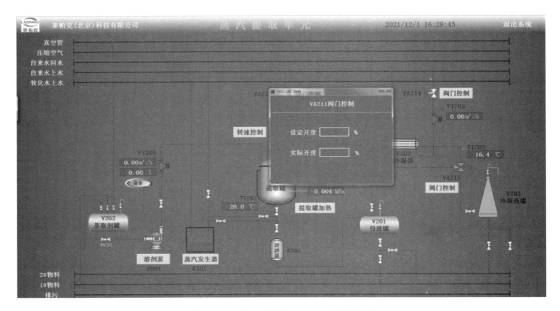

图 21-7　电动阀门 VA211 操控界面

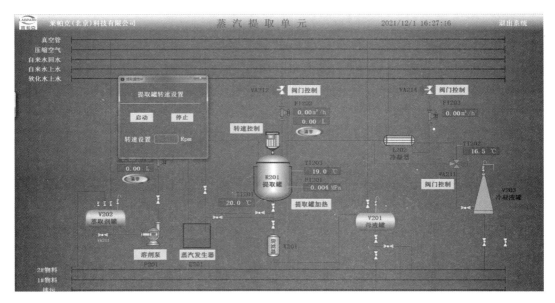

图 21-8　提取罐转速操控界面

品从冷凝液罐 V203 上层采出,采集精油时,可以微开球阀 VA225,防止冷凝液罐下层的水分从上层冒出,浸提 3 h 左右。

(8)真空导料:浸提结束后,点击监控界面提取罐 R201 加热按钮,停止提取罐 R201 加热,打开母液罐 V201 抽真空阀 VA220,将母液罐 V201 抽至一定的负压,然后打开提取罐 R201 加料阀 VA210,打开提取罐底阀 VA217 和阀门 VA219,提取罐 R201 中的液体经真空系统导料进入母液罐 V201 中,滤渣被截留在袋滤器 X201 中。导料完毕后,关闭母液罐 V201 抽真空阀 VA220,打开母液罐 V201 放空阀 VA221,然后关闭放空阀 VA221,关闭提取罐底阀和阀门 VA219。待袋滤器温度降到室温后,打开袋滤器上部卡盘,取出袋滤器上盖,倒出袋滤器滤

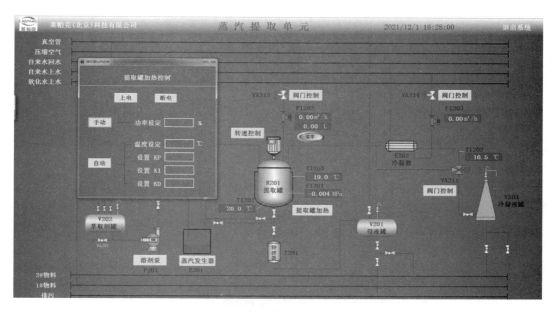

图 21-9　提取罐加热操控界面

布内部滤渣。

(9)进一步提取：如果想进一步提取冷凝液罐 V203 水中含有的少量精油，需要启动蒸发浓缩单元总电源和控制电源，蒸汽提取过程中待每次液体达到冷凝液罐 V203 约 2/3 容积时，点击监控界面，打开预处理罐 R301 抽真空阀 VA309，点击监控界面 VA316 阀门控制(图 21-10)，设置开度 50%，微调阀门 VA226，将冷凝液罐 V203 中的液体导入预处理罐 R301 中。导入完毕后，关闭阀门 VA226，点击监控界面，关闭预处理罐 R301 抽真空阀 VA309，关闭阀门 VA316，蒸汽提取过程中待每次液体达到冷凝液罐 V203 约 2/3 容积时，重复上述操作。水中浸提操作结束，记录 FI301 的示数，即导料总体积，导料完毕。如果不想重复上述操作，也可

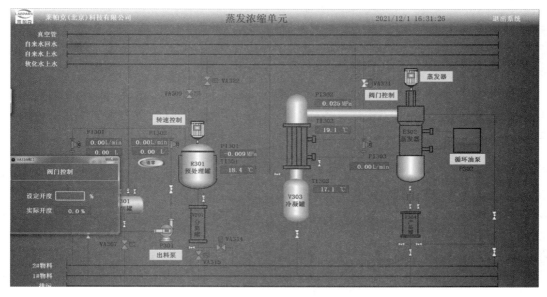

图 21-10　电动阀门 VA316 操控界面

以打开阀门 VA225,每次放出冷凝液罐中的液体,记录每次放出的液体体积,打开预处理罐 R301 目镜,向预处理罐 R301 中加入每次放出的液体。

(10)萃取:在溶剂罐 V301 中加入与上述导料等体积的石油醚,点击监控界面出料泵 P301(图 21-11),点击"启动",在预处理罐 R301 中加入等体积的石油醚。

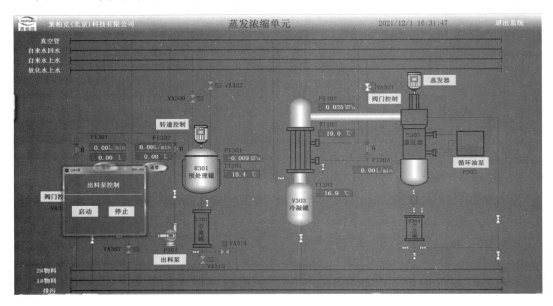

图 21-11 出料泵 P301 操控界面

点击监控界面预处理罐 R301 转速控制,设置转速(20～30),搅拌萃取 40 min(也可将外界油浴接入管路中,设置温度 30～50 ℃,考察温度对萃取效果的影响);点击监控界面转速控制按钮,停止预处理罐 R301 搅拌,迅速打开预处理罐 R301 的底阀 VA311,将预处理罐中的少部分液体放入视镜中,然后关闭阀门 VA311,待视镜中的液体出现分层,即代表预处理罐 R301 中液体分层完毕。打开阀门 VA12,点击监控界面打开阀门 VA315,排净视镜中的液体,然后打开阀门 VA311、阀门 VA310,将预处理罐 R301 下层液体排污,待目镜中出现上层液体时,关闭阀门 VA311。待目镜和分离罐 V302 中液体排净后,点击监控界面,关闭阀门 VA315,然后打开阀门 VA311,预处理罐 R301 上层液体进入分离罐 V302 中。

(11)导入蒸发器:打开冷凝罐 V303 抽真空阀 VA318,微开阀门 VA330,点击监控界面分离罐 V302 阀门 VA314,将分离罐 V302 中的液体导入蒸发器 E302 中,导入液体的体积不要超过 3 L。导料完毕,关闭阀门 VA318,打开阀门 VA324 放空,然后关闭阀门 VA324。点击监控界面 VA321 阀门控制,设置开度 50%,点击蒸发器按钮,点击"启动"。点击监控界面循环油泵按钮,点击"启动",然后点击循环油泵上的循环和制热按钮,打开阀门循环油泵 VA326,启动加热循环,循环油泵温度设置为 80 ℃左右。

(12)刮板蒸发:打开监控界面蒸发器 E302 控制按钮(图 21-12),启动刮板蒸发。刮板蒸发 1 h 左右,打开阀门 VA327、VA328,将蒸发器 E302 的液体放入产品罐 V304 中,放料完毕,关闭阀门 VA327、VA328。可根据物料浓缩情况进行二次蒸发浓缩处理,二次蒸发浓缩时,打开阀门 VA329,打开抽真空阀 VA318,微开截止阀 VA330,产品罐 V304 中的浓缩液缓慢经真空系统导料进入蒸发器 E302 中。导料完毕后,关闭阀门 VA329、VA333、VA330,关闭抽真空阀 VA318,打开放空阀 VA324。放空后,关闭阀门 VA324,打开监控界面蒸发器 E302 控制按钮,启动刮板蒸发,重复上述操作。

刮板蒸发结束后,冷凝罐 V303 中的液体可根据需要经真空系统导料进入溶剂罐 V301 中或者萃取剂罐 V202 中循环利用。

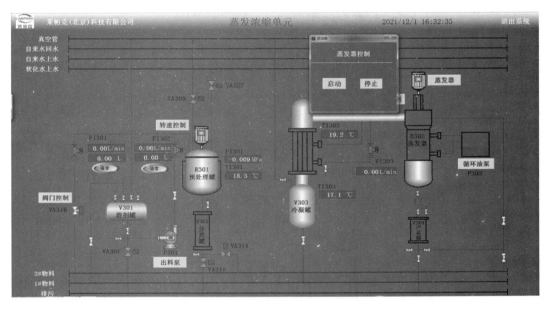

图 21-12　蒸发器操控界面

21.5.3　蒸汽提取单元操作——水蒸气提取

(1)打开提取罐 R201 视镜,加入 1 kg 20～40 目的花椒粉,拧紧视镜,点击监控界面 VA214 阀门控制,设定开度 50%,开启提取罐 R201 的冷凝器 E202 的冷却水循环。点击监控界面 VA211 阀门控制,设定开度 100%。

(2)点击监控界面提取罐 R201 转速控制,在转速设置处输入 20～30。

(3)打开提取罐 R201 底阀 VA217,打开阀门 VA208,微开阀门 VA209。点击监控界面蒸汽发生器按钮,点击"启动",打开蒸汽发生器电源开关,点击加热运行按钮,启动蒸汽发生器(蒸汽发生器运行过程中,要保证软化水进入蒸汽发生器的一路是连通的),进行蒸汽提取操作。蒸出的蒸气经冷凝器 E202 冷凝后进入冷凝液罐 V203 中,精油产品从冷凝液罐 V203 上层采出。采集精油时,可以微开球阀 VA225,防止冷凝液罐下层的水从上层冒出。

(4)水蒸 3 h 左右。水蒸结束后,点击监控界面蒸汽发生器控制按钮,关闭蒸汽发生器,关闭蒸汽发生器电源开关。点击监控界面 VA212 阀门控制按钮,加入 10 L 左右的软化水,搅拌 2 min 左右,打开母液罐 V201 抽真空阀 VA220,将母液罐 V201 抽至一定的负压,然后打开提取罐 R201 加料阀 VA210,打开提取罐底阀 VA217 和阀门 VA219,提取罐 R201 中的液体经真空系统导料进入母液罐 V201 中,滤渣被截留在袋滤器 X201 中。导料完毕后,关闭母液罐 V201 抽真空阀 VA220,打开母液罐 V201 放空阀 VA221,然后关闭放空阀 VA221,关闭提取罐底阀和阀门 VA219。待袋滤器温度降到室温后,打开袋滤器上部卡盘,取出袋滤器上盖,倒出袋滤器滤布内部的滤渣。

（5）如果想进一步提取冷凝液罐 V203 水中含有的少量精油，可重复 21.5.2 小节第（9）至（14）步的操作。

21.5.4　蒸汽提取单元操作——溶剂萃取

（1）打开提取罐 R201 视镜，加入 1 kg 20～40 目的花椒粉，拧紧视镜，点击监控界面 VA214 阀门控制，设定开度 50％，开启提取罐 R201 的冷凝器 E202 的冷却水循环。

（2）点击监控界面 VA211 阀门控制，设定开度 0％。点击监控界面提取罐 R201 转速控制，在转速设置处输入 20～30，在萃取剂罐 V202 中加入 8 L 左右 60％（体积分数）乙醇水溶液（或者石油醚）。点击监控界面溶剂泵 P201 按钮，启动溶剂泵，将萃取剂罐 V202 内的液体全部导入提取罐 R201 中。导入完毕后，点击监控界面，关闭溶剂泵。

（3）点击监控界面提取罐加热按钮，开始选择手动模式，功率设定 50％～80％。待提取罐 R201 罐内温度 TI201 达到 70 ℃ 左右时，切换到自动模式，温度设定 80～85 ℃，进行溶剂萃取操作。蒸出的蒸气经冷凝器 E202 冷凝后回流到提取罐 R201 中，溶剂萃取 1 h 左右。

（4）萃取结束后，点击监控界面提取罐 R201 加热按钮，停止提取罐 R201 加热，打开母液罐 V201 抽真空阀 VA220，将母液罐 V201 抽至一定的负压，然后打开提取罐 R201 加料阀 VA210，打开提取罐底阀 VA217 和阀门 VA219，提取罐 R201 中的液体经真空系统导料进入母液罐 V201 中，滤渣被截留在袋滤器 X201 中。导料完毕后，关闭母液罐 V201 抽真空阀 VA220，打开母液罐 V201 放空阀 VA221，然后关闭放空阀 VA221，关闭提取罐底阀和阀门 VA219。

（5）待袋滤器温度降到室温后，打开袋滤器上部卡盘，取出袋滤器上盖，倒出袋滤器滤布内部的滤渣。

21.5.5　提取结晶单元操作

参见 18.4.2 小节和 18.4.3 小节操作流程。

21.5.6　气流干燥单元操作

（1）上电：开启气流干燥单元模块总电源与控制电源，操作至图 21-13 所示界面。

（2）检查：检查控制系统相关量程、刻度与阀门状态是否显示正常，阀门检查可参照阀门初始状态图，并对应填写相关确认表。

（3）干燥准备：开始干燥前，先对所要干燥的物料进行称重并记录；开启电加热前，应首先将阀门 VA02 开至最大，然后设定旋涡气泵 P01 转速 2000 r/min 左右，点击"启动"；点击电加热上电按钮，设置好干燥所需的温度（100 ℃ 以下）后，点击运行按钮开始对空气加热，记录此时的各个温度点温度、各设备转速及压力值。

（4）加料干燥操作：当 TIC01 温度稳定在设定温度时，设定螺旋进料器 X01 转速为 150 r/min 左右（可根据需要调整转速），然后点击启动按钮，将需要干燥的产品少量多次加入螺旋进料器盛料斗内，设定闭风器 N01 转速为 100 r/min 左右，点击闭风器启动按钮，建议每隔2～3 min 记录一次温度及压力值。

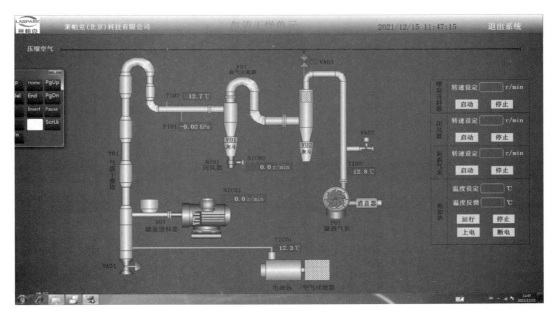

图 21-13　气流干燥单元操作界面

注：VA03 为电动阀，显示红色为关闭状态，显示绿色为开启状态。点一下阀门可切换阀门状态。

（5）产品收集操作：待螺旋进料器盛料斗内无物料后，继续运行 2～3 min，然后停止螺旋进料器，停止电加热，待 TIC01 温度降至 50 ℃ 以下时，停止旋涡气泵，保持闭风器开启状态，此时料斗 V03 内会逐渐堆积物料，等待 2～3 min 后可停止闭风器，拆掉料斗 V03，取出干燥后的物料，打开料斗 V02 下料口盲板取出其中物料；也可直接停止旋涡气泵后将闭风器关闭，拆下料斗 V03，准备一个盛料杯，然后再开启闭风器收集物料，记录所得干燥物料的质量。实验完成后，可打开阀门 VA04 对进料器、各个料斗进行吹扫；可通过开启阀门 VA03 定期对袋式除尘器进行吹扫清理，吹扫时开启阀门 VA02，也可以拆掉袋式除尘器快装卡盘，取出滤芯进行吹扫后再次组装好。

21.5.7　停车操作

（1）依次检查各单元电加热、搅拌与泵是否仍处于运行状态。若有，则关闭电加热、搅拌和泵。

（2）依次检查各单元冷却水阀门是否仍处于运行状态。若有，则关闭阀门。

（3）依次检查各单元设备压力状况。若存在带压状态，则打开设备放空阀调至常压。

（4）依次检查各单元电动球阀是否处于断电状态。若不是，则断电。

（5）依次检查各设备内是否存在未处理物料。若有，则需要取出。废料若无污染，则直接排放；若有污染，则须搜集后统一处理。

（6）开启所用设备阀门，保证设备内无残留。

（7）关闭各单元中控单元，关闭各单元单独电源，关闭总电源。

21.6　设备清场

为保持设备及实验室的清洁卫生,实验结束,应及时清洗设备和管路,打扫实验室。

1. 提取罐清洗

提取罐水蒸和溶剂萃取工艺完成后,需要对提取罐的罐壁进行清洗,除去粘壁滤渣。打开阀门 VA212,加入 15 L 左右的软化水,点击监控界面提取罐转速控制按钮,输入 50～60,开启提取罐搅拌,搅拌 5 min 左右。点击监控界面,关闭提取罐搅拌,然后打开母液罐 V201 抽真空阀 VA220,将母液罐 V201 抽至一定的负压。打开提取罐 R201 加料阀 VA210,打开提取罐底阀 VA217 和阀门 VA219,提取罐 R201 中的液体经真空系统导料进入母液罐 V201 中,滤渣被截留在袋滤器 X201 中。导料完毕后,关闭母液罐 V201 抽真空阀 VA220,打开母液罐 V201 放空阀 VA221,然后关闭放空阀 VA221,关闭提取罐底阀和阀门 VA219。待袋滤器温度降到室温后,打开袋滤器上部卡盘,取出袋滤器上盖,倒出袋滤器滤布内部的滤渣,将母液罐中的液体进行排污处理。提取罐清洗完后,打开提取罐照明按钮,观察罐壁是否还有残渣粘连。如果还有,则重复上述操作,直至罐壁无残渣粘连。

2. 预处理罐和分离罐清洗

点击监控界面,打开阀门 VA322,向预处理罐中加入 15 L 左右的软化水。点击监控界面预处理罐转速控制按钮,输入 50～60,开启预处理罐搅拌,搅拌 5 min 左右。点击监控界面预处理罐转速控制按钮,关闭预处理罐搅拌,打开阀门 VA310、VA311、VA312,点击监控界面打开阀门 VA315,将预处理罐和分离罐洗液进行排污。清洗排污完毕后,关闭阀门 VA310、VA311、VA312,点击监控界面打开阀门 VA315。

3. 母液罐清洗

打开阀门 VA227、VA222、VA224,放入循环水进行清洗。

4. 产品罐清洗

打开阀门 VA334、VA332,放入循环水进行清洗。

21.7　成本和时间核算

以每次投花椒粉 1 kg 进行核算,经济指标评价表见表 21-2。

表 21-2　经济指标评价表

物料类别	主物料 1	主物料 2	主物料 3
物料名称	乙醇	石油醚	花椒粉
规格级别	分析纯	分析纯	20～40 目
用量	5.000 L	8.000 L	1.000 kg
单价	14 元/L	20 元/L	40 元/kg
金额/元	70	160	40

续表

原料成本/元	270		
	公用工段	提取工段	蒸发浓缩工段
水消耗/元 （水量(m³)×单价(元/m³)）		0.05×4.2	0.025×4.2
电消耗/元 （电量(kW·h)×单价(元/(kW·h))）	2×0.56	11×0.56	5×0.56
水电消耗合计/元	10		
总成本/元	280		

以初始投料到实验结束清场进行时间核算，时间核算表见表21-3。

表 21-3　时间核算表

操作工段	蒸汽提取	蒸发浓缩	预备	结晶	干燥	设备清场
时间/h	3～4	2～3	0～1	0～2	0～2	1
总时间/h	7～13					

21.8　"三废"处理

"三废"通常指的是废水、废气、废渣。蒸汽提取单元产生的"三废"主要包括废渣、废液、废气，废渣主要为提取过滤后的滤渣，可用作肥料，废气主要为水蒸气，可直接排空，废液主要为废水，可直接排污；蒸发浓缩单元产生的主要为废液，主要包括乙醇水溶液、石油醚和废水，废水可直接排污，石油醚和乙醇水溶液可循环使用。

21.9　注意事项

（1）系统采用自来水作试漏检验时，系统加水速度应缓慢，系统高点排气阀应打开，密切监视系统压力，严禁超压。

（2）蒸汽发生器加热系统应及时补充水，防止无水干烧。

（3）循环油泵切忌加油过满，防止加热过程中体积膨胀，导热油外溢。

（4）在开启搅拌电机前加入一定量的机油或者润滑油，定期检查、更换机油。

（5）关闭真空系统之前，应先开启真空缓冲罐放空阀，再关闭真空泵，防止倒吸。

（6）提取罐卸出固体物料时，如出现堵塞应及时通入压缩空气，或者在卸料前加入软化水保持中高速搅拌排料。

（7）调节冷凝器冷却水流量，保证冷凝器冷凝液出口温度在30～40 ℃。

（8）实验结束时，应用水清洗管路和设备，保持实验室的清洁。

21.10 危险源辨识说明

通用型天然产物提取综合生产线危险源辨识说明表见表21-4。

表 21-4 危险源辨识说明表

序号	危险源类别	品名	危险源性质	危险性说明	急救措施
1		石油醚	无色透明液体,有煤油气味。主要为戊烷和己烷的混合物。不溶于水,溶于无水乙醇、苯、氯仿、油类等多数有机溶剂。易燃易爆,与氧化剂可强烈反应,一般有 30~60 ℃、60~90 ℃、90~120 ℃ 等沸程规格	健康危害:其蒸气或雾对眼睛、黏膜和呼吸道有刺激性。中毒表现可有烧灼感、咳嗽、喘息、喉炎、气短、头痛、恶心和呕吐。可引起周围神经炎。对皮肤有强烈刺激性。 环境危害:对环境有危害,对水体、土壤和大气可造成污染。 燃爆危险:极度易燃	皮肤接触:立即脱去污染的衣物,用肥皂水和清水彻底冲洗皮肤。就医。 眼睛接触:立即提起眼睑,用大量流动清水或生理盐水彻底冲洗至少 15 min。就医。 吸入:迅速脱离现场至空气新鲜处。保持呼吸道通畅。如呼吸困难,给输氧。如呼吸停止,立即进行人工呼吸。就医。 食入:用水漱口,给饮牛奶或蛋清。就医
2		乙醇	在常温常压下是一种易燃、易挥发的无色透明液体,有低毒性,纯液体不可直接饮用;具有特殊香味,并略带刺激性;微甘,并伴有刺激的辛辣滋味。易燃,其蒸气能与空气形成爆炸性混合物,能与水以任意比互溶。能与氯仿、乙醚、甲醇、丙酮和其他多数有机溶剂混溶	易燃,遇明火、高热能引起燃烧爆炸。与氧化剂接触发生化学反应或引起燃烧。 急性中毒:多发生于口服。严重时出现意识丧失、呼吸不规律、心力循环衰竭及呼吸停止。 慢性影响:长期接触高浓度本品可引起刺激症状,以及头痛、头晕、易激动、震颤、恶心等	皮肤接触:脱去污染的衣物,用肥皂水和清水彻底冲洗皮肤。 眼睛接触:用流动清水或生理盐水冲洗,就医。 吸入:迅速脱离现场至空气新鲜处。保持呼吸道通畅。如呼吸困难,给输氧,就医。 食入:饮足量温水,催吐。就医
3	高温源	加热循环油泵	提供热源	避免接触热源表面及管路	远离热源,烫伤的部位放在凉水中降温。用干净布料包扎伤口,不涂抹药物药品,若情况严重(如休克),应静卧,以得到充足的氧气

续表

序号	危险源类别	品名	危险源性质	危险性说明	急救措施
4	动力设备	真空泵	提供真空源	设备运行过程中避免接触动力设备	
5		空压机	提供压缩空气源		
6	个人防护	面部防护	佩戴全防护眼镜、防护面具		
		手部防护	佩戴手套(乳胶手套、帆布手套等)		
		脚部防护	不得穿凉鞋、拖鞋及高跟鞋		
		身体防护	必须穿工作服,及时清洗		

21.11　阀门检查参照及记录表

对照阀门状态确认表(表 21-5 至表 21-10)确认相应阀门的开闭状态,并在确认表中进行确认:符合,记为"√";不符合,记为"×"。

表 21-5　公共单元阀门状态确认表

阀门位号	VA101	VA102	VA103	VA104	VA105	VA106	VA107	VA108	VA109
状态									
阀门位号	VA110	VA111	VA112	VA113	VA114	VA115	VA116	VA117	
状态									

表 21-6　蒸汽提取单元阀门状态确认表

阀门位号	VA201	VA202	VA203	VA204	VA205	VA206	VA207	VA208	VA209
状态									
阀门位号	VA210	VA211	VA212	VA213	VA214	VA215	VA216	VA217	VA218
状态									
阀门位号	VA219	VA220	VA221	VA222	VA223	VA224	VA225	VA226	VA227
状态									

表 21-7　蒸发浓缩单元阀门状态确认表

阀门位号	VA301	VA302	VA303	VA304	VA305	VA306	VA307	VA308	VA309
状态									
阀门位号	VA310	VA311	VA312	VA313	VA314	VA315	VA316	VA317	VA318
状态									
阀门位号	VA319	VA320	VA321	VA322	VA323	VA324	VA325	VA326	VA327
状态									
阀门位号	VA328	VA329	VA330	VA331	VA332	VA333	VA334		
状态									

表 21-8　预备单元阀门状态确认表

阀门位号	VA401	VA402	VA403	VA404	VA405	VA406	VA407	VA408	VA409
状态									
阀门位号	VA410	VA411	VA412	VA413	VA414	VA415	VA416	VA417	VA418
状态									
阀门位号	VA419	VA420	VA421	VA422	VA423	VA424	VA425	VA426	VA427
状态									

表 21-9　提取结晶单元阀门状态确认表

阀门位号	VA501	VA502	VA503	VA504	VA505	VA506	VA507	VA508	VA509
状态									
阀门位号	VA510	VA511	VA512	VA513	VA514	VA515	VA516	VA517	VA518
状态									

表 21-10　气流干燥单元阀门状态确认表

阀门位号	VA01	VA02	VA03	VA04					
状态									

参考文献

[1] 张少岩,车礼东,万敏,等.全球化学品统一分类和标签制度(GHS)实施指南[M].北京:
化学工业出版社,2009.

[2] 李政禹.化学品 GHS 分类方法指导和范例[M].北京:化学工业出版社,2010.

[3] 沈英娃,孙锦业.化学品 GHS 分类实用指南[M].北京:中国环境出版社,2014.

[4] 郭明星,曹宾霞.化学实验室安全基础[M].北京:化学工业出版社,2023.

[5] 孟敏.实验室安全管理教育指导[M].咸阳:西北农林科技大学出版社,2020.

[6] 和彦苓.实验室安全与管理[M].2 版.北京:人民卫生出版社,2015.

[7] 张宇,梁吉艳,高维春.实验室安全与管理[M].北京:化学工业出版社,2023.

[8] 李祥高,王世荣,刘红丽,等.精细化学品化学[M].北京:科学出版社,2021.

[9] 王明慧,牛淑妍.精细化学品化学[M].3 版.北京:化学工业出版社,2020.

[10] 李祥高,冯亚青.精细化学品化学[M].上海:华东理工大学出版社,2013.

[11] 张先亮,陈新兰,唐红定.精细化学品化学[M].3 版.武汉:武汉大学出版社,2021.

[12] 周立国,段洪东,刘伟.精细化学品化学[M].2 版.北京:化学工业出版社,2014.

[13] 闫鹏飞,高婷.精细化学品化学[M].2 版.北京:化学工业出版社,2014.

[14] 李同信,王东平,李合秋.精细化学品合成实用手册[M].北京:化学工业出版社,2021.

[15] 汪建红,廖立敏.精细化学品化学实验[M].武汉:武汉大学出版社,2022.

[16] 赵亚娟,熊静,宫剑华,等.精细化学品合成与技术[M].北京:中国科学技术出版社,2010.

[17] 陈立功,冯亚青.精细化工工艺学[M].北京:科学出版社,2018.

[18] 李和平.精细化工产品工艺学[M].北京:化学工业出版社,2016.

[19] 宋启煌,方岩雄.精细化工工艺学[M].4 版.北京:化学工业出版社,2018.

[20] 韩长日,刘红主.精细化工工艺学[M].3 版.北京:中国石化出版社,2019.

[21] 宋虎堂.精细化工工艺实训技术[M].天津:天津大学出版社,2008.

[22] 熊碧权.化工专业综合与设计实验[M].南京:南京大学出版社,2022.

[23] 尹卫平.天然产物化学化工[M].北京:化学工业出版社,2015.

[24] 赵志刚,杨鸿均,刘强,等.精细有机合成实验[M].成都:西南交通大学出版社,2021.

[25] 段行信.实用精细有机合成手册[M].2 版.北京:化学工业出版社,2023.

[26] 冯亚青,王世荣,张宝.精细有机合成[M].3 版.北京:化学工业出版社,2018.

[27] 杨黎明,陈捷.精细有机合成实验[M].北京:中国石化出版社,2011.

[28] 强亮生,王慎敏.精细化工综合实验[M].7 版.哈尔滨:哈尔滨工业大学出版社,2015.

[29] 房忠雪.绿色催化有机合成[M].北京:化学工业出版社,2022.

[30] 张珍明,李树安,李润莱.精细化工专业实验[M].南京:南京大学出版社,2020.

[31] (美)尼尔 G 安德森.有机合成工艺研究与开发(原著第 2 版)[M].陈芬儿,主译.北京:
化学工业出版社,2018.

［32］　何自强,刘桂艳,张惠玲.精细化工实验［M］.北京:化学工业出版社,2015.

［33］　李和平.现代精细化工生产工艺流程图解［M］.北京:化学工业出版社,2014.

［34］　赵俭波,吕喜风,张园.精细化工专业实验［M］.北京:化学工业出版社,2021.

［35］　杨永生.精细化工配方原理与剖析实验［M］.武汉:华中科技大学出版社,2021.

［36］　王捷.精细化工实验［M］.北京:中国石化出版社,2016.

［37］　朱凯,朱新宝.精细化工实验［M］.北京:中国林业出版社,2012.

［38］　黄向红.精细化工实验［M］.北京:化学工业出版社,2012.

［39］　刘红.精细化工实验［M］.北京:中国石化出版社,2010.

［40］　谢亚杰,宗乾收,缪程平.精细化工实验与设计［M］.北京:化学工业出版社,2019.

［41］　宗乾收,缪程平,胡万鹏,等.精细化工实验与设计［M］.北京:化学工业出版社,2023.

［42］　冷士良.精细化工实验技术［M］.北京:化学工业出版社,2009.

［43］　邹刚,王巧纯,武文俊.精细化工专业实验教程［M］.北京:化学工业出版社,2022.

［44］　刘峥,孔翔飞,蒋光彬.化工综合实验实训教程(精细化工、化学制药方向)［M］.北京:化学工业出版社,2022.

［45］　王巧纯.精细化工专业实验［M］.北京:化学工业出版社,2008.

［46］　程春生,胥维昌,魏振云,等.精细化工反应风险与控制［M］.北京:化学工业出版社,2020.

［47］　王培义,张春霞,尹志刚.化学工程与工艺专业实验(精细化工方向)［M］.北京:化学工业出版社,2008.